无人机集群系统
网络模型与协议

UAV Swarm Networks
Models, Protocols, and Systems

[美] 胡　飞　欧冬秀　黄新林　著
　　张　周　任保全　郄志鹏　译

国防工业出版社

·北京·

著作权合同登记　图字:01-2022-5901号

图书在版编目(CIP)数据

无人机集群系统网络模型与协议/(美)胡飞等著;张周,任保全,郄志鹏译. —北京:国防工业出版社,2024.1重印

书名原文:UAV Swarm Networks:Models, Protocols, and Systems

ISBN 978-7-118-12798-0

Ⅰ.①无… Ⅱ.①胡… ②张… ③任… ④郄… Ⅲ.①无人驾驶飞机—集群—网络系统—研究 Ⅳ.①V279

中国国家版本馆 CIP 数据核字(2023)第018139号

UAV Swarm Networks:Models,Protocols, and Systems 1st Edition/by Hu,Fei;Ou, DongXiu; Huang, Xin-lin/ISBN:9780367519988

Copyright © 2020 by CRC Press.

Authorized translation from English language edition published by CRC Press, part of Taylor & Francis Group LLC; All rights reserved; 本书原版由 Taylor & Francis 出版集团旗下，CRC 出版公司出版，并经其授权翻译出版。版权所有，侵权必究。

National Defense Industry Press is authorized to publish and distribute exclusively the Chinese (Simplified Characters) language edition. This edition is authorized for sale throughout Mainland of China. No part of the publication may be reproduced or distributed by any means, or stored in a database or retrieval system, without the prior written permission of the publisher. 本书中文简体翻译版授权由国防工业出版社独家出版，并限在中国大陆地区销售。未经出版者书面许可，不得以任何方式复制或发行本书的任何部分。

Copies of this book sold without a Taylor & Francis sticker on the cover are unauthorized and illegal. 本书封面贴有 Taylor & Francis 公司防伪标签，无标签者不得销售。

※

*国防工业出版社*出版发行

(北京市海淀区紫竹院南路23号　邮政编码100048)
北京龙世杰印刷有限公司印刷
新华书店经售

*

开本 710×1000　1/16　印张 17¾　字数 306 千字
2024 年 1 月第 1 版第 2 次印刷　印数 1501—2500 册　定价 158.00 元

(本书如有印装错误,我社负责调换)

国防书店:(010)88540777　　书店传真:(010)88540776
发行业务:(010)88540717　　发行传真:(010)88540762

译者序

当前,无人平台系统和人工智能技术快速发展正催生大量智能无人化装备,推动信息系统升级演进。相应地,装备应用方式和作战样式不断更新,作战形态将发生变革性变化。作为典型代表,无人机成为智能无人系统技术发展的突破口,利用多种不同类型无人机构建集群系统,其中复杂高动态环境下任务执行力成为技术发展重点。无人机集群之间信息的高效可靠交互,无论是面向任务实时协同还是各类传感器多模信息按需流转,都需要可靠且柔性的集群无线通信网络系统提供技术支撑。

本书是美国阿拉巴马大学胡飞教授等在物理信息系统模型协议设计长期研究工作基础上,将集群管理机器学习与网络设计相结合融合而成。本书致力于将无人机集群网络模型与协议引入系统设计中,既有基础性主题,也有前沿性内容,最终落实到系统软硬件实现,为无人机集群网络设计与优化提供参考,并以无人机集群化和智能化为研究背景,在传统无人机通信网络设计基础上,引入优化设计模型和协议,将5G和移动自组织网络融入协议设计中。重点阐述无人机集群移动性、可靠性和安全性模型与协议设计,引入集群任务管理与环境感知等机器学习研究成果,提出系统实现软硬件设计方案,彰显技术主线和特色。本书紧密围绕无人机集群网络柔性构建问题,从网络模型、协议设计和系统实现三个方面进行内容规划,按照网络架构、集群移动性、通信协议、可靠性安全性和软硬件实现5个方面进行详细阐述。

本书第1~4章为第一部分,即无人机网络架构设计。第1章介绍写作目的、特点和应用对象,阐述了主要内容和知识体系,综述了无人机网络拓扑和组网技术,总结了无人机通信主要技术进展与瓶颈问题。第2章介绍了无人机导航深度学习方法及应用,讨论了单目视觉条件下目标检测与跟踪方法,以及基于强化学习的无人机自主起降算法,进一步研究了受限环境下目标避障智能方法。

第3章介绍了无人机集群队形保持的运行模式和主要控制架构,阐述了无人机信息依赖下通信范式和集群网络编队控制方法,综述了无人机网络一致性问题及其算法。第4章提出了5G使能的无人机通信系统总体布局,明确了5G无人机系统关键性能指标,识别了无人机通信5G使能技术,总结了5G技术的移动性与覆盖性、异构架构与网络容量、信道与传输模式等特点。

本书第5~6章为第二部分,即无人机移动性建模。第5章描述了面向不同任务的无人机移动性模型,综述了移动特征预测方法,评估了神经网络移动性预测的适用性。第6章识别了侦察、搜索与救援应用下典型移动模型,提出了更大自由度的移动性建模方法和面向应用的特征建模方法,分析了模型有效性。为实现与通信协议的有机衔接,进一步分析了无人机通信协议设计中算力资源的作用影响。

本书第7~9章为第三部分,即通信协议设计,是本书核心内容之一,通过现有通信协议匹配集群特点优化设计,实现特征模型、优化方法与协议设计的有机融合。第7章提出了基于计算机图形理论的无人机集群网络虚拟骨架模型,建立了分层路由架构,分析了多用户MIMO、IEEE 802.11ax等先进MAC层和物理层协议的适用性。第8章围绕无人机三维网络覆盖性,提出了基于通信距离和拥塞状态的前向传输方法。第9章综述了无人机移动网络分布式计算面临的技术挑战,建立了无人机移动组网环境普适性模型,分析了可用通信与计算负载分配协议并提出可行解。

第10~13章为第四部分,即可靠性与安全性,作为本书另一核心内容,将网络环境和任务特点与通信协议设计相结合,实现通信协议设计优化。聚焦无人机网络在自然因素作用下的弹性和外部对抗下的可靠性,提出通信协议设计途径与优化方法。第10章综述了定向型空基网络智能管理与安全的潜能技术,阐述了低检测概率信号传输和定向型组网路由协议设计研究进展,提出了低检测概率导向的协议设计,开展了跨层优化。第11章建立了无人机系统架构,描述了无人机通信系统组成,识别了无人机窃听、信息注入、业务拒止、可用性与保真度等安全威胁,形成授权接入、可用性、信息失真度与真实度等安全性需求,提出了网络安全性解决方案。第12章进一步探讨了基础干扰源、智能干扰源等干扰样式特征和自主式、被动式等干扰类型,提出无人机网络干扰检测与反制方法,设计了传感器网络安全协议。第13章描述了系统弹性问题及挑战,提出了基于随机中断和贝叶斯博弈论的系统模型,建立了有中心、无中心和分布式协作模型。

第14~16章为第五部分,即硬件与软件实现,结合方法、技术与系统实现,通过测试平台软硬件、C频段射频、调制解调等实际系统设计专题形式,加强工程实践应用。第14章提出了无人机间通信的系统实现方案,包括嵌入式计算机、飞控模块和射频模块。第15章阐述了无人机通信高效和稳健性系统实现细节,开展了频谱资源受限条件下连续相位调制波形适用性分析与多功能帧设计,提出了决策导向的信号调制同步方法和全相关解调算法,具有低实现复杂度。描述了FPGA平台实现方案,提出了吞吐量、多普勒稳健性、实时飞行场景下误码性能和系统链路预算等性能评估方法。第16章描述了集群操作系统平台、架构与组成,提出集群操作系统平台应用于无人机集群的发展方向,给出了农村应用等典型案例。

  本书读者对象包括工业级无人机射频工程师、大规模集群无人机网络技术工程师、以服务质量为导向的无人机网络设计工程师,以及精通无人机通信技术的管理人员及相关领域政府机构人员。本书章节概念清晰,贯穿总体结构、协议设计方法与工程实现,适合无人机通信技术发展管理与技术人员阅读;在通信协议设计与优化方法方面提出了成体系的模型和方法,体现出无人机网络集群化和智能化特点,适合无人机网络设计工程师阅读;同时提供了协议和系统实现的软硬件框架,给出大量设计案例和分析流程,可供工程技术人员参考。

前　言

无人机（unmanned aerial vehicle，UAV）已在许多应用场合广泛使用。例如，单架无人机可携带光学相机监视指定区域，监测城市突发事件。亚马逊公司计划使用无人机运输货物。无人机还可在极地等恶劣环境下飞行，收集气象信息，以了解气象变化。军事部门可部署无人机搜集战场信息，救治伤员。

尽管单架无人机可胜任如货物运输等工作，但许多应用则需要多架无人机通过组网协作完成。例如，每架无人机仅覆盖一小块城市区域，多架无人机共享信息就能获得完整的城市地图。多架无人机可构成集群，执行特定网络构型实施攻击等具有挑战性的战术任务。救灾场景中，多架无人机飞抵不同地点开展监测与救援，协同方式分配任务。

无人机集群系统面临许多重要的无线通信问题。首先，系统需要有效地控制网络整体拓扑结构和编队队形，需解决的问题包括：为抵达目标位置，无人机如何按指定路径移动并避免相互碰撞？如何绕行路障或避开强电磁干扰区域？其次，系统需要设计高效通信协议以实现无人机之间无缝高吞吐量数据共享。无人机的移动性特质可用于提升自组织网络路由性能。例如，待发送数据的无人机可有效预测目的节点移动趋势，并使用移动路线上的节点进行中继通信。为满足不同覆盖区任务需求，无人机集群形成多个分组，利用现有通信网络基于簇的路由协议实现簇间和簇内通信。大规模集群系统需要低开销的路由策略，支持快速多跳传输。对应的传输层拥塞控制策略可避免业务拥塞问题。此外，无人机网络需要智能管理。无人机可依赖传感器数据自主实现精确态势感知，基于状态分析与收益计算模型，强化学习算法做出决策并行动。尽管支持向量机、隐性马尔可夫模型、贝叶斯回归算法等通用机器学习策略可解决分类和回归问题，大规模无人机集群网络仍需要发展深度学习算法，以处理数以百计的参数和模式。深度学习算法模型可预测无人机移动性和网络拥塞节点。

考虑到现有无人机主要适用于灾后恢复、战场监视等关键领域,可靠性和安全性是通信协议设计必须解决的问题。可靠性是指网络上任一传输数据都需以可靠方式送达目的节点。此过程中,无线电干扰、业务拥塞、无人机移动性等客观因素都可导致传输错误和包丢失等。系统应能辨别包丢失原因,采用不同策略实现可靠传输。例如,由于网络拥塞队列拥挤导致包丢失,可通过降低源节点信息速率解决;无人机移动性导致包丢失,可通过主要路径链路阻断时启用备份路由协议解决。

相对可靠性设计解决客观因素造成问题,网络安全性主要应对各类有意攻击。无线电干扰是其中的典型代表。干扰器使用智能手段动态适配多种业务模式。例如,当无人机处于多个信道传输模式时,干扰器可动态切换载波频率。针对电磁干扰区域边界检测问题,可使用定向天线、跳频、频谱扩展及其他技术手段,应对干扰攻击。此外,无人机还需应对消息窃听、人在回路攻击、数据注入等威胁,加密技术可用于对抗上述攻击。

本书涵盖了无人机集群系统网络各个方面,包括五部分内容:

第一部分,无人机网络架构。本书提供一张通信网络拓扑管理的概略图,阐述无人机集群网络拓扑连通性与通信性能的典型需求。介绍基于机器学习模型和深度学习模型的智能无人机运动控制技术。无人机利用最短移动时延和避障路径选择运动轨迹,应用深度学习方法和历史训练数据,计算出最低成本的路径。通过队形控制研究,提出满足任务需求的不同集群构型。队形控制具有鸟群仿生性,模拟候鸟迁移行为控制大规模无人机集群的运动过程。最后描述了以 5G 蜂窝通信为导向的无人机系统网络设计。该部分提出了无人机集群拓扑控制的知识脉络。

第二部分,无人机移动性。无人机移动模型有几十种,包括随机或任务驱动模型、单机或多机分组模型、二维或三维模型等。考虑到多数应用需求明确,如需要无人机移动至指定地域或在某一区域滞留,移动模型具有良好可预测性。对此,该部分讨论机器学习算法,以预测速率、位置等模型参数。此外讨论了多种移动模型以增强路由性能。作为向第三部分路由协议设计的过渡,研究了基于算力资源的无人机通信协议设计问题。

第三部分,通信协议。无人机之间需要共享数据,通过多跳方式实时传输数据具有挑战性。为此,描述了一些有效策略以满足网络路由服务质量要求。例如,可通过骨架路由识别大规模集群网络中相对稳定的节点以提升路由性能。在大多数场景中,集群网络的核心部分相对稳定,边缘部分移动起伏剧烈,该策略实用可行。稳定节点可形成路由骨架,其他节点仅需将数据传输至邻近骨架节点,经骨架路由后,可实现目的节点数据的快速转发。此外,还介绍了其他策略。例如,基于生物刺激的数据中继策略,利用虚拟信息素原理,应用位置较优的无人机,实现网络数据快速流转。

第四部分,可靠性与安全性。针对无人机系统可依赖度进行阐述。一方面是安全性,系统需要抵抗有意干扰等各种外部攻击;另一方面是弹性,系统可克服包括通信噪声在内的客观因素影响。为构建可信赖无人机集群网络,该部分提出了许多有效的对抗途径。

第五部分,硬件和软件实现。该部分选择无人机实际系统设计相关的热点专题,包括测试平台软件硬件实现、C频段通信系统、调制解调器和网络操作系统等。

本书读者对象包括:无人机系统射频工程师、技术管理人员及精通无人机通信前沿技术的研究人员;从事大规模集群网络技术研究的研究生和学者;引领该方向技术发展的政府机构人员;对无人机网络设计有浓厚兴趣的读者。

本书汇集了无人机领域不同专家的论述,可能存在一些编辑问题。衷心感谢对无人机集群系统网络模型与协议主题的关注。

目 录

第1章 无人机集群通信拓扑分析研究综述 ········· 001
- 1.1 引言 ········· 001
- 1.2 无人机高效通信网络和路由策略 ········· 003
  - 1.2.1 最优路由算法 ········· 004
  - 1.2.2 通信体系架构与协议 ········· 004
  - 1.2.3 多跳通信 ········· 006
  - 1.2.4 飞行自组织网络 ········· 007
- 1.3 不同组网场景下可行性和稳健性分析 ········· 009
  - 1.3.1 组网对位置的影响 ········· 009
  - 1.3.2 通信效率相关的无人机高度与速度 ········· 010
  - 1.3.3 网络协议下飞行距离约束 ········· 012
- 1.4 讨论 ········· 012
- 1.5 本章小结 ········· 014
- 参考文献 ········· 014

第2章 基于深度学习的无人机导航 ········· 017
- 2.1 引言 ········· 017
- 2.2 目标检测与跟踪 ········· 018
- 2.3 自主着陆 ········· 021
  - 2.3.1 方法1:深度强化学习 ········· 021
  - 2.3.2 方法2:快速强化学习 ········· 023
  - 2.3.3 自主着陆方法研究综述 ········· 024

2.4 恶劣环境条件下避障 025
2.5 本章小结 028
参考文献 028

第3章 组网无人机编队控制 032

3.1 引言 032
3.2 无人机编队架构 034
3.3 无人机编队通信网络 036
3.4 编队控制和运动路径规划 038
3.5 编队控制模型 038
    3.5.1 基于领导者-跟随者的编队控制 038
    3.5.2 基于虚拟结构的编队控制 039
    3.5.3 基于行为的编队控制 039
3.6 基于一致性的无人机编队控制 040
    3.6.1 一致性问题与网络拓扑 040
    3.6.2 覆盖性与连通性 042
    3.6.3 通信约束 043
    3.6.4 基于一致性的无人机编队控制 044
3.7 本章小结 046
参考文献 046

第4章 5G使能无人机通信 049

4.1 引言 049
4.2 5G无人机系统关键能力需求 050
4.3 5G无人机通信新兴技术 051
    4.3.1 蜂窝无人机 051
    4.3.2 从蜂窝无人机到5G无人机 052
4.4 5G无人机通信关键使能技术 053
    4.4.1 流动性和覆盖率 053
    4.4.2 市场渗透 053
    4.4.3 网络容量 054
    4.4.4 异构架构 054
    4.4.5 信道与传输模式 055

  4.4.6　设备状态模式 ·· 055
 4.5　面向5G无人机通信的蜂窝架构D2D通信技术 ············ 055
  4.5.1　无人机多跳D2D通信 ······································ 056
  4.5.2　博弈论与匹配理论运用 ···································· 057
  4.5.3　毫米波作为5G无人机通信候选频段 ····················· 060
 4.6　本章小结 ··· 063
 参考文献 ··· 063

第5章　基于机器学习的多无人机移动性预测 ·················· 070

 5.1　引言 ··· 070
 5.2　多变量时空预测 ··· 072
  5.2.1　案例研究1：移动众包服务的时空预测 ··················· 073
  5.2.2　案例研究2：利用深度时空残差网络预测城市
     范围内的人群流动 ·· 075
 5.3　其他相关研究 ·· 079
 5.4　本章小结 ··· 080
 参考文献 ··· 080

第6章　自组织无人机网络路由与移动性模型 ··················· 084

 6.1　引言 ··· 084
 6.2　侦察集群 ··· 085
  6.2.1　概述 ·· 085
  6.2.2　基于虚拟编队的移动性模型 ································ 086
  6.2.3　信息素模型 ··· 087
 6.3　搜索与救援应用 ··· 088
  6.3.1　概述 ·· 088
  6.3.2　单播路由 ·· 088
  6.3.3　组播路由 ·· 092
  6.3.4　移动机器人网状组播与按需组播路由协议比较 ········· 094
 6.4　独立于应用的移动性模型 ·· 095
  6.4.1　概述 ·· 095
  6.4.2　移动性模型 ··· 096
  6.4.3　仿真分析 ·· 097

6.5 本章小结 ·· 099
参考文献 ··· 099

第7章 无人机网络路由拓扑骨架提取 100

7.1 引言 ··· 100
7.2 无人机骨架与分割 ··· 101
  7.2.1 边界确认 ·· 102
  7.2.2 确认表面节点的坐标 ··· 102
  7.2.3 主干与支干识别 ··· 104
  7.2.4 技术瓶颈 ·· 105
7.3 基于骨架的路由 ·· 106
  7.3.1 拨号电话系统和异构路由 ··· 106
  7.3.2 现有自组网路由协议比较 ··· 108
  7.3.3 无人机网络动态路由 ··· 109
7.4 低层协议设计 ··· 111
  7.4.1 多用户 MIMO ·· 111
  7.4.2 下一代 802.11ax 物理层和数据链路层协议 ··················· 111
7.5 本章小结 ·· 111
参考文献 ··· 112

第8章 三维无人机集群网络路由 113

8.1 引言 ··· 113
8.2 三维无人机网络覆盖 ·· 115
  8.2.1 三维网络图 ··· 115
  8.2.2 三维网络分区策略 ·· 116
  8.2.3 三维网络实现 ·· 117
8.3 数据转发方法 ··· 118
  8.3.1 三维网络中基于过程的数据转发方法 ·························· 118
  8.3.2 三维网络中基于随机的数据转发方法 ·························· 121
8.4 三维网络路由恢复方法 ·· 123
8.5 讨论 ··· 127
8.6 本章小结 ·· 128
参考文献 ··· 128

第9章　面向计算应用的无人机协议设计 …… 130

9.1　引言 …… 130
9.2　场景、挑战和应用 …… 131
 9.2.1　场景 …… 131
 9.2.2　无人机集群计算能力挑战 …… 134
 9.2.3　应用 …… 136
9.3　面向无人机集群计算的路由协议和负载分配解决方案 …… 136
 9.3.1　路由不确定性路径预测补偿方法 …… 137
 9.3.2　分布式计算能力 …… 139
9.4　算法实例及技术 …… 139
 9.4.1　目标 …… 139
 9.4.2　方法 …… 139
 9.4.3　计算注意事项 …… 142
9.5　本章小结 …… 146
参考文献 …… 146

第10章　定向机载网络发展未来
——低检测概率智能弹性协议跨层设计 …… 150

10.1　引言 …… 150
 10.1.1　跨层耦合 …… 152
10.2　研究进展 …… 153
 10.2.1　移动自适应自组网路由 …… 153
 10.2.2　定向网络协议 …… 154
 10.2.3　基于软件定义网络的网络管理 …… 154
 10.2.4　智能网络 …… 154
10.3　定向机载网络健康评估：基于深度学习的环境认知 …… 155
10.4　定向机载网络协议行为控制 …… 158
10.5　基于陷门的网络行为异常检测 …… 160
10.6　低概率检测导向协议设计 …… 162
 10.6.1　低概率检测传输的自适应闭环功率/速率控制 …… 162
 10.6.2　低概率检测感知机载路由协议 …… 164
10.7　跨层协议优化 …… 166

10.8 本章小结 ·········· 167
参考文献 ·········· 167

第 11 章　无人机安全性要求和解决方案　169

11.1 引言 ·········· 169
  11.1.1 无人机系统架构 ·········· 170
11.2 无人机通信系统 ·········· 171
11.3 安全性威胁 ·········· 172
11.4 安全性要求 ·········· 173
11.5 民用无人机相关隐私问题 ·········· 175
11.6 无人机安全性解决方案 ·········· 176
11.7 本章小结 ·········· 178
参考文献 ·········· 178

第 12 章　无人机网络干扰攻击与对策　182

12.1 引言 ·········· 182
12.2 安全要求 ·········· 184
12.3 干扰特性 ·········· 185
12.4 干扰机类型 ·········· 186
12.5 传感器网络安全协议 ·········· 187
12.6 干扰检测与对策 ·········· 189
12.7 本章小结 ·········· 192
参考文献 ·········· 192

第 13 章　弹性无人机网络解决方案和发展趋势　197

13.1 引言 ·········· 197
  13.1.1 中断类型 ·········· 198
  13.1.2 无人机系统弹性 ·········· 198
  13.1.3 弹性研究问题与挑战 ·········· 199
13.2 基于模型的弹性无人机系统实现方法 ·········· 200
13.3 基于贝叶斯博弈论的无人机系统弹性入侵检测 ·········· 202
13.4 基于群体智能的弹性无人机系统 ·········· 203
13.5 阿德勒弹性无人机传感器系统 ·········· 206

13.6 可靠无约束的无人机 LTE 网络 ……………………………………… 209
13.7 本章小结 ……………………………………………………………… 211
参考文献 ………………………………………………………………………… 212

第 14 章　无人机集群网络软硬件解决方案验证评估 ………………… 213

14.1 引言 ………………………………………………………………… 213
14.2 机器人操作系统 …………………………………………………… 214
  14.2.1 ROS 包 multi – uav – xbee …………………………………… 214
14.3 分步实现细节 ……………………………………………………… 216
  14.3.1 硬件安装 ……………………………………………………… 216
  14.3.2 软件安装 ……………………………………………………… 218
14.4 试验与结果 ………………………………………………………… 221
14.5 本章小结 …………………………………………………………… 224
参考文献 ………………………………………………………………………… 225

第 15 章　稳健高效的 C 频段无人机通信系统 ………………………… 227

15.1 低复杂度偏移正交相移键控同步及解调算法 …………………… 227
  15.1.1 符号定时、载波相位和频率同步 …………………………… 228
  15.1.2 联合 SoF 检测和相位模糊度分辨 …………………………… 232
15.2 航空数据链路系统实现 …………………………………………… 233
  15.2.1 数据链路系统概述 …………………………………………… 234
  15.2.2 低复杂度低能耗架构 ………………………………………… 235
  15.2.3 解调器实现结果 ……………………………………………… 238
15.3 航空数据链路性能评估 …………………………………………… 241
  15.3.1 总吞吐量 ……………………………………………………… 241
  15.3.2 频率恢复能力 ………………………………………………… 243
  15.3.3 场景性能评估 ………………………………………………… 244
  15.3.4 链路预算 ……………………………………………………… 245
15.4 本章小结 …………………………………………………………… 246
参考文献 ………………………………………………………………………… 247

第 16 章　无人机集群操作系统框架分析与农村应用 ………………… 250

16.1 引言 ………………………………………………………………… 250

16.2 集群操作系统平台 ·· 252
　16.2.1 架构 ·· 252
　16.2.2 集群操作系统代理 ·· 253
　16.2.3 集群操作系统最小代理 ······································ 254
　16.2.4 语义集群 ··· 255
　16.2.5 集群经济学模型 ·· 256
　16.2.6 安全与接入控制 ·· 257
16.3 无人机集群操作系统 ··· 258
16.4 农村应用案例 ·· 260
　16.4.1 用于畜牧业的无人机集群 ··································· 260
　16.4.2 用于耕种的无人机集群 ······································ 260
16.5 任务规范 ·· 260
16.6 本章小结 ·· 261
参考文献 ··· 262

第1章
无人机集群通信拓扑分析研究综述

1.1 引 言

无人机即无人驾驶飞机,目前在军事侦察、消防、追捕行动等领域应用引起广泛关注。为防止无人机用于不良行为,越来越多国家颁布无人机设计、制造、分配和禁飞区等法规条例。技术发展使其能够执行更远距离、更精确机动性和更高质量通信任务。在此情况下,美国联邦航空管理局和美国陆军发布了无人机应用标准[1-2]。在这些法规和标准的基础上还开展了一些研究,以实现更可靠稳健的无人机设计,其中通信网络拓扑策略是最具挑战性的技术难点之一。

目前最常用的无人机飞行策略是单机系统[3]。无人机是通过单向双向信道进行控制和通信的。由于单无人机(智能体)飞行距离相对较短[4-5],控制器发出命令后无人机执行并通过无线网络反馈。这种端到端的通信方式存在三种潜在的设计短板:①通信质量取决于无人机行进距离,随着距离增加,通信连接变差;②短距离响应时间限制其执行远距离任务;③无人机无法对空中环境变化智能地做出响应并及时给予反馈,当指挥信道断联,无人机难以返回。

在这种情况下,针对上述短板提出了一种适用策略,即多无人机集群系统。图1.1和图1.2描述了单无人机和多无人机系统之间的比较。单无人机的搜索范围形成相对坐标系 x,y 的二维地图。由于设计局限性,地图上留下一个可追溯的盲点。相比之下,多无人机系统利用一组可同时执行不同任务的小型无人机,使视场具有零深度,或仅有非常有限的盲点。

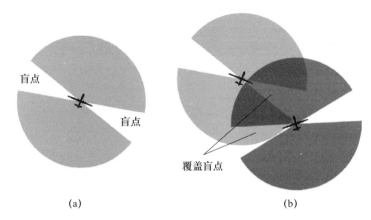

图1.1 单无人机和多无人机系统盲点发现示意图

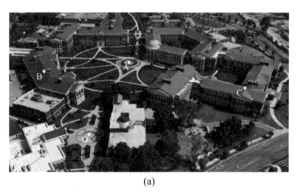

图1.2 单无人机和多无人机系统生成的二维和三维地图

从文献[3-4,6]可以看出,多无人机系统具有许多优点:经济性、灵活性、连续性、快速性、较高精确性、可持续性以及便于解决问题。尽管具有这些优点,通信仍然是最具挑战性的设计问题。传统的无人机仅与地面站相连,两架无人机不相互通信。在这种情况下,多无人机拓扑情况下,两架无人机通信必须经过地面站,导致地面流量溢出,影响通信效率。此外,公开的通信信息需要更先进的数据安全方法以保护数据免受恶意拦截。

为解决上述问题,Purta 等提出一种多跳通信方法,无人机移动由分配的任务和其他无人机行为决定。集群的均衡规则可确保不超过两架无人机同时处理同一任务,集群中其他无人机处于空闲状态或处理其他任务[4]。文献[7]采用基于地理贪婪边界的无状态路由方法,建立内部路由和冲突解决机制以获取邻居节点位置信息,设计无人机搜索任务协议,避免现有冲突和路由重叠问题。

路由管理已成为无人机集群机动战术的研究热点,具有移动性和灵活性强等优点。针对测距和任务响应时间限制导致的地面站对无人机的控制问题,chen 等提出了两种解决方法并设计了一套包传输系统[6]。为实现高效时间管理,该方法基于无人机节点而非群组进行任务分配,实现包传输量随时间的线性增长,在有限时间内通过部署更多无人机执行更多任务。此外,该方法还可应用于在应急突发事件和民事活动时的搜索救援任务。

亚马逊公司提出未来输送系统 Prime Air,使用具有面部语音识别、光学与环境传感器、全球定位系统(global positioning system,GPS)以及其他可用功能的无人机实现短程运输。通过任务分配方法设计,形成全自主反馈机制,通过内部可信网络与用户和其他无人机自主通信。基于多层自组织网络结构,无人机对地面站的依赖性大幅降低。

作为综述性内容,本章提供了现有多无人机系统的网络拓扑结构。1.2 节描述了现有主要网络策略的优劣,1.3 节描述了基于不同通信方式的实测结果,明确了不同通信方式的可行性。1.4 节简要介绍了无人机通信技术进展,包括所取得成就、注意事项及瓶颈等。最后,1.5 节总结了多无人机应用中的通信组网策略,并对取得进展提出了研究建议。

1.2 无人机高效通信网络和路由策略

已有大量文献对无人机与地面站之间的通信策略进行研究,其中最常见方法为自组织网络。作为一种计算机到计算机的临时通信方式,自组织网络使得计算机无须 Wi-Fi 接入点或路由器就可直接与另一台计算机建立无线连接。在功率允许条件下,这种方式支持远距离的路由传输,使其不存在飞行距离问题。本节列出了几种常见路由和连接方法,分析其优缺点。

1.2.1 最优路由算法

随着无人机技术发展,无人机集群已构建数据包传输网络。尽管已对飞行路径问题进行充分研究,无人机系统路由问题仍非常困难。通过路由,系统可近实时地发送和接收指令与位置信息。文献[6]提出了无人机包传输系统路由算法,并建立了理论模型。本章提出的模型使用离散时间 t 的全局同步时钟,将包映射到节点 $n(i)$ 和边 $e(i)$ 的拓扑图,其中边 $e(i)$ 对应权值 $d_e(i)$,包的起始和目的地节点与预计传输时间 t 相对应。根据每架无人机的相对地理位置,以伪随机选择方式来分配任务,距离更近的无人机在任务获取上获得更高优先级。

该算法可应用于车辆路由等应用,设计目标实现路径成本最小化。某种程度上可等价为经典的旅行推销员问题。该问题用于单架无人机最短路线优选方案设计,对无人机集群,任务分配受到相对时间 t 的变量组 $\{n,e,d_e\}$ 影响。在此情况下,一个经验规则是,在每个传输周期的初始阶段任意分配任务,对应的分配概率 $P_r\{n,e,d_e,t\}$ 处于相同水平。最优路由算法负责将任务分配给无人机并监控其执行情况。

各种网络图使用了贪婪路由算法,作为启发式方法,每个阶段做出局部最优决策[9],最终寻找全局最优解。在许多问题中,贪婪算法通常得不到最优解,可在合理时间内获得近似全局最优的局部最优解。如上所述,采用贪婪算法不能设计解决旅行推销员问题,但可在合理步数内寻找复杂问题最优解。在数学优化中,贪婪算法利用拟阵性质得到组合问题最优解,对于子模结构优化问题,以常数距离逼近最优值。所提出的路由算法尽管具有一些优点,但仍存在一些不容忽视的问题。首先,设计以开放式图形绘制框架为主要代码库,导致系统限制在仿真阶段。其次,系统中可能存在更多节点,导致算法被随机生成包所占据,测试节点数量增加降低了系统性能,导致系统可控性恶化。最后,设计中没有考虑成本因素,难以验证该方法的可行性。

1.2.2 通信体系架构与协议

过去十年无人机爆炸性发展,支持一对多无人机运行的系统,采用分布式通信体系架构提供实时空对空和空对地信息交换。本章介绍了网络化无人机集群的4种通信与网络体系架构,支持无人机通过自主或远程控制方式接地,可替代人执行危险地区的救援行动。按集中式和分布式划分,具体包括集中式无人机网络、无人机自组织网络、多组无人机网络、多层无人机自组织网络,如图1.3所示。这种情况下无人机典型应用包括监视侦察、协作搜索及捕获跟踪等。

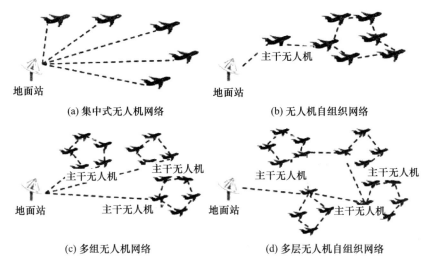

图1.3 无人机与地面站通信架构

无人机系统运行依赖一个或多个操作员,需要研究无人机自主性。未来,具有较高自主性的多架无人机将集成到一个团队中,以通过更高级的网络协议自主协作来完成常见任务。

无人机和地面站之间的通信架构如表1.1所列。

表1.1 无人机和地面站之间的通信架构

通信类别	连接架构	优点	缺点
集中式	集中式连接	直接与地面站连接 所有的通信都被监督	距离有限 无人机之间没有连接 存在盲点
分布式	无人机自组织	无人机之间存在连接	距离有限
	多组	覆盖距离可扩展 与地面直接通信 无盲点	不能单跳通信 半集中式 缺乏稳健性
	多层自组织	不同的飞行和通信类型 无人机可自由选择路径 计算负载减少 通信负载减少	主干无人机可以互换 无单点故障

多层无人机自组织网络在可互换网络连接的所有 4 种类型中工作得最好,并且监督权力分配给主干无人机,使得地面站仅执行信息处理[10]。计算和通信负载显著减少,促进构建了更稳健和可靠的自组网系统。

1.2.3 多跳通信

多跳路由是使无线网络覆盖范围大于单节点覆盖的一种有效方式。因此,为了到达某些目的地,节点可以使用其他节点作为中继[11]。由于发射和接收机是无线节点中主要的功耗来源,远距传输需要高功率,某些场景下多跳路由相比单跳路由能量效率更高[12]。

文献[4]采用动态数据驱动应用系统设计原理,提出一种面向小型低成本无人机静态目标搜索的通信策略,可用于滑坡、地震等灾难性事件的救援任务。为扩大系统有效通信范围,Purta 等提出了一种多节点之间高效路径通信模型,利用信号能量衰减复用频谱,信号接收功率 P_r 与通信距离 D_k 成反比。

$$P_r \propto \frac{P_t}{D_k} \tag{1.1}$$

式中:P_t 为信号发射功率,$k \geqslant 2$ 表示两个或更多节点的情况。

在半实物通信环境中对所提模型与方法性能进行了仿真。针对无人机搜索目标数量最大化,考虑冲突规避和效率,建立了基于迪杰斯特拉(Dijkstra)算法的加权最短路径问题,即基于距离的传输成本。测试结果表明,在目标发现、无人机冲突规避和理想通信环境下,多跳通信方法性能优良。

与文献[6]不同,考虑了成本函数,评估以任务为导向的无人机集群最优路线。Dijkstra 算法的伪代码如算法 1.1 所示。在已有的应用中,算法可建立无人机之间的互联场景,尽可能避免冲突。实验表明,相比无人机数量,发现目标数呈指数级增长,冲突概率大幅降低。在这些结果基础上,通过构建集群,多跳通信有助于防止无人机之间冲突。但还发现,当目标验证困难时,无人机领航者可能急剧改变方向,使其跟随者冲突规避的时间压缩。此外,该方法仅对静态目标有效,大幅限制了系统的适用性。另外,在计算和执行方面,多层结构导致相对较高的计算和实现成本,使得通信距离受限,连接不会溢出。表 1.2 列出了目标发现率和避碰率。

算法 1.1　Dijkstra 算法伪代码

```
函数:Dijkstra(graph,source)
创建顶点集合 Q
for 每个位于 graph 的顶点 v do
    dist[v] = INFINITY
    prev[v] = UNDEFINED
    将顶点 v 加入集合 Q
    dist[source] = 0
end
while 集合 Q 非空 do
    令 u 为集合 Q 中使得 dist[u] 最小的顶点号
    移除顶点 u
    for 顶点 u 的每个相邻顶点 v do
        alt = dist[u] + length(u,v)
        if alt < dist[v] then
            dist[v] = alt
            prev[v] = u
        else
            显示错误
        end
    end
end
return dist[],prev[]
```

表 1.2　普通方法和多跳通信的系统性能对比

类别	目标	目标发现率	避碰率
普通方法	小	低	高
多跳通信	小	中等	低
普通方法	中等	低	高
多跳通信	中等	低	中等
普通方法	大	低	高
多跳通信	大	低	高

1.2.4　飞行自组织网络

对于地域隔离和复杂任务区域无人机非常重要,多架无人机之间合作更加重要。作为多无人机系统中最具技术挑战的问题之一,为实现两个及以上无人机节点直接通信或中继通信,需要更广覆盖和更高精度。因此,需要构建网络模型以形成飞行自组织网络(flight ad hoc network,FANET)。无人机之间便携灵活的通信网络通常为自组织网络,由于无人机高速移动性、恶劣环境条件和复杂地形结构,因此现有移动自组织路由协议不再适用。

针对这些问题,文献[13]提出了基于地理位置、轨迹信息和路径预测信息的组合方法,实现更远传输距离。为增加路径使用寿命和数据包传输率,该方法减少了路径重建和服务中断时间。仿真结果表明,所提方法可显著提高自组织网络的性能。

现有的自组织网络路由协议分为六类,包括静态路由协议、主动路由协议、被动路由协议、混合路由协议、基于位置-地理位置的路由协议、分层路由协议。文献[3]对上述协议进行了严格分析和性能比较,以便根据不同性能标准优选合适的路由协议。

除路由协议之外,研究人员还持续跟踪天线设置以获得更好的通信连接,通过自适应和非自适应天线维持远程通信,有效提高平均路由寿命[13]。该方式下,自组织网络可支持节点的飞行距离,数据传输率更高。考虑到链路连接时间与通信距离成正比,文献[13]进一步比较了空中移动自组网和移动分布式自组网的可行性和稳健性。自组织网络在集群飞行范围内通常使用优化链路状态路由(optimized link state routing,OLSR)协议及其变体,导致管理需求过大的严重问题。因此自组织网络的潜在拓扑形成非线性优化问题[1],描述为

$$\min f(X_{V_G}, X_{V_M}, X_{V_R}, \mathscr{R}), \forall X_{V_R} \in S^{|V_R|}$$
$$\text{s.t.} \max_{k=1,2,\cdots,|pv|-1} d(\boldsymbol{p}_v(k), \boldsymbol{p}_v(k+1)) \leq d_0, \forall v \in V_M$$
$$\min_{u,v \in V} d(u,v) \geq d_{\text{safe}} \tag{1.2}$$

其中,系统包含一个地面通信节点,M 表示执行任务的无人机数量,N 表示通信中继无人机数量,无人机节点分别由 $V_G = \{g\}$、$V_M = \{m_k\}_{k=1}^{M}$ 和 $V_R = \{r_k\}_{k=1}^{R}$ 表示[14]。X_{V_i} 表示节点集合 V_i 中无人机的位置,$\mathscr{R}$ 表示无人机路线,$\boldsymbol{p}_v$ 表示对应无人机到地面站的路线,d_{safe} 表示出于安全考虑的距离阈值。

式(1.2)的结果可实现满足多无人机无碰撞飞行实验的要求。结果显示,更多的无人机在第一象限运动形成双曲线轨迹,体现了自组织网络的稳健性和可靠性。后续将进一步分析通信时间和有效路由距离。

1.3　不同组网场景下可行性和稳健性分析

1.2 节通过通信策略可行性分析对无人机与地面站之间无线信道有了较深入的认识。根据美国联邦航空管理局《无人机系统管理条例》，无人机飞行主要考虑 3 个条件[15]，即位置、高度与速度及飞行距离。本节详细讨论无人机集群的可行性和稳健性。

1.3.1　组网对位置的影响

随着无人机在娱乐、教育等领域快速发展，飞行控制成为安全问题的重要部分。美国联邦航空管理局明确了娱乐、商业和政府等不同用途飞行器的起飞管理规定[15]。无人机对军事设施、机场和位置敏感区域的雷达图像会产生影响，无人机集群通信系统可能对其他通信信道造成射频干扰。

作为动态网络，自组织网络不依托任何集中式的信息基础设施，仅通过两个节点就可在任何地方构建[16]。建立安全连接的主要问题在于如何建立一个闭环网络，使"局外人"影响降至最小。由于飞机通常使用自组织网络，如果无人机和地面设施之间没有电磁防护，在某些位置的周边需要严格禁止无人机工作。不失通用性情况下，图 1.4 描述了自组织网络的通信干扰场景。

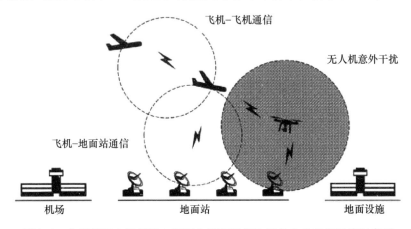

图 1.4　非期望无人机信号入侵下自组织网络协议的空地系统连接示意图

通常机场等地面设施、地面站和飞机之间会建立通信连接，非法飞行的无人机也会根据相同网络协议发出电磁信号。在电磁防护效果不佳的情况下，干扰信号可能造成通信故障甚至引发飞行事故。考虑到这种情况,全世界超过150个国家针对安全和隐私问题发布了管理法规,规定了无人机禁飞区域,如美国联邦航空管理局规定的无人机禁飞区[17]。因此,无人机网络部署位置不同可能导致组网效率、闭环连接和电磁防护等其他通信问题。

1.3.2 通信效率相关的无人机高度与速度

市场上无人机制造商对其产品的功能性能和耐受性都有详细说明,针对电磁频谱管理规则,提出两种重要约束指标,包括等效各向同性辐射功率(EIRP)[18]、飞行姿态系数。尽管两个约束通常归纳为不同类别的特性,对于通信效率性能,EIRP和飞行姿态系数密切相关。

目前最先进的组网方式是自组织网络和多跳网络的集成方式。集成可得到两种方式的优点,消除其各自的一些局限。首先,多跳网络可提供安全通信连接,使外部信号不会轻易干扰无人机集群。无人机可与集群内其他伙伴和控制节点通信,增强对数据的保护,限制电磁辐射。其次,自组织网络可建立多跳之间的直接连接,大幅降低对地面站的依赖,使路由范围更大,无人机飞行距离更远。此外,多跳通信在没有冲突的情况下难以找到大型目标,自组织网络中无人机将目标发现作为团队共同任务。因此,在两种方式集成中,自组织网络在"寻道者搜索"任务过程中比其自身运行的多跳网络发挥更大作用。

美国军用电磁辐射标准 MIL-STD-461F RE102 限制的频率范围为 10kHz～18GHz 频段,比商用规格无人机有效辐射信号电磁频谱宽 10 倍。表 1.3 列举了 DJI "幻影"4 高级无人机的通信规范[19]。从表中可以看到,标准化的工作通信频率为 2.4GHz,EIRP 为 26dBm,意味着信号电平降低了 26dB,功率值降低了 400mW。使用 P 表示以 mW 为单位的功率值,x 表示以 dBm 为单位的信号强度,满足以下表达式。

$$x = 26\log_{10}\frac{P}{400\text{mW}} \quad (1.3)$$

不同功率密度下的频谱分析结果如图 1.5 所示,集群中无人机相距越远,功率密度越稀疏。

表 1.3 商用无人机的典型通信技术参数

类别	参数名称	标准值	单位
飞行器	最大垂直速度	4	m/s
	最大水平速度	72	km/h

续表

类别	参数名称	标准值	单位
控制器	工作频率	2.4	GHz
多跳	传输距离	6.88	km
		2.483	GHz
	EIRP	26	dBm
		2.483	GHz
实时性	工作频率	2.4	GHz
	最大延迟	220	ms

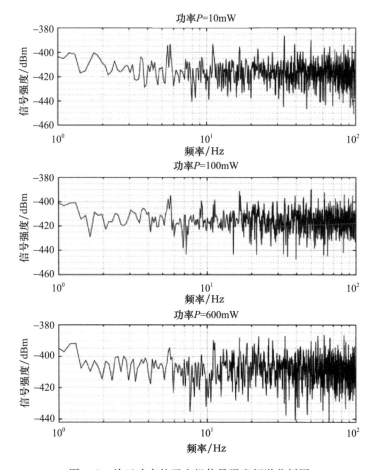

图 1.5 关于功率的无人机信号强度频谱分析图

1.3.3 网络协议下飞行距离约束

为获得集群实时控制能力,需要考虑无人机的飞行距离。通常地,对于集中式或多组方式的通信类型如图1.3所示,飞行距离与信号强度之间的平方呈反比关系,数学表达式如下。

$$\text{intensity} \propto \frac{1}{\text{distance}^2} \tag{1.4}$$

$$\frac{\text{intensity}_1}{\text{intensity}_2} = \frac{\text{distance}_1^2}{\text{distance}_2^2} \tag{1.5}$$

换句话说,距离总是与通信效率呈平方律反比关系。使用总辐射信号 P 表示来自集群成员的辐射信号,由节点发出辐射形成无限大的球面。半径为 r 球体表面积 A 可表示为 $A=4\pi r^2$,距离 r 处单位面积功率下的辐射信号强度 I 为

$$I = \frac{P}{A} = \frac{P}{4\pi r^2} \tag{1.6}$$

以 dB 为信号强度测量单位,距离每增加1倍,强度衰减6.02dB[20]。

外场测试使用通过自组织网络连接扩展的节点数量和密度表示集群飞行距离。节点以目标为中心正态分布,节点密度越高,要求通信频率和可靠性越高。此时若路由算法不好,无人机碰撞可能性相应增加。集群的节点密度关系如图1.6所示,图中横坐标表示归一化的距离 d。当 $d=0$ 时,发送节点和接收节点之间距离为0。当 $d=\{+1.5,-1.5\}$ 时,发送节点和接收节点之间距离达到最大。当信号强度 I 最大时,通信效率 η 约为94.68%。此外,当 $I\to 0$ 时,通信效率 $\eta\to 0$。

1.4 讨 论

文献[21]结合预测的网络拓扑结构,提出一种基于 Dijkstra 最短路径的无人机网络最优路由算法,核心思想是将业务传输时间内的中间节点预期位置信息纳入路径选择准则中。与传统路由算法相比,该算法具有更好延时性能。当网络规模和相对节点速度增加,以及业务缓冲区平均等待时间延长时,该算法作用效果更加明显。该算法中不完美拓扑预测对非最优链路的统计性能影响还需进一步评估。文献[22]提出了一种基于距离的无人机网络贪婪路由算法。该

算法完全基于无人机对周围子网的局部观察实现,既不需要中心决策节点,也不需要耗时的路由配置与维护机制。为获得准确仿真结果,还推导了业务包期望跳数下的理论极限值,仿真验证了与理论结果的一致性。与文献[21]集中式最短路径路由算法相比大幅提高了网络性能。

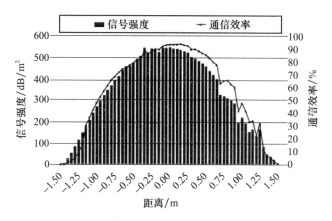

图 1.6　信号强度与通信效率随距离变化图

图 1.7 比较了贪婪算法与传统 Dijkstra 最短路径算法的性能,在不同平均节点速度下对算法的预测位置信息进行了评估。结果表明,对于所有的平均节点速度,可预测贪婪算法、静态贪婪算法和传统的最短路径算法对应传输成功率依次下降,预测位置信息可降低空进度区域节点的选择概率。当网络动态性更强的情况下,更多无人机节点超出相邻节点的通信范围,导致通信成功率下降。

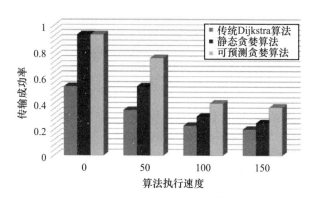

图 1.7　可预测贪婪算法、静态贪婪算法和传统 Dijkstra 算法的传输成功率

1.5 本章小结

无人机网络是对指定区域提供无线覆盖的有前景的技术,无人机可行性与可靠性很大程度上取决于通信技术的有效性。本章以典型案例为基础,讨论了可行的通信方法及其应用,并对无人机网络技术发展提出了见解。基于实测数据,描述了不同通信网络策略以及优缺点,测试结果在组网协议、无人机的速度与高度及飞行距离等方面详细展示了网络性能。尽管存在如碰撞概率、任务管理开销和节点分布拓扑等一些不容忽视的问题,无人机集群凭借突出优势成为技术发展趋势。此外,近期研究工作还描述了设计更为复杂通信方法的技术难点。综合上述工作,无人机集群网络的构建应遵循不断增加的无人机管理规定及其限制条件,选择具有可行性和稳健性的技术路线,更可靠和可控的无人机通信技术需要进一步持续研究。

参考文献

[1] U. S. United States Department of Defense, "Environmental engineering considerations and laboratory tests," Department of Defense, MIL – STD – 810F, 2000.

[2] U. S. Department of Defense, "Requirements for the control of electromagnetic interference characteristics of subsystems and equipment," MIL – STD – 461G, 2007.

[3] M. Tareque, M. Hossain, and M. Atiquzzaman. "On the routing in flying ad hoc net – works," *Proceedings of the 2015 Federated Conference on Computer Science and Information Systems*, vol. 5, pp. 1 – 9, 2015.

[4] R. Purta, S. Nagrecha, G. Madey. "Multi – hop communications in a swarm of UAVs," *Proceedings of the 2013 Agent – Directed Simulation Symposium*, Society for Computer Simulation International, vol. 1, pp. 5 – 13, 2013.

[5] A. Agogino, C. Parker, and K. Tumer, "Evolving large scale UAV communication systems," *Proceedings of the 2012 14th Annual Conference on Genetic and Evolutionary Computation*, vol. 9, pp. 1023 – 1030, 2012.

[6] M. Chen, J. Macdonald, "Optimal routing algorithm in swarm robotic systems," *Course for the Department of Computer Sciences*, California Institute of Technology, vol. 5, no. 1, pp. 1 – 8, 2014.

[7] R. Lidowski, B. Mullins, and R. Baldwin, "A novel communications protocol using geographic

routing for swarming uavs performing a search mission,"*2009 IEEE International Conference on Pervasive Computing and Communications*,vol. 4,pp. 1 – 7,2009.

[8] Amazon,"Amazon Prime Air," https：//www. amazon. com/Amazon – Prime – Air/ b node = 8037720011,2016.

[9] P. Black, "Greedy algorithm," https：//xlinux. nist. gov/dads//HTML/greedyalgo. html, in Dictionary of Algorithms and Data Structures [online],2005,March 2019.

[10] J. Li,Y. Zhou,and L. Lamont,"Communication architectures and protocols for net – working unmanned aerial vehicles," *2013 IEEE Globecom Workshops*,2013.

[11] M. Kakitani,G. Brante,R. Souza,and A. Munaretto,"Comparing the energy efficiency of single – hop,multi – hop and incremental decode – and – forward in multi – relay wireless sensor networks," *2011 IEEE 22nd International Symposium on Personal*,Indoor and Mobile Radio Communications,pp. 970 – 974,2011.

[12] S. Fedor and M. Collier,"On the problem of energy efficiency of multi – hop vs one – hop routing in wireless sensor networks," *21st International Conference on Advanced Information Networking and Applications Workshops*,vol. 2,pp. 970 – 974,2007.

[13] G. Gankhuyag,A. Shrestha,and S. Yoo,"Robust and reliable predictive routing strategy for fying ad – hoc networks," *IEEE Access*,vol. 5,no. 3,pp. 643 – 654,2017.

[14] D. Kim and J. Lee,"Topology construction for flying ad hoc networks (FANETS)," *2017 International Conference on Information and Communication Technology Convergence*,vol. 1, pp. 153 – 157,2017.

[15] Federal Aviation Administration,"Unmanned aircraft systems (UAS)," https：//www. faa. gov/uas/. Accessed April,2019.

[16] V. Kumar,A. Rana,and S. Kumar,"Aircraft ad – hoc network (AANET),"*2014 International Journal of Advanced Research in Computer and Communication Engineering*,vol. 3,pp. 6679 – 6684,2014.

[17] Federal Aviation Administration, "No drone zone," https：//www. faa. gov/uas/resources/community_engagement/no_drone_zone/. Accessed,2018.

[18] E. Williams,G. Jones,D. Layer,and T. Osenkowsky,"National Association of Broadcasters Engineering Handbook：NAB Engineering Handbook," 10*th ed. Burlington*,MA：Taylor Francis,2013.

[19] Shenzhen DJI Technology Co. ,Ltd,"Phantom 4 Advanced specs," https：//www. /dji. com/phantom – 4 – adv/info#specs/. Accessed August 2017.

[20] O. Gal and R. Chen – Morris,"The archaeology of the inverse square law：(1)metaphysical images and mathematical practices," *History of Science*,vol. 5,no. 3,pp. 391 – 414,2005.

[21] A. Rovira – Sugranes and A. Razi,"Predictive routing for dynamic uav networks," *2017 IEEE International Conference on Wireless for Space and Extreme Environments*,vol. 1,pp. 43 –

47,2017.

[22] M. Khaledi, A. Rovira-Sugranes, F. Afghah, and A. Razi,"On greedy routing in dynamic UAV networks," *2018 IEEE International Conference on Sensing, Communication and Networking*, vol. 2, pp. 1-5, 2018.

第 2 章

基于深度学习的无人机导航

2.1 引 言

无人机已经发展了一百多年,第一架无人机发明于1849年,当时无人驾驶气球用于运送炸药。由于无人机体积小、重量轻、成本低和隐蔽性高,因此适合用于运输、军事和商用等领域,支持目标发现、通信中继、运输车辆和救灾平台等行动。但是无人机对外部干扰和人为因素十分敏感。近年来,无人机普及程度呈指数增长,无人机控制和导航方面进步尤为突出,开发了多种类传感器工具包及其算法。最近深度学习在许多研究领域发挥了重要作用,用于处理大数据和复杂任务。深度学习技术于1971年提出,20世纪80年代产生卷积神经网络(convolutional neural network,CNN),20世纪90年代通过训练方法取得快速进步。随着图形处理单元(graphics processing unit,GPU)发展,更强大的处理能力可应用于大型数据集,有力推动了深度学习技术发展。

本章主要讨论深度学习在无人机导航领域的应用。2.2节讨论了使用单目相机的目标检测与跟踪方法。该方法将背景消除、深度学习和光流技术相结合。使用背景消除将低分辨率视频数据转换为帧序列,训练深度神经网络(deep neural network,DNN)对候选目标进行分类,利用光流跟踪目标并使用卡尔曼滤波提高目标检测精度。2.3节讨论了基于强化学习(reinforcement learning,RL)的无人机自主着陆技术。2.3.1节和2.3.2节进一步研究两个方面。2.3.1节引入深度强化学习(deep reinforcement learning,DRL)以检测着陆目标并完成安全着陆。通过低分辨率俯视相机检测路标,控制导引无人机至目标上方,在垂直方向快速下降,并维持与目标相对位置。采用闭环控制模型实现对目标位置的连续精确着陆。2.3.2 节讨论了基于快速强化学习(Fast RL)的无人机自主着陆仿真实验,最小二乘策略迭代模型是其使用的主要模型。2.4 节讨论了有限环境下的避障问题。与即时定位与地图构建(simultaneous localization and mapping, SLAM)和运动恢复结构(structure from motion,SFM)相比,基于 DRL 和单目相机的方法性能明显更优。本节还介绍了部分观测马尔可夫决策过程(partially observable markov decision process,POMDP)模型,Q 值表示 POMDP 模型的解,通过计算最优 Q 值可以成功避开障碍物。使用具有长短时记忆(long short term memory,LSTM)的深度递归 Q 网络(deep recurrent Q – network,DRQN)基于最近观测可近似计算得到最优 Q 值。

2.2 目标检测与跟踪

目标检测与跟踪是无人机导航难题。运行期间,无人机通过扫描周围环境检查是否存在移动目标。如果有移动物体,无人机瞄准并跟踪,称为目标检测与跟踪。本节将讨论使用单目相机检测跟踪移动目标。

图 2.1 描述了此功能的 3 个实现步骤。步骤一,将视频数据分解成一系列帧,估计后续两幅图像之间的背景运动。背景运动的估计方法称为透视变换模型[1]。步骤二,使用深度学习分类器甄别候选移动目标,大幅提高移动目标的分类精度。使用卢卡斯 – 卡纳德光流算法对所有候选目标进行扫描[2],得到局部运动,并利用时空特征对实际目标进行定位[3]。步骤三,为降低噪声,使用卡尔曼滤波跟踪目标[4]。下面详细讨论每个步骤的实现细节。

如前所述,透视变换模型用于估计背景运动[1]。与其他全局变换模型(如刚性或仿射变换模型)不同,该模型使用相机距离投影以补偿距离相机较远处的背景运动[3]。该方法将视频分解为一系列帧。对于每个点 $p_{t-1} \in \mathbb{R}^2$,使用块匹配方法[5]计算对应当前帧 X_t 中的点 $p_t \in \mathbb{R}^2$。在此基础上,对从 X_{t-1} 到 X_t 的透视变换矩阵 $\boldsymbol{H}_{t-1} \in \mathbb{R}^{3 \times 3}$ 进行估计[3]。

变换矩阵 $\boldsymbol{H}_{t-1}$ 的估计表达式为

$$\boldsymbol{H}_{t-1} = \arg\min_{H} \sum_{P_t \in P_t, P_{t-1} \in P_{t-1}} \| P_t - \boldsymbol{H} \circ P_{t-1} \|_2^2 \tag{2.1}$$

式中,P_t 和 P_{t-1} 为帧 X_t 和 X_{t-1} 中对应点的集合;$\circ$ 为扭曲运算算子[3]。矩阵 $\boldsymbol{H}$ 可表示为

$$\boldsymbol{H} = \begin{bmatrix} h_{11} & h_{12} & h_{13} \\ h_{21} & h_{22} & h_{23} \\ h_{31} & h_{32} & 1 \end{bmatrix} \tag{2.2}$$

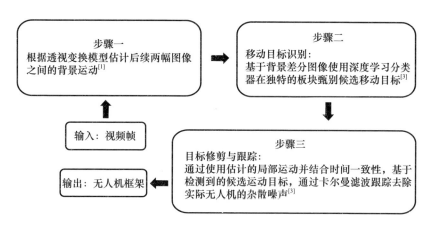

图 2.1 目标检测与跟踪方法步骤图

式中:h_{11},h_{12},h_{13},h_{21},h_{22},h_{23} 为仿射变换,如纯平移、缩放、旋转等;h_{31},h_{32} 为实现透视投影到消失点的附加参数。

根据图 2.1,深度学习分类器使用背景消除图像,图像 E_t 定义为

$$E_t = |X_t - H_{t-1} \circ X_{t-1}| \tag{2.3}$$

局部自相关系数 C_t 定义为[3]

$$C_t(s) = \sum_W (E_t(s+\delta s) - E_t(s))^2 \approx \delta s^T \Lambda_t(s) \delta s \tag{2.4}$$

式中:δs 为偏移值;W 为围绕 s 的窗口;Λ_t 为精度矩阵[3]。

使用 3 个 CNN 对深度学习分类器进行训练以实现运动目标检测。校正线性单元(rectified linear unit,ReLU)和批归一化方法可高效训练离散神经网络[6-7],深度学习的网络架构如图 2.2 所示。

为检测候选移动目标,将运动差 $d_t^{(n)}$ 定义为

$$d_t^{(n)} = \frac{1}{M} = \sum_{m=1} M(h_t^{(n,m)} - u_t^{(n,m)}) \tag{2.5}$$

式中:$h_t^{(m)}$ 表示在点 $r_t^{(n,m)}$ 上图像 X_t 与 X_{t+1} 之间透视变换的插值运动向量[3]。

定义 $y_t^{(n)}$ 为二进制标签,其正值表示观测对象为目标[3]。

$$y_t^{(n)} = \begin{cases} 1, & \text{当 } T_L < \|d_t^{(n)}\|_2 < T_H \\ 0, & \text{其他} \end{cases} \tag{2.6}$$

式中:T_L 和 T_H 表示修剪判决的低经验阈值和高经验阈值[3]。

使用卡尔曼滤波优化目标检测性能[4]。为初始化卡尔曼滤波器,通过 L 个历史帧的光流匹配确定相应对象,当分类标签 $y_{t-1}^{(n)}, y_{t-2}^{(n)}, \cdots, y_{t-L}^{(n)}$ 结果为正[3],开始跟踪。如前所述,深度学习已应用于无人机导航控制,相关方法具有显著提升总体性能的潜力。运动目标检测与跟踪过程如图 2.3 所示。

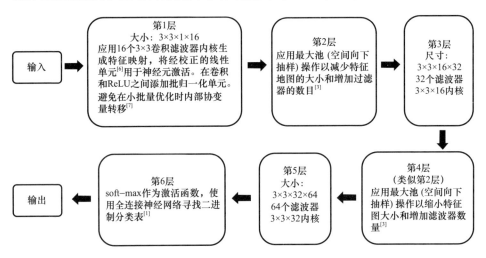

图 2.2　无人机运动目标检测与跟踪的深度学习网络体系结构

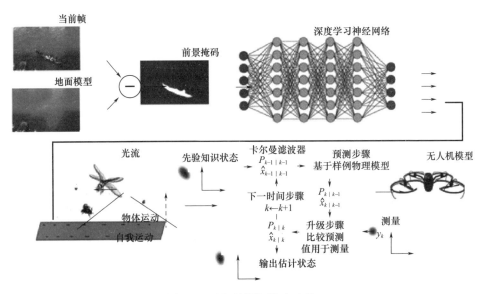

图 2.3　目标检测与跟踪过程

2.3 自主着陆

由于运输和包装交付要求越来越高,自主着陆成为无人机导航领域另一研究热点。自主着陆要求无人机在有限时间与空间内检测和着陆目标地标,主要有几种方法。本节重点讨论使用 RL 实现无人机自主着陆的两种方法。

2.3.1 方法1:深度强化学习

首先介绍文献[8]提出的一种无人机自主着陆新方法。深度神经网络使用深度学习和强化学习方法的组合将训练模型和动态学习模型结合起来解决此问题[9]。具体地,深度学习使用卷积神经网络,强化学习使用深度 Q 网络。为实现不需要人工监督,深度神经网络适用于解决自主着陆问题。

自主着陆解决方案有 3 个步骤,如图 2.4 所示:①在水平面(x,y 平面)中进行地标检测;②从 20m 垂直下降到 1.5m,并保持在着陆目标上方;③从 1.5m 处下降到着陆目标。由于传统闭环控制器可完成步骤③的着陆过程,强化学习主要应用于着陆过程的步骤①和②。下面描述步骤①和②解决方案的详细内容。

对于步骤①,无人机以恒定高度在(X,Y)平面上平移动(这种情况下为 20m)至着陆目标正上方,无人机上低分辨率俯视相机是唯一传感器。使用 DQN、马尔可夫决策过程和两个卷积神经网络实现该步骤。卷积神经网络的输入为俯视相机获取的四幅 84×84 灰度图像[8],使用 ReLU 作为激活函数[10]。无人机着陆深度学习的网络体系结构如图 2.5 所示。

损失函数 $L_i(\theta_i)$ 用于 DQN 网络的参数调整[8],其表达式为

$$L_i(\theta_i) = E_{(s,a,r,s') \sim U(D)} \left[(Y_i - Q(s,a;\theta_i))^2 \right] \quad (2.7)$$

其中,$D = (e_1, e_2, \cdots, e_t)$ 是经验 e 的数据集,$e_t = (s_t, a_t, r_t, s_{t+1})$ 用于在第 i 次迭代进行均匀批采样。

对于损失函数,网络 Q 用于运行时动作估计,目标 Y_i 可表示为[8]

$$Y_i = r + \gamma \max_{a'} Q(s', a'; \theta_i^-) \quad (2.8)$$

其中,$Q(s', a'; \theta_i^-)$ 用于生成目标。

水平面方向无人机定位在目标上方后,无人机需从 20m 垂直下降至 1.5m,并保持目标上方的位置。下降阶段,对盲悬崖行走(blind cliffwalk)问题[10],

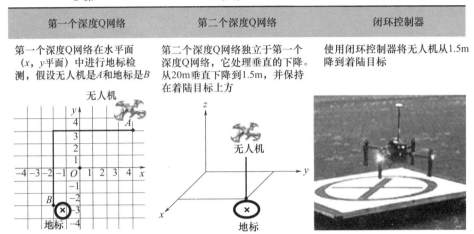

图 2.4　使用深度强化学习的着陆系统概述

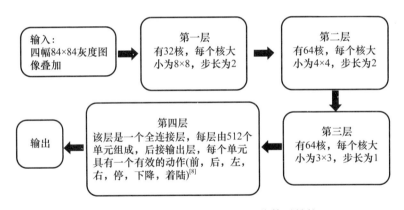

图 2.5　无人机着陆深度学习的网络体系结构

由于目标较小以及所产生的状态空间,无人机通常会遇到许多消极收益,积极收益较少。使用一种分区缓冲区回放的方法可解决此问题,可区分收益以确保在正面、负面和中性经验之间的公平抽样[8]。

高估问题[12]是与收益稀疏性相关的常见问题。为解决此问题,可以使用双 DQN 算法[13]。双 DQN 可定义为

$$Y_i^d = r + \gamma Q(s', \mathop{\mathrm{argmax}}_{a'} Q(s',a';\theta_i);\theta_i^-) \tag{2.9}$$

使用上述目标代替式(2.8)中对应部分,可使 DQN 动作分布的发散问题得到缓解,加快收敛速度并提高稳定性[8]。

2.3.2 方法2:快速强化学习

本节提出一种基于 FastRL 的无人机自主着陆解决方案,如文献[14]所述。当前 RL 是适用于无人机行动的最流行、常见和有效方法,使无人机能够通过与环境交互进行学习[15]。基于视觉的服务,使用相机跟踪地标并实现目标区域着陆是当前的最优解决方案[16]。通过使用图像处理技术提取特征以表示系统当前状态,使用最小二乘策略迭代算法 RL 模型可以实现自动化着陆[17]。与 Q 学习相比,最小二乘策略迭代算法收敛更快,所需样本更少且无须参数初始调整[14,17-18]。通过最小二乘策略迭代扩展算法,实现在连续状态-动作空间运行。不依托任何初始参数,可在移动应用程序上运行,不存在任何过冲、振荡或发散问题。本节重点讨论扩展最小二乘策略迭代算法实现连续动作空间中运行[14]。

连续动作空间可配置为一套仿真环境。自动化与机器人仿真系统,即 US-ARSim 系统,用于模拟合适的环境[19]。扩展版的 USARSim 软件称为 altURI[20],可为广泛应用的 OpenCV 视觉处理库提供图像[21]。OpenCV 是捕获视觉组件的图形工具之一,使用 OpenCV 检测地标目标包括 3 个步骤,如图 2.6 所示。状态空间受到参数(r,θ,ϕ)的限制,如表 2.1 所示。

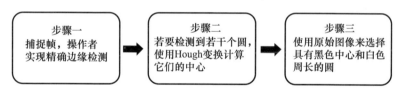

图 2.6　利用 OpenCV 进行目标检测的 3 个步骤

表 2.1　状态空间参数

参数	r	θ	ϕ
定义	空间目标中心智能体的径向距离	X 轴的 XY 平面中目标的方位角	极角 Z 轴
范围	$0 \leqslant r \leqslant 10\mathrm{m}$	$0° \leqslant \theta \leqslant 360°$	$-90° \leqslant \phi \leqslant 90°$
目标状态	$0 \leqslant r \leqslant 0.1\mathrm{m}$	$0° \leqslant \theta \leqslant 10°$	$-5° \leqslant \phi \leqslant 5°$
其他			

续表

参数	r	θ	ϕ
收益	(1)当达到目标时,取值120 (2)当结束跳出状态空间时,取值-1500 (3)当ϕ或θ增加或减小时,取值随之变化		
控制	横向速度:[-5,5] 线速度:[-5,5]		

式(2.10)描述使用最小二乘策略迭代算法估计 Q 近似值:

$$Q(s,a) \approx \hat{Q}^{\pi}(s,a,\omega) = \sum_{i=1}^{k} \phi_i(s,a)\omega_i = \boldsymbol{\Phi}(s,a)^{\mathrm{T}}\omega \tag{2.10}$$

式中:ϕ_i 为第 i 个基函数;ω_i 为在线性方程的权重;k 为基函数数量[14]。

为求解 $Q(s,a)$,可使用式(2.10)重写时间差更新方程[15]如下:

$$\boldsymbol{\Phi}W \approx \boldsymbol{R} + \gamma \boldsymbol{P}^{\pi}\boldsymbol{\Phi}\omega \tag{2.11}$$

式中:$\boldsymbol{\Phi}$ 表示所有状态动作的基函数,由 $|S||A| \times k$ 矩阵表示。

此基础上,式(2.11)可改写为

$$\boldsymbol{\Phi}^{\mathrm{T}}(\boldsymbol{\Phi} - \gamma \boldsymbol{P}^{\pi}\boldsymbol{\Phi})\omega^{\pi} = \boldsymbol{\Phi}^{\mathrm{T}}\boldsymbol{R} \tag{2.12}$$

式中:$\boldsymbol{P}$ 为包含过程过渡模型的随机矩阵;$\boldsymbol{R}$ 为包含收益值的向量[14]。

权重值 W 可以用 A 和 b 表示:

$$W = (\boldsymbol{\Phi}^{\mathrm{T}}(\boldsymbol{\Phi} - \gamma \boldsymbol{P}^{\pi}\boldsymbol{\Phi}))^{-1}\boldsymbol{\Phi}^{\mathrm{T}}\boldsymbol{R} = A^{-1}b \tag{2.13}$$

式中:A 和 b 由环境样本确定。给定一组样本,使用式(2.10)~式(2.13)可以计算得到最优权值及其最优解。

因此,通过将近似策略迭代的搜索效率与 Q 值函数近似估计的数据效率相结合,可得到最小二乘策略迭代算法[22]。算法 π 是使相应的 Q 函数最大的近似策略。当权重值 ω 达到最优时,启动策略的改进过程,表示为

$$\pi(s|\omega) = \arg\max_{a} \boldsymbol{\phi}(s,a)^{\mathrm{T}}\boldsymbol{\omega} \tag{2.14}$$

通过该算法可将 LSPI 扩展适用于连续动作空间问题。

2.3.3 自主着陆方法研究综述

总体上看,使用深度学习实现自主着陆有多种方法,本节介绍两种流行方法。尽管两种方法都采用深度学习模型,但目标的实现途径不同。两种方法都有其优缺点,如表2.2所示。研究人员可以根据自身需要做出选择。如果无人

机着陆到目标的速度为首选因素,第二种方法更好。但该方法更为复杂,需要深入了解模型以调整行程方向和转弯值。

表2.2 两种自主着陆方法比较

比较	方法1	方法2
方法、模型和算法	DRL、DQN、双深度Q网络和马尔可夫决策过程	FastRL、最小二乘策略迭代、OpenCV、US-ARSim系统和altURI
优点	这种方法只需要一台俯视相机拍摄低分辨率图像。采用三步检测与着陆的方法,具有较高精度。由于3个步骤独立,因此运行简单	需要较少的样本训练模型,因此训练速度得到提高。这种方法不需要单独的水平和垂直运动实现目标降落,而直接朝着目标向下移动,实现更快降落
缺点	由于所有步骤为序列化,以较慢速度实现目标。此外,需要更多样本,且依赖于机载GPU,增加了无人机成本	依赖于良好的环境。精度取决于无人机调整的最佳值。无人机必须学习正确的转向方向(横向速度为向右和向左,线性速度为向前和向后)和最佳转向值[14]。所有步骤需要集成一体,调整更加困难

2.4 恶劣环境条件下避障

强化学习方法之前,无人机障碍物探测和回避主要由 SLAM 和 SFM 实现[23-24],如图2.8所示。两种方法使用多种传感器检测障碍物并绘制环境地图,将无人机定位在环境中以协助规划穿过环境的路径。通常使用的传感器组件包括 Kinect、光检测与测距、声音导航与测距、单目相机、立体相机和光流传感器[24-29]。

由于与感知环境、深度图构建和通过实时环境的最佳路径确定相关联的高计算量要求,尽管 SLAM 和 SFM 方法在二维地面车辆中非常流行,在三维无人机导航应用中有效性受限。为提升无人机避障性能,已有相关研究人员提出了行为仲裁策略以获得无人机避障的偏航角、俯仰角及导航信息[30],利用障碍物约束边界和深度估计方法进行航迹规划[31]。研究人员提出了两种不同 CNN 网络架构,一种用于深度与表面法向估计;另一种用于轨迹预测[32],以及基于无人机碰撞数据集集合的非传统方法[33]。文献[30-33]的4种方法由研究机构提出,主要减少 SLAM 和 SFM 方法对更大更昂贵传感器包的依赖。所提方法使用基于单目相机深度学习方法解决问题。由于难以较好应对处理避障的动态特性,深度学习方法存在应用局限性。表2.3总结了研究中使用的各种传感器,并列出其优缺点。

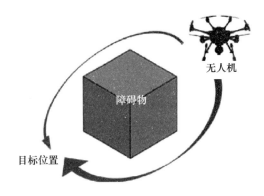

图2.7 一种简单的无人机避障模型

表2.3 使用一些传感器实现避障的缺点

Kinect、激光雷达、声纳	它们都是复杂和昂贵的。由于传感器复杂性,一些传感器需要独立的电源,另一些很重。在这两种情况下,它们都不是无人机的较好选择
立体相机	重量问题与Kinect、激光雷达和声纳传感器相似,另一个缺点是距离受限。远程避障中性能急剧下降
单目相机跟踪	尽管单目相机是一种适用于无人机的低成本、轻量化传感器,但通过RGB图像实现测量距离具有技术挑战。单目相机提供周围环境的二维图像,尽管已有大量研究利用深度学习改进环境制图,仍然不是实现避障的最佳选择

由于深度学习方法存在局限性,已有研究将强化学习方法应用于恶劣环境条件下避障问题。重点讨论了DRQN在杂乱和隐蔽环境下的无人机避障性能。该方法使无人机控制器能够收集和存储观测信息[26]。

尽管视场有限,深度学习算法使用了单目相机。在这种情况下,作为输入,单目RGB图像没有深度或其他感官模型,需从单目图像获得预测深度图。POMDP模型可用以描述无人机的避障导航问题。POMDP模型的参数为$(S,A,P,R,\Omega,O,\gamma)$,详见表2.4。

表2.4 POMDP参数的含义[26]

S	一组环境状态,称为状态空间
A	一组可行的动作,称为动作空间

续表

P	根据所选动作模拟状态演化的转移概率函数,定义为 $P:S \times A \times S \to [0,1]$
R	强化或收益函数定义为 $R:S \times A \to \mathbb{R}$
Ω	观测值集合,观测 $o \in \Omega$ 是实际状态 S 的估计值
O	$O:S \times A \times \Omega \to [0,1]$ 是空间 Ω 的条件概率分布,其中 $\gamma \in (0,1)$
γ	折现系数;大多数情况下,范围是 $\gamma \in (0,1)$

收益函数可作为所选无人机动作的反馈信号,对于避障,选择最优解[26] $\pi^*:\Omega \to A$。通过确定最优策略,无人机控制器能够在每个时间步长 t 上选择使折扣收益期望值总和最大的动作,收益总和为

$$\mathbb{E}\left[\sum_{t=1}^{\infty} \gamma^t R(s_t, a_t)\right] \tag{2.15}$$

解决上述问题的经典方法是使用 Q 函数学习最优策略,Q 值表示为 $Q^\pi(s,a)$,策略 π 表示当状态 s 时采取动作 a,可确定折扣收益的预期总和。POMDP 问题的最优解也是 Q 值最优解,表示为

$$Q^*(s,a) = \max_\pi Q^\pi(s,a) \tag{2.16}$$

但是该算法受到维数限制的约束,迭代学习过程中巨大的状态空间对应 Q 值需要维护和更新。对于所有的状态-动作对相应 Q 值的维护,计算是不可行的[26]。因此需要引入权值 w 解决此问题,Q 函数相应地定义为 $Q(s,a|w)$。

损失函数 $L_i(\omega_i)$ 可定义为

$$L_i(\omega_i) = \mathbb{E}_{(s,a,r,s') \sim D}\left[(r + \gamma \max_{a'} Q(s',a';\omega_i^-) - Q(s,a;\omega_i))^2\right] \tag{2.17}$$

式中:ω_i^- 表示目标网络的权重,是滞后多次迭代的网络权重的采样值[26];(s,a,r,s') 为 POMDP 模型的参数,如表 2.4 所示。使用内存增强的 CNN 网络架构可根据观察结果估计 Q 值。

DRQN 是用于估计 Q 值的网络模型。循环网络具有使用任意长观测序列信息对时间依赖性进行学习的能力,可根据动作对决策的重要性基于最近历次观测值调整网络的注意力机制权重[26]。具有 LSTM 的 DRQN 将 Q 值近似表示为[34]

$$Q(o_t, h_{t-1}, a_t) \tag{2.18}$$

式中:o_t 表示最近 L 次观测序列 $o_{t-1-L}, o_{t-L}, \cdots, o_t$ 中的最新观测值,h_{t-1} 表示递归网络的隐藏状态,由表达式 $h_{t-1} = \text{LSTM}(h_{t-2}, o_{t-1})$ 确定[26]。该模型使用注意力机制评估观测序列的信息量[35],优化网络权重向量,反映先前观测的重要性[26],如图 2.8 所示。基于前面讨论的模型可预测 Q 值。

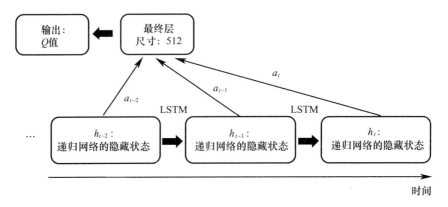

图 2.8　基于 LSTM 的 DRQN 模型

2.5　本章小结

本章主要介绍了基于深度学习和强化学习的无人机导航技术,包括精确目标检测与跟踪、自主着陆和避障 3 个方面。目标检测与跟踪是指无人机扫描周围环境并检查是否存在移动对象,当对象存在,将其作为目标进行跟踪。2.2 节讨论了实现步骤,包括背景运动稳定、运动目标检测和目标修剪跟踪。自主着陆是指无人机能够使用简单相机移动至目标地标上方,需要无人机瞄准地标,控制自身位置位于目标上方。2.3 节讨论了基于强化学习的两种不同方法,2.4 节中讨论了避障方法。避障通常发生在受限或复杂环境中,没有足够空间供无人机运行。同时分析了 SLAM 和 SFM 等方法的缺点。作为地面车辆避障的两类方法,SLAM 和 SFM 方法可以实现避障,但并不适用于无人机。进一步建立了 POMDP 模型,使用基于 LSTM 的 DRQN 网络逼近最优 Q 值,实现 POMDP 模型优化。

参考文献

[1] I. Carlbom and J. Paciorek,"Planar geometric projections and viewing transformations,"*ACM Computing Surveys (CSUR)*,vol. 10,no. 4,pp. 465–502,1978.

[2] B. D. Lucas,T. Kanade et al.,"An iterative image registration technique with an application to stereo vision," *Proceedings of the 7th International Joint Conference on Artifcial Intelligence*,

1981.

[3] D. H. Ye, J. Li, Q. Chen, J. Wachs, and C. Bouman, "Deep learning for moving object detection and tracking from a single camera in unmanned aerial vehicles (UAVs)," *Electronic Imaging*, vol. 2018, no. 10, 2018.

[4] G. Welch, G. Bishop et al., "An introduction to the Kalman flter," *SIGGRAPH*, 1995.

[5] K. Hariharakrishnan and D. Schonfeld, "Fast object tracking using adaptive block matching," *IEEE Transactions on Multimedia*, vol. 7, no. 5, pp. 853–859, 2005.

[6] V. Nair and G. E. Hinton, "Rectifed linear units improve restricted boltzmann machines," *Proceedings of the 27th international conference on machine learning (ICML-10)*, pp. 807–814, 2010.

[7] S. Ioffe and C. Szegedy, "Batch normalization: accelerating deep network training by reducing internal covariate shift," arXiv preprint arXiv: 1502.03167, 2015.

[8] R. Polvara, M. Patacchiola, S. Sharma, J. Wan, A. Manning, R. Sutton, and A. Cangelosi, "Toward end-to-end control for uav autonomous landing via deep reinforcement learning," 2018 *International Conference on Unmanned Aircraft Systems (ICUAS)*, IEEE, pp. 115–123, 2018.

[9] Wikipedia, "Deep reinforcement learning," https://en.wikipedia.org/w/index.php?\title=Deep_reinforcement_learning&oldid=920502460, November 20, 2019.

[10] X. Glorot, A. Bordes, and Y. Bengio, "Deep sparse rectifer neural networks," *Proceedings of the Fourteenth International Conference on Artifcial Intelligence and Statistics*, pp. 315–323, 2011.

[11] T. Schaul, J. Quan, I. Antonoglou, and D. Silver, "Prioritized experience replay," *arXiv preprint arXiv*: 1511.05952, 2015.

[12] S. Thrun and A. Schwartz, "Issues in using function approximation for reinforcement learning," in *Proceedings of the* 1993 *Connectionist Models Summer School Hillsdale, NJ. Lawrence Erlbaum*, 1993.

[13] H. Van Hasselt, A. Guez, and D. Silver, "Deep reinforcement learning with double q-learning," *Thirtieth AAAI Conference on Artifcial Intelligence*, 2016.

[14] M. Shaker, M. N. Smith, S. Yue, and T. Duckett, "Vision-based landing of a simu-lated unmanned aerial vehicle with fast reinforcement learning," 2010 *International Conference on Emerging Security Technologies*, IEEE, pp. 183–188, 2010.

[15] R. S. Sutton, A. G. Barto et al., "Introduction to reinforcement learning, Cambridge," *MA: MIT Press*, vol. 135, 1998.

[16] T. Martínez-Marín and T. Duckett, "Fast reinforcement learning for visionguided mobile robots," *Proceedings of the 2005 IEEE International Conference on Robotics and Automation*, IEEE, pp. 4170–4175, 2005.

[17] M. G. Lagoudakis and R. Parr, "Model-free least-squares policy iteration," *Advances in Neural Information Processing Systems*, pp. 1547-1554, 2002.

[18] P. Wang and T. Wang, "Adaptive routing for sensor networks using reinforcement learning," *The Sixth IEEE International Conference on Computer and Information Technology (CIT'06)*, pp. 219, 2006.

[19] S. Hughes and M. Lewis, "Robotic camera control for remote exploration," *Proceedings of the SIGCHI conference on Human Factors in Computing Systems. ACM*, pp. 511-517, 2004.

[20] M. Smith, M. Shaker, S. Yue, T. Duckett et al., "Alturi: a thin middleware for simulated robot vision applications," 2011.

[21] G. Bradski and A. Kaehler, "Opencv," *Learning OpenCV*, p. 1, 2008.

[22] M. G. Lagoudakis and R. Parr, "Least-squares policy iteration," *Journal of Machine Learning Research*, vol. 4, pp. 1107-1149, 2003.

[23] C. Leung, S. Huang, and G. Dissanayake, "Active slam using model predictive control and attractor based exploration," *2006 IEEE/RSJ International Conference on Intelligent Robots and Systems*, pp. 5026-5031, 2006.

[24] D.-J. Lee, P. Merrell, Z. Wei, and B. E. Nelson, "Two-frame structure from motion using optical fow probability distributions for unmanned air vehicle obstacle avoidance," *Machine Vision and Applications*, vol. 21, no. 3, pp. 229-240, 2010.

[25] Z. Zhang, "Microsoft kinect sensor and its effect," *IEEE Multimedia*, vol. 19, no. 2, pp. 4-10, 2012.

[26] A. Singla, S. Padakandla, and S. Bhatnagar, "Memory-based deep rein forcement learning for obstacle avoidance in uav with limited environment knowledge," *arXiv preprint arXiv*: 1811.03307, 2018.

[27] W. G. Aguilar, G. A. Rodríguez, L. Álvarez, S. Sandoval, F. Quisaguano, and A. Limaico, "Visual slam with a RGB-D camera on a quadrotor UAV using on-board processing," In: I. Rojas, G. Joya, and A. Catala, Eds. *Advances in Computation Intelligence*, IWANN 2017. Lecture Notes in Computer Science, Cham, Switzerland: Springer, vol. 10306, pp. 596-606, 2017.

[28] T. Gee, J. James, W. Van Der Mark, P. Delmas, and G. Gimel'farb, "Lidar guided stereo simultaneous localization and mapping (slam) for uav outdoor 3-d scene reconstruction," *2016 International Conference on Image and Vision Computing New Zealand (IVCNZ)*, IEEE, pp. 1-6, 2016.

[29] H. Alvarez, L. M. Paz, J. Sturm, and D. Cremers, "Collision avoidance for quadrotors with a monocular camera," In: M. Hsieh, O. Khatib, and V. Kumar, Eds. *Experimental Robotics*. Cham, Switzerland: Springer, vol. 109, pp. 195-209, 2016.

[30] P. Chakravarty, K. Kelchtermans, T. Roussel, S. Wellens, T. Tuytelaars, and L. Van Eyck-

en,"CNN - based single image obstacle avoidance on a quadrotor," *2017 IEEE International Conference on Robotics and Automation（ICRA）*,IEEE,pp. 6369 - 6374,2017.

[31] M. Mancini,G. Costante,P. Valigi,and T. A. Ciarfuglia,"J - mod 2：joint monocular obstacle detection and depth estimation," *IEEE Robotics and Automation Letters*,vol. 3,no. 3,pp. 1490 - 1497,2018.

[32] S. Yang,S. Konam,C. Ma,S. Rosenthal,M. Veloso,and S. Scherer,"Obstacle avoidance through deep networks based intermediate perception," *arXiv preprint arXiv*：1704. 08759, 2017.

[33] D. Gandhi,L. Pinto,and A. Gupta,"Learning to fy by crashing," *2017 IEEE/RSJ International Conference on Intelligent Robots and Systems（IROS）*,IEEE,pp. 3948 - 3955,2017.

[34] S. Hochreiter and J. Schmidhuber,"Long short - term memory," *Neural Computation*,vol. 9, no. 8,pp. 1735 - 1780,1997.

[35] W. Pei,T. Baltrusaitis,D. M. Tax,and L. - P. Morency,"Temporal attentiongated model for robust sequence classifcation," *Proceedings of the IEEE Conference on Computer Vision and Pattern Recognition*,pp. 6730 - 6739,2017.

第 3 章

组网无人机编队控制

3.1 引 言

随着电子信息和软件技术的发展,无人机被更多部署,这些无人机能够以自主方式协调行动。在过去几十年里,无人机吸引了人们大量研究兴趣,在军事和民用领域广泛应用于一些高风险任务,如重载运输、搜索救援任务、监视侦察、森林火灾探测、灾害监测、减阻[1]、辐射探测[2]、精确农业、天气预报以及电信中继[3]等。由于无人机体积通常较小、重量较轻和CPU处理能力低,单机仅能执行相对简单任务。与之相比,无人机集群在执行任务时具有效率高、燃料时间成本低、覆盖范围广、稳健性强、容错能力强以及灵活性高等优点。同时,无人机集群网络可以通过无人机编队产生新功能。例如,当无人机处于特定队形时可用于目标监视或探测,通过编队合成的天线等效尺寸远大于单个无人机的情形[4]。此外,一些定位任务要求无人机之间通过无线通信共享相对位置等信息,无人机集群的主要任务是调整相对位置以实现自主协同行动。

事实上,编队的概念是受生物行为启发产生的,如鸟群和鱼群等。通过群组保持特定队形,鸟、鱼等动物可以提高个体生存能力。通过模拟鸟类或鱼类的编队行为,无人机集群编队可完成复杂任务,提高系统自主性。无人机在编队飞行过程中的编队控制设计非常重要。一般来说,控制队形需要完成以下几个任务:①将整个队形或队形中心从一个位置移动到另一个位置;②在编队运动期间保持无人机之间相对位置,保持队形不变;③避开障碍物并防止碰撞;④在某些情况下分裂队形;⑤确保无人机集群通信网络能够满足协作规划和数据收集的要求。

无人机集群系统的编队控制有两种主要策略:①集中式架构,所有无人机的控制信令仅由领导无人机或中央站生成;②分布式架构,各无人机基于自身位置和邻居信息计算控制信令[5-6]。控制和通信领域的技术发展产生了许多无人机编队控制算法。在过去几年中,针对多种特定应用场景开发了集中式和分布式算法。目前几种典型的无人机集群编队控制方法包括基于领导者-跟随者(leader-follower,LF)的控制方法[7]、基于虚拟结构(virtual structure,VS)的控制方法[8]及基于行为的控制方法[9]等。虽然这些方法可用于解决无人机集群系统的编队控制问题,但都存在各自缺陷。例如,由于存在明显的领导者和缺乏跟随者的反馈,基于领导者-跟随者的控制方法缺乏稳健性。基于虚拟结构的控制方法不适用于分布方式实现,也难以适应编队队形变化。该方法不能有效避免无人机碰撞,且需要大量通信和计算资源。此外,基于行为的控制方法不易建模,难以实现系统稳定性。近年来,随着多智能体一致性理论的发展,基于图论的一致性解可用于解决编队控制问题。此外,一些研究表明,基于领导者-跟随者、虚拟结构和行为的传统控制方法被视为一致性控制方法的特例[10]。

无人机集群编队体系结构的实用性取决于通信、传感和控制方案。随着信息技术的发展,利用数字化通信网络建立编队控制结构具有维护成本低,以及可扩展性、有效性和稳健性好等优点。通信网络是无人机系统的关键组成部分之一,可用于确保指挥和控制消息的可靠交互,并将遥感数据传输至所需的站点。由于无人机集群的快速移动性,以及无线通信信道的动态性且难以准确预测,在许多情况下,数据传输中链路故障或长时延不可避免。如何针对系统不确定性和干扰稳健性设计无人机集群系统存在技术挑战。具体地,包含运动规划在内的集群控制方法依赖有效的网络拓扑以确保良好的连通性,需要将协作控制和网络模型集成一体,联合优化编队控制和网络路由策略[11]。此外,在移动无人机编队控制中碰撞和避障问题对系统安全具有重要意义。本章详细介绍无人机集群系统编队控制的几种典型方法,包括基于领导者-跟随者、虚拟结构和行为的3种传统控制方法,详细讨论和回顾动态无人机网络的一致性问题和防止相互碰撞问题。

本章组织结构如下。3.2节简要介绍了两种保持编队形状的主要类型控制结构,支持编队聚集成整体进行飞行。阐述了集中式或分布式控制结构下自主编队的主要特征。3.3节介绍了几种无人机操作模式,包括人在回路和自主模式,讨论了无人机可依赖的通信模式和无人机集群网络控制的几种方法。3.4节描述了运动规划和路径规划之间的概念差异,3.5节总结了3种传统分层控制方法的最新进展,即基于领导者-跟随者、虚拟结构和行为的控制方法。3.6

节针对基于一致性的编队控制算法进行分析,详细描述了动态无人机网络一致性问题,3.7 节为本章小结。

3.2 无人机编队架构

如前所述,部署小型无人机形成集群对于执行关键任务通常更为有效。随着无人机集群系统编队控制模型的演进,在集群编队作为有机整体运动情况下,采用何种传感和控制结构以维持编队队形受到越来越多关注。使用数字化通信网络,实现中心站和无人机之间指挥控制信息与控制消息交换,包括无人机状态、目标位置估计、航路点与任务分配等信息。还可将遥感任务数据,包括视频、静止图像、大气样本等,传输到指定中心,对数据进行处理、应用和分发等[11-12]。编队应用需要精确、稳健、灵活和可扩展的控制算法与模型,依赖高可靠的数据传输通信协议。此外,通信网络的设计和控制取决于系统架构和数据传输需求。

无人机集群系统的编队控制主要采用两种策略以维持编队形状。一种策略是集中式架构,用于所有无人机的控制信令在领导者无人机中或在中央站中生成。其他无人机维持在指挥控制中心站的通信距离内。在这种情况下,可以采用类似于蜂窝系统的中心辐射型网络模型,如图 3.1(a)所示。集中控制策略通过单一控制器生成集群编队的无碰撞轨迹。另一种策略是分布式架构,每个无人机基于自身位置和邻居信息计算控制信令[5],协作执行任务所需的大量信息由本地源产生。因此,通过将所有计算保持在本地完成,无人机可以获得更快的响应速度。无人机之间通过通信链路共享局部计算结果,如图 3.1(b)所示。

在集中式架构情况下,所有无人机直接连接到控制中心,所有无人机之间的通信都通过控制中心路由完成。该方式可能导致链路阻塞、时延增加和带宽需求增加等问题。另外,由于无人机具有移动性,需要可转向天线以保持天线指向控制站方向。由于下行链路距离通常大于无人机之间距离,集中式结构存在高时延。同时,由于所有通信链路必须经过控制中心,当控制中心发生故障时,无人机之间将不能交互信息。对于集中式的编队控制策略,运动规划所需的全部计算都发生在同一空间位置。

此外,基于集中式架构的集群方案需要强计算能力,对单个控制器的高度依赖性导致系统缺乏稳健性,不能扩展到大规模集群系统。具体地,以下情况下集中式架构可能不理想:①如果需要将大量数据传输到中心节点,集中式架构不理想;②集中式架构下处理速度受到重要信息到达计算中心的速率限制,在通信网络传输缓慢和不可靠条件下,阻止大量不相关的数据经过网络传输非常重要。

此外,在大多数民事应用的通常操作中不需要依托控制中心进行无人机之间通信。相比之下,在分布式架构上无人机之间互通,通常可在多条通信链路上直接通信。少量无人机还可以通过某条链路与控制中心互联。由于不需要所有无人机信息到达中心节点,通信时延可以大幅降低。

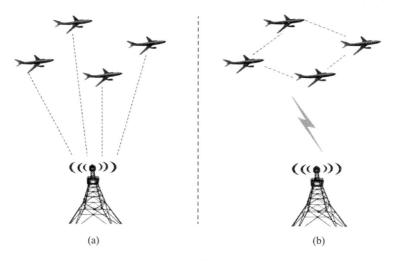

图 3.1　集中式架构与分布式架构

在分布式架构情况中,无人机移动可能导致编队队形破坏。因此,通信连接可能是间歇的。为了解决该问题,网络需要通过连续射频(radio frequency,RF)通信连接和围绕隔断路径进行灵活重组来实现网络自愈合。与集中式架构相比,分布式架构更加灵活可靠,可提供更好的服务质量(quality of service,QoS)。但是,分布式架构的关键需求是所有系统实体节点之间的稳定通信和可靠信息共享,如果通信链路不可靠,算法性能可能显著降低。此外,系统架构应具有可扩展性,当编队无人机数量增加时,单个无人机所需的通信链路数量将线性增加[4]。对此,动物的群集行为,如鸟群、鱼群、昆虫群集和四足动物等,为网络架构设计提供了灵感。动物群体中的单个生物倾向于与附近邻居保持密切联系。因此,当无人机之间的距离与预定值不相同时,通过分布式控制律可以实现集群编队形状稳定。

表3.1中描述了集中式架构和分布式架构之间的主要差异。从表中可以看到,这两种系统架构都存在各自优缺点,仅分布式架构才可实现跨系统的资源分配,可确保系统故障下的运行稳健性,且对上层应用程序更加透明。分布式架构使得系统部署和维护成本低,是将来集群系统的高潜力解决方案。同时,无人机

集群系统的许多应用需要更高的拓扑灵活性,以实现无人机之间信息交换和中继。因此,分布式架构在许多应用中得到极大关注。此外,需要指出,本章仅讨论两种基本的系统架构。实际情况下,为部署多架无人机形成编队,还可以采用分层或混合式架构。

表 3.1 集中式架构与分布式架构性能对比

集中式架构	分布式架构
点对点	多点对多点
存在中心控制基站	基于基础设施的系统可能有控制中心,自组织系统没有控制中心
无自主控制性	自主控制
无人机到基站之间单跳通信	多跳通信
无人机不能自由运动	在自组织系统,无人机可自主控制与活动。在基于基础设施的系统中,无人机被限制在控制中心附近运动
容错性低	容错性高
可扩展性低	可扩展性高
需配置无人机与中心基站的连接	无人机间通联具有间歇性
无人机之间通过中心基站通信	无人机为其他无人机提供业务中继
所有计划的相关计算都在基站本地完成	保持所有计算本地进行

3.3 无人机编队通信网络

从原理上讲,无人机运行可划分为 3 种模式:①人在回路模式,典型运行模式;②人监督回路模式,半自主模式;③全自主模式,无人机在没有指挥员直接实时控制下自主运行,可对作战环境中变化做出自动响应[13]。

当然,一架无人机可以支持全部 3 种运行模式。人在回路模式下运行平台具有低水平的自主性,或半自主性。随着无人机自主性和控制人员风险最低的能力要求不断提高,后续系统需要减少操作人员的接入。通常情况下,让这些小型无人机自主运行,并通过编队部署形成集群,保持无人机之间的特定位置、高度和角速度,对于作战行动更为有效。近几十年来,为实现无人机编队,提出了多种自主协作任务分配与规划方法。由于无人机没有驾驶员,为了保证无人机在共享空域内安全运行,必须设计通信网络协议,高效管理无人机集群系统行为。为确保系统可靠运行,必须对网络进行有效控制,使通信链路高度可靠,并具备高水平的数据真实性。

通过所需通信性能范式可以衡量所需通信网络性能的级别。范式由4个性能指标组成,包括可用性、连续性、真实性和时延。在无人机编队飞行时,携带涉及安全关键数据的系统指挥控制消息必须是稳健和可靠的。

为了控制无人机集群网络以确保正确交换指挥控制,且可以将遥感图像数据发送回预期位置,存在以下方法[11]。

(1)通过运动规划创建有效的网络拓扑。

(2)通过拓扑控制算法实现无人机发射功率自适应。根据不同应用中无人机密度和覆盖面积差异性,调整无人机发射功率。

(3)部署和控制中继节点。

(4)通过任务分配算法以确保网络连通性。

(5)对于拓扑控制,需解决以下挑战。

① 对不确定因素的稳健性。在军事和民用行动中无人机被大量部署,以执行大量任务。由于通信链路存在多样性,且无人机具有快速移动性,因此预测动态环境下无线信道性能存在困难。无人机集群系统需要对不确定因素和干扰具有稳健性。

② 带宽使用限制。无线电频谱变得愈发拥挤,所有传感和控制功能需要传输的信息量必须最小化。在尽可能少的信令交换情况下,无人机集群的协作控制和决策应可快速收敛一致。指挥控制消息对带宽的要求较低,但需要以最小延时和可靠性进行交互,实现集群内部有效协调。

③ 为了提高资源利用率,协同控制算法和通信网络协议需要对控制和路由策略进行联合优化。在大量潜在应用中,网络协议应能够快速适应无人机集群网络所面临的动态环境。

通信网络具有可能显著降低无人机集群系统性能的限制。例如,数据传输延时,特别是在命令传递中,可能导致无人机编队不稳定并且执行效率低,这可能具有危险后果,如无人机之间的碰撞或其他障碍。另外,通过集中式或分布式架构发送给无人机的延时或丢弃消息可能导致态势感知的不一致,导致任务规划不准确。例如,分布式规划中的消息延时可能阻止无人机就计划达成一致,并且一些无人机可能在未完成任务情况下保持空闲。

3.4 编队控制和运动路径规划

近年来,移动无人机集群系统的编队控制机制得到广泛研究。编队控制和协作运动规划通常是两个不同的研究课题[14]。编队控制的目标是生成正确的控制命令,驱动无人机集群运动完成任务。编队控制的主要问题包括控制稳定性、稳健性和无人机动力学约束,如无人机之间碰撞和死锁问题等。协作运动规划要求无人机具有较高决策能力,其目标是为编队提供精确的制导信息,如最优轨迹等,以保证无人机集群的有效协调。协作运动规划是当前又一热点研究领域。其主要因素是无障碍物安全距离、最短距离、计算时间和轨迹平滑程度等。

在集群编队成形、运行维护、变化再生、碰撞规避和无人机协调等方面编队控制与协作运动规划有些相似。因此,在无人机集群编队系统实现过程中,编队控制与协作运动规划需要交互。例如,当执行协作运动规划时,为生成无人机运动轨迹,应当实现预期集群编队形状。同时,编队控制策略应可评估所生成轨迹的特征,决定是否按照每条路径或改变路径以避免障碍物或碰撞。

有时运动规划也称为路径规划。路径规划侧重于路径的安全性和无碰撞,忽略速度和加速度等动态特性。运动规划考虑无人机的动力学模型及其影响。由于两者差异细微,在许多学术论文中运动规划和路径规划已经相互代替。

3.5 编队控制模型

过去几十年里,针对无人机集群编队问题的控制策略和运动规划方法得到大量研究,三种典型的编队控制方法[15]包括基于领导者-跟随者、虚拟结构和行为的控制方法,受到大量关注。大多数编队控制研究工作都是基于其中一种或多种方法,使用集中式、分布式或混合式架构。

3.5.1 基于领导者-跟随者的编队控制

文献[6-7]提出了无人机编队标准领导者-跟随者方法。领导者-跟随者控制方法选取一架无人机作为领导者,具有所有导航信息的访问权限,且作为编队的参考点运行。其他无人机视为追随者。为维护编队形状,领导者引导随动件的操作以保持期望的距离和姿态角。由于实际设计和实现相对简单,领导者-跟随者控制方法广泛使用。由于存在明显的领导者无人机,该编队控制方法对于随机因素具有稳健性。

领导者-跟随者控制方法通常使用集中式通信架构,需要编队中的跟随者无人机与领导者建立连接。Mesbahi 和 Hadaegh 等提出领导者-跟随者控制方法的图理论模型,揭示了领导者-跟随者控制方法分配的内在特征[16]。

领导者-跟随者控制方法需要确保领导者和跟随者之间的通信链路,使得领导者可以一直监测跟随者的状态,实现集群之间距离、状态信息的及时交互。无人机有时将保持独立运行,领导者无法获得跟随者的响应。跟随者至领导者之间的信息传输可提高编组稳健性。无人机之间交互的信息量通常小于分布式或非集中式架构下的信息量,通信效率因此更高。但是,该方法主要缺点在于对领导者无人机的强依赖性。编队控制和维持非常困难,尤其是在领导者无人机出现故障或通信链路中断的情况下。

3.5.2 基于虚拟结构的编队控制

虚拟结构控制方法的主要概念最先由 Lewis 和 Tan 提出[8],通过将编队队形看作虚拟结构或刚体,无人机集群维持刚性几何结构关系,实现虚拟结构和实际编队位置之间的误差最小。编队运行状态决定了虚拟结构的位置。为了实现这一目标,使用双向控制策略下的虚拟牵引力对无人机进行控制。容错能力是虚拟结构控制方法最具吸引力的优点之一。

虚拟结构控制方法对队形变化的任务没有优势,队形变化需要重新设计虚拟结构,导致编队计算量大。由于编队控制的不灵活,因此虚拟结构控制方法在处理碰撞规避方面能力有限。与领导者-跟随者控制方法一样,由于各移动节点高度依赖实时接收的数据,因此稳健性对于虚拟结构控制方法至关重要。此外,当处于预定通信范围时,移动节点可以根据其自身位置和速度决定控制动作,也可根据提前确定的通信范围进行控制,以确保无人机之间不发生碰撞[17-18]。

3.5.3 基于行为的编队控制

Balch 和 Arkin 等首先提出了基于集群行为的编队控制方法[9],利用混合向量加权控制函数解决编队控制问题,根据编队任务生成控制指令,如目标朝向移动、静态障碍物规避、机器人规避及编队保持等。根据通用的任务要求,提出了4 种不同的任务控制方案,每种方案都按照具体任务或业务环境分配对应的收益值。对于控制器来说,较高的收益值表示对应行为的更高重要性,最终控制行动取决于加权组合的收益值。通过执行基于行为的编队控制,可以简易地维持编队并实现碰撞规避。

　　该方法的控制器设计并不基于移动节点的动力学特性。使用数学方法分析系统稳定性较为复杂,难以从理论上证明控制方法的性能优势。由于系统稳定性分析不足,基于行为的控制方法对于大型无人机网络并不适用。尽管如此,基于行为的编队控制方法具备通过一条控制指令完成多种任务的能力,仍被移动机器人和无人地面车辆平台广泛使用,具有更加灵活的编队形状。

　　实际情况下,没有一种解决方案适用于所有场景。在以系统稳定性为优先考虑的开放空间中,可以使用基于领导者-跟随者或虚拟结构的控制方法。在复杂环境中,基于行为的方法更加合适。混合方式的控制将成为未来发展趋势。Yang 等提出了一种基于领导者-跟随者和行为控制的混合编队控制方法[19],依赖于虚拟编队目标和跟随者节点之间的相对位置偏差。混合方式的控制方法具有基于主动行为的控制方法和虚拟结构方法的优点。使用领导者-跟随者模型产生并维持编队,将基于行为的方法和虚拟结构方法用于各节点的运动规划。基于领导者-跟随者控制方法,领导者和跟随者之间建立监督机制,确保受控节点数量发生变化时集群队形的完整性。实现了领导者和各跟随者之间的通信互联,使得领导者可全时监控跟随者的状态。

　　如前所述,基于领导者-跟随者、虚拟结构和行为的控制方法均可用于无人机集群系统的编队控制问题,具有各自优缺点。例如,基于领导者-跟随者的方法缺乏通信稳健性;基于虚拟结构的方法不适合分布方式实现;基于行为的方法难以理论建模,无法确保系统稳定性。近年来,随着多智能体一致性理论的发展,基于图论的一致性控制被证明可解决编队控制问题。此外,一些研究表明,基于领导者-跟随者、基于虚拟结构和基于行为的控制方法可以集成于一致性控制方法的通用框架下[10],且基于一致性的控制方法可以克服上述3种传统编队控制方法的不足。

　　本章后续部分将重点描述基于一致性的编队控制策略。

3.6　基于一致性的无人机编队控制

3.6.1　一致性问题与网络拓扑

　　对无人机集群,一致性算法使用一组协议和规则来确定如何在无人机之间交换信息,以确保整个系统将根据兴趣量,如计划、参数和态势感知,收敛到均衡点。通过分析网络拓扑或信息流,可以了解智能集群如何在兴趣量以及信息如何在整个网络中传播上达成一致[12]。

无人机在阈值距离内,链路被认为可用[20]。为了直观分析无人机集群网络系统,可用有向图或无向图(也称平衡图)来表示无人机集群系统的网络。使用 $G=(V,E,A)$ 表示 k 阶的加权有向图,其中节点集合为 $V=\{v_1,v_2,\cdots,v_k\}$,节点索引属于有限索引集 $I=1,2,\cdots,k$。图 G 由边集合 E 组成,边记为 $e_{ij}=(v_i,v_j)$,具有方向性,从节点 v_i 发射指向节点 v_j。有向图中节点的内度数是其他节点向该节点发射的边数量,同样地,节点的外度数为从节点向其他节点发射的边数量。外度数和内度数均为零的节点称为隔离节点。当图中任一节点均可从其他所有节点到达,称为强连通图,相反则称为断开图。

当且仅当图 G 的节点 v_i 的内度数与外度数相同,即 $\deg_{out}(v_i)=\deg_{in}(v_i)$ 时,称节点 v_i 平衡。当且仅当有向图 G 所有节点平衡,称图 G 平衡。使用 $A=[a_{i,j}]$ 表示加权邻接矩阵,$a_{i,j}$ 为非负邻接元素。对应于图的边,邻接元素 a_{ij} 为正,即 $e_{ij}\in E\leftrightarrow a_{ij}>0$。假设对于 $i\in I,a_{ii}=0$,节点 v_i 的邻居节点记为 $N_i=\{v_j\in V:(v_i,v_j)\in E\}$。使用 $x_i\in\mathbb{R}$ 表示节点 v_i 的值,$G_x=(G,x)$ 表示值 $\boldsymbol{x}=(x_1,x_2,\cdots,x_k)^T\in\mathbb{R}^k$ 和拓扑 G 的网络,拓扑变化使用邻节点集合 $N_i=N_i(G)$ 表示。

节点的值可以表示位置、速度、姿态、温度和电压等物理量。当且仅当 $x_i=x_j$ 时,v_i 和 v_j 相互认可。当且仅当对于所有 $i,j\in I,i\neq j,x_i=x_j$,网络节点达成一致。网络的节点都认可时,所有节点的共同值称为组决策[21]。

假设图中每个节点都为一个动态智能体,动力学公式表示为

$$\dot{x}_i=f(x_i,u_i),i\in I \quad (3.1)$$

动态图表示一个状态为 (G,x),值 x 按照动力学公式 $\dot{x}_i=F(x_i,u_i)$ 演进的动力学系统,$F(x_i,u_i)$ 表示元素 $f(x_i,u_i),i=1,2,\cdots,k$ 的列级联值。在拓扑变换的动态网络中,信息流为随时间变化下的系统离散状态。

假设 $\mathcal{X}:\mathbb{R}^k\rightarrow\mathbb{R}$ 为值 $x_1,x_2,\cdots,x_k$ 的函数,$a=x(0)$ 表示系统初始状态。对于分布式系统,动态图的 $\mathcal{X}$ 一致性问题是通过输入 u_i 计算 $\mathcal{X}(x(0))$ 的分布式方法,输入 u_i 仅依赖于节点 v_i 和邻居状态。此外,图拉普拉斯算子 L 可由信息流推导得到,表示为

$$l_{ij}=\begin{cases}\sum_{d=1,d\neq i}^{k}a_{id},j=i\\-a_{ij},j\neq i\end{cases} \quad (3.2)$$

可以证明图拉普拉斯算子及其谱特性为图相关拉普拉斯矩阵,在一致性和对齐算法的收敛性分析上具有重要作用[22-23]。图拉普拉斯算子的第二小特征值,称为代数连通,是一致性算法收敛速度的量化表示。无人机集群系统的稳定性分析必须考虑图 G 的连通性,即各系统相互通信的方式。

进一步地,由于无人机集群系统为网络化系统,连接以图方式描述,与蕴含在弹簧或势场中势能类似,可以假设在无人机集群图中存在虚拟势能,称为图拉普拉斯势。这一概念首先用于未加权无向图,并推广至加权无向图、通用有向图和平衡图,进一步延伸到广义强连通有向图。

对于有向图,图拉普拉斯势函数可简单定义为

$$P_L = \sum_{i,j=1}^{k} a_{ij}(x_i - x_j)^2 \tag{3.3}$$

图拉普拉斯势函数依赖于通信图的拓扑结构,可用于构造李亚普诺夫函数,便于基于图的协同控制系统性能分析。基于李亚普诺夫函数的控制协议具有分布式特点,依赖于无人机自身及其邻居的相关信息。

近年来,基于通信图的特性和使用广义拉普拉斯势,开展了基于多种李亚普诺夫函数的一致性同步问题研究,如文献[24-25]等。许多实际应用表明,无人机集群网络的拓扑控制算法仅用于控制和自适应地调整节点传输功率。接下来进一步讨论无人机网络覆盖性和联通性之间的关系。

3.6.2　覆盖性与连通性

在无人机网络系统中,使用全自主算法控制无人机运动应满足两个设计目标:①增加空间覆盖区域以快速识别目标;②保持通信连通性以实现无人机之间实时通信。实际应用中两个目标可能相互矛盾。

由于无人机集群系统的电池、通信带宽和计算处理能力等主要资源存在约束,无人机寿命和机载发射接收机的传输距离相应受到限制,较远距离传输将导致更大的传播损耗和接收信号严重恶化。无人机网络中的距离设计必须满足接收机的灵敏度要求,满足最小信噪比(signal to noise ratio,SNR)或接收信号强度指示器的边界限制条件。无中断的信息连接对于无人机控制行为不可或缺。为实现分片相互分离的目标区域内信息获取,需要高空间覆盖率。系统设计面临通信覆盖和连接之间的平衡。

3.6.3 通信约束

当无人机集群系统协作完成一组目标时,始终需要依托通信网络交互大量信息,如指挥控制消息和遥感数据等。当无人机编队飞行时,编队须根据任务、机群密度和环境安全情况进行动态配置,网络性能取决于无线链路的质量、互联邻居的数量及基于网络拓扑的信息路由能力。此外,考虑多普勒效应、通信距离动态性等因素影响,无人机网络的链路质量可能随时间不断变化。

通信网络的动力学性能和不确定性影响无人机集群系统性能,主要有以下几点需要仔细考虑。

(1)能源供应。机载装置通常配备有限的能量供给。因此设计的主要目标之一是在无线架构的不同层级使用节能技术,使得有限能量高效利用,延长单架无人机和集群网络的寿命。

(2)受限的带宽。网络带宽是有限资源。带宽限制将制约任务规划消息的内容和频次。例如,尽管诸如 IEEE 802.11 等工业标准的理论带宽高达 54Mb/s,由于同时通信引起无线电干扰,实际可达速率相差甚远。因此,无人机集群网络设计的主要目标之一是将网络容量维持在合理水平。在分布式系统中,协作决策需要有效识别需要与其他无人机共享的主要信息部分,并在整个网络中以尽可能少的消息达成一致,降低时延并减少传输冲突。

(3)非结构化与时变的网络拓扑。基本上无人机可部署在预定区域的任意位置,因此无人机之间通信链路的图通常是非结构化的。由于无人机移动性强,网络拓扑可能会随时间变化,大体来说,无线信道的通信质量还受到实际环境因素的影响,这些因素具有时变性,难以准确获得基本网络参数的适当值,如无线连接的发送范围等。

(4)数据传输时延。数据传输时延是不可避免的,还可能导致许多其他问题。例如,通信时延会对碰撞规避的无人机集群路径规划造成负面影响。在分布式系统中,尽管网络时延可能较小,也会导致无人机异步规划,无人机之间难以达成一致。

(5)网络丢弃。在分布式系统中,多架无人机形成紧密结合的整体,围绕任务进行协作,实现集群共同规划与决策。对于组网集群来说,协作决策要求集群内部就完成的任务、规划和行动达成一致。网络丢弃可能阻止部分无人机参与协作决策,影响规划执行。

综上,通信网络存在的诸多缺点可能降低无人机集群系统性能。无论是在集中式或分布式系统中,感知到数据不能传输到处理中心,或发送到规划无人机的消息出现时延或丢弃,都将导致态势感知不一致问题,导致规划错误。不精确的集群控制或指挥控制消息交互的失败,即使是短暂时延,都会导致编队不稳定,造成无人机编队任务执行效率低下甚至混乱,进一步导致系统出现灾难性故障,如无人机碰撞。在分布式系统中,分布式规划过程中的消息延时还会导致无人机规划难以达成一致,使得不能按照预期规划执行任务。因此,在实际应用中这些通信限制对无人机集群系统的架构、算法和系统性能都会产生影响。

3.6.4 基于一致性的无人机编队控制

本节为前面提到所有内容提供有关基于一致性的无人机编队控制方法的综述。从系统控制的角度来看,集中式方法只需要得到所有智能体的状态信息就可对网络化无人机集群系统进行控制,是可行方案。中心站收集所有无人机的状态信息后做出控制决策,并向各无人机发送相应控制指令。但在无人机集群系统的大多数应用中,某些环境可能不理想,不能使用集中式方法。例如,当发射功率受限导致通信范围不足时,中央站无法获得完整的状态信息。集中式方法的另一个缺点是中心站的复杂度高,且随着无人机数量而不断增加。此外,网络拓扑的任何变化还可能需要中央控制器的重新设计。

在分布式控制或协作控制中不涉及中央控制器,具有可扩展性、灵活性和稳健性等优点。每架无人机利用自身及其邻居的状态信息做出决策。针对无人机集群系统的协同控制,一致性问题研究主要包括以下两类。

(1)在集中式架构下,设计目标是解决领导者-跟随者情况下的一致问题,称为协作跟踪问题,包括牵制控制和同步跟踪控制。具体地,存在一个领导者节点,充当命令生成器功能,并生成所需的参考轨迹,其行为不受跟随者节点影响,并控制全部跟随者对其跟踪。

(2)在分布式架构下,设计目标是解决无领导者情况下的一致性问题,称为一致性问题,包括同步、交会和协作调整等问题。各无人机均设计分布式控制器,使所有无人机扮演对等角色,逐步达成一致。早期大多数研究都集中在一阶或二阶积分器线性时不变系统的一致性上,高阶线性系统甚至高阶动态非线性系统的一致性现已达成。

尽管自主无人机之间通信网络进行数据交换具有一些优点,如安装和维护费用低。但通信网络的存在也给控制器设计带来挑战,可以采取适当措施来控制通信网络。但是,数据传输中的数据包时延和丢失实际上不可避免,且可能导致意外发生,时滞或抖动会降低控制系统性能,甚至使其失稳。因此,在网络化无人机集群系统的编队控制器设计中考虑时间延迟影响是热点研究领域之一,在达到控制一致性和时延鲁棒性之间存在系统性能的平衡矛盾。

此外,无人机碰撞和障碍物规避是无人机集群运动协调过程需解决的实际问题,在编队控制器设计中应重点考虑。为了避免与障碍物或其他无人机碰撞,通常采用势场和排斥力等相关技术。

近年来,基于一致性方法的分布式多机协同编队控制策略得到广泛研究。但是,编队控制取决于单架无人机的动力学和整个网络的架构,可由有向图或无向图建模,无人机之间的交互拓扑可以是固定或动态的。由于通信信道可能失效,新的信道可能建立,无人机集群系统编队通常具有时变性。表3.2列出了基于一致性的无人机编队控制方法的一些典型研究工作。

表3.2 无人机基于一致性的信息控制

文献名称	拓扑	图表	时延	避撞
Formation control for UAVs with directed and switching topologies[25]	转换	定向	时变	无
Formation control of VTOLUAVs with communication delays[26]	固定	非定向	在时延相关或无关条件下	无
Consensus-based reconfigurable controller design for UAV formation flight[27]	转换	定向	时变	无
A decentralized receding horizon optimal approach to formation control of networked mobile robots[28]	固定	完全连接图	打包时延网络	有
Formation flight control of multi-UAV System with communication constraints[29]	联合拓扑	非定向	非统一时延	无
Decentralized formation control of a swarm of quadrotor helicopters[30]	固定	完全连接	未考虑	有
Cooperative control of UAV cluster formation based on distributed consensus[31]	固定或转换	定向	无时延和有时延	无
Consensus-based formation of second-order multi-agent systems via linear-transformation-based partial stability approach[32]	固定	定向	时不变	无
Lyapunov, adaptive, and optimal design techniques for cooperative systems on directed communication graphs[24]	对图拓扑鲁棒	定向	未考虑	无

3.7 本章小结

本章综述网络无人机编队控制技术,提出了保持编队形状两种主要编队控制架构实现了集群以聚合整体飞行。介绍了无人机的几种运行方式,如人在回路模式、人监督回路模式和全自主模式。对于网络化无人机集群,通信网络的高效鲁棒控制是普遍要求。本章还介绍了无人机所依赖的通信性能范式,阐述了编队控制与运动规划、路径规划的区别。此外,还总结了3种编队控制方法,即基于领导者-跟随者、基于虚拟结构和基于行为的编队控制。最后描述了基于一致性的编队控制算法,并对网络化无人机一致性问题进行了综述。无人机集群系统实际运行中编队控制仍有许多问题尚待解决。

参考文献

[1] W. R. Williamson,et al.,"An instrumentation system applied to formation fight,"*IEEE Transactions on Control Systems Technology*,vol. 15,no. 1,pp. 75 – 85,2007.

[2] J. Han,et al.,"Low – cost multi – UAV technologies for contour mapping of nuclear radiation field,"*Journal of Intelligent & Robotic Systems*,vol. 70,nos. 1 – 4,pp. 401 – 410,2012.

[3] A. S. Tan and K. – Y. Colin,"UAV swarm coordination using cooperative control for establishing a wireless communications backbone,"*9th International Conference on Autonomous Agents and Multiagent Systems*,pp. 1157 – 1164,2010.

[4] B. D. O. Anderson,B. Fidan,C. Yu,and D. van der Walle,"UAV formation control theory and application,"*Recent Advances in Learning and Control. Lecture Notes in Control and Information Sciences.* London:Springer,vol. 371,pp. 1 – 20,2008.

[5] M. Hosseinzadeh Yamchi and R. Mahboobi Esfanjani,"Distributed predictive formation control of networked mobile robots subject to communication delay,"*Robotics and Autonomous Systems*,vol. 91,pp. 194 – 207,2017.

[6] X. Wang,V. Yadav,and S. N. Balakrishnan,"Cooperative UAV formation fying with obstacle/collision avoidance,"*IEEE Transactions on Control Systems Technology*,vol. 15,no. 4,pp. 672 – 679,2007.

[7] J. P. Desai,J. Ostrowski,and V. Kuma,"Controlling formations of multiple mobile robots,"*Proceedings of the 1998 IEEE International Conference on Robotics & Automation*,pp. 2864 – 2869,1998.

[8] M. A. Lewis and K. -H. Tan, "Virtual structures for high-precision cooperative mobile robotic control," *Proceedings of the IEEE/RJS International Conference on Intelligent Robots & Systems*, vol. 1, pp. 132-139, 1996.

[9] T. Balch and R. C. Arkin, "Behavior-based formation control for multirobot teams," *IEEE Transactions on Robotics and Automation*, vol. 14, pp. 926-939, 1998.

[10] W. Ren, "Consensus strategies for cooperative control of vehicle formations," *IET Control Theory & Applications*, vol. 1, no. 2, pp. 505-512, 2007.

[11] K. P. Valavanis and G. J. Vachtsevanos, "Handbook of Unmanned Aerial Vehicles," *Dordrecht: Springer Netherlands*, 2015.

[12] Z. Zhao and T. Braun, "Topology control and mobility strategy for UAV adhoc networks: a survey," *Joint ERCIM eMobility and MobiSense Workshop*, pp. 27-32, 2012.

[13] S. B. Heppe, K. P. Valavanis and G. J. Vachtsevanos, Eds. "Handbook of Unmanned Aerial Vehicles," *Dordrecht: Springer Netherlands*, pp. 715-748, 2015.

[14] Y. Liu and R. Bucknall. "A survey of formation control and motion planning of multiple unmanned vehicles," *Robotica*, vol. 36, no. 7, pp. 1019-1047, 2018.

[15] X. Dong, et al. , "Time-varying formation control for unmanned aerial vehicles: theories and applications," *IEEE Transactions on Control Systems Technology*, vol. 23, no. 1, pp. 340-348, 2015.

[16] M. Mesbahi and F. Y. Hadaegh, "Formation flying control of multiple spacecraft via graphs, matrix inequalities, and switching," *Journal of Guidance, Control, and Dynamics*, vol. 24, no. 2, pp. 369-377, 2001.

[17] K. D. Do, "Bounded controllers for formation stabilization of mobile agents with limited sensing ranges," *IEEE Transactions on Automatic Control*, vol. 52, no. 3, pp. 569-576, 2007.

[18] P. K. C. Wang, "Navigation strategies for multiple autonomous mobile robots moving information," *Robot and Systems*, pp. 177-195, 1991.

[19] F. Yang, F. Liu, S. Liu, and C. Zhong. "Hybrid formation control of multiple mobile robots with obstacle avoidance," *Proceedings of the 8th World Congress on Intelligent Control and Automation*, pp. 1039-1044, 2010.

[20] P. Santi, "Topology control in wireless ad hoc and sensor networks," *ACM Computing Surveys*, vol. 37, pp. 164-194, 2005.

[21] R. Olfati-Saber and R. M. Murray, "Consensus problems in networks of agents with switching topology and time-delays," *IEEE Transactions on Automatic Control*, vol. 49, no. 9, pp. 1520-1533, 2004.

[22] M. Fiedler, "Algebraic connectivity of graphs," *Czechoslovak Mathematical Journal*, vol. 23, pp. 298-305, 1973.

[23] R. Merris, "Laplacian matrices of a graph: a survey," *Linear Algebra and Its Applications*,

vol. 197, pp. 143 – 176, 1994.

[24] H. Zhang, F. L. Lewis, and Z. Qu, "Lyapunov, adaptive, and optimal design techniques for cooperative systems on directed communication graphs," *IEEE Transactions on Industrial Electronics*, vol. 59, no. 7, pp. 3026 – 3041, 2012.

[25] Y. Qi, et al., "Formation control for unmanned aerial vehicles with directed and switching topologies," *International Journal of Aerospace Engineering*, pp. 1 – 8, 2016.

[26] A. Abdessameud and A. Tayebi, "Formation control of VTOL unmanned aerial vehicles with communication delays," *Automatica*, vol. 47, no. 11, pp. 2383 – 2394, 2011.

[27] J. Seo, Y. Kim, S. Kim, and A. Tsourdos, "Consensus – based reconfgurable controller design for unmanned aerial vehicle formation fight," *Proceedings of the Institution of Mechanical Engineers, Part G: Journal of Aerospace Engineering*, vol. 226, no. 7, pp. 817 – 829, 2012.

[28] M. Hosseinzadeh Yamchi and R. M. Esfanjani, "A decentralized receding horizon optimal approach to formation control of networked mobile robots," *Optimal Control Applications and Methods*, vol. 39, no. 1, pp. 51 – 64, 2018.

[29] R. Xue and G. Cai, "Formation fight control of multi – UAV system with communication constraints," *Journal of Aerospace Technology and Management*, vol. 8, no. 2, pp. 203 – 210, 2016.

[30] Sinan Oguz, M. Altan Toksöz, and M. Önder Efe, "Decentralized formation control of a swarm of quadrotor helicopters," *IEEE 15th International Conference on Control and Automation*, Edinburgh, Scotland, July 16 – 19, 2019.

[31] J. Zhang, W. Wang, Z. Zhang, K. Luo, and J. Liu, "Cooperative control of UAV cluster formation based on distributed consensus," *IEEE 15th International Conference on Control and Automation*, Edinburgh, Scotland, July 16 – 19, 2019.

[32] X. Qu, et al., "Consensus – based formation of second – order multi – agent systems via lineartransformation – based partial stability approach," *IEEE Access*, vol. 7, pp. 165420 – 165427, 2019.

第4章

5G 使能无人机通信

4.1 引 言

  截止 2020 年,第五代无线移动网络(5G)技术与系统已逐渐成熟[1-3],无线通信的新时代开启。智能运输系统(intelligent transportation system,ITS)应用多样性需要设计先进无线接入方案,支持无人机之间和无人机与基础设施之间的通信。定义 V2X 通信为无人机与其他任一实体之间的通信,如无人机到无人机(vehicle to vehicle,V2V)、机－行人、机－基础设施(vehicle to infrastructure,V2I)和机－网通信等[4]。

  智能运输系统由智能算法及其对应模块组成,用于协助驾驶员,使交通系统更加安全、节能和环保。交通控制应用要求信息基础设施具有向远程无人机和控制中心发送定期更新信息的通信能力,在消息生成模式、数据传递性能、通信原语和时空动态性方面具有独特特征,对现有无线网络解决方案提出了挑战[5-8]。

  未来智能运输系统发展中,目前使用的专用短距通信协议、长期演进(long term evolution,LTE)和其他无线通信技术等移动环境无线接入技术可以发挥关键作用。但其仍然无法解决超高传输速率(>10Gb/s)和超低路由时延(<5ms)要求下的大规模异构信息传输管理问题[9-10]。

  作为先进无线移动通信技术,5G 可为异构超密集网络提供非常高的数据传输速率。与 LTE 和 4G 技术相比,其可实现更低路由时延和更高的端到端传输可靠性,为 V2V/V2I 通信场景提供固有的服务支撑[11-13]。其还可满足无人机网络服务质量要求,为相关业务提供商打开新的市场。

5G 主要适合 V2X 应用的高带宽和精确 QoS 要求,大幅提升基于互联网的 ITS 应用服务能力,如三维地形图下载和天气在线查询等。尽管如此,如何在实际 V2X 基础设施设备中实现 5G 以提供极高质量的交通安全服务仍是具有挑战性的技术问题,已吸引大量研究者关注。本章将对 5G 技术开展评估,以支持无人机应用。图 4.1 描述了 V2V 和 V2I 两种通信模式下 5G 无人机通信系统的部署情况。

图 4.1　5G 技术使能的无人机通信

4.2　5G 无人机系统关键能力需求

无人机通信所需能力列举如下。

(1)可扩展性:无人机网络应具有良好扩展性,在不大幅增加处理开销的情况下具备节点按需添加和删除的能力。

(2)计算和监控能力:无人机网络应支持高计算能力,采集和处理大量数据实现智能运输控制。嵌入式移动节点上的多种传感器可用于监测周围环境、驾驶员操作习惯等,可对任一潜在危险场景进行检测[14]。网络互联的移动节点应支持相互协作,提高城市交通管理等应用性能。除了节点侧的内部处理单元,还应具有高计算能力的信息基础设施,可处理从周围目标收集的大量数据,如雾计算架构[15]等。

(3)实时评估:无人机可以经历频繁变化的交通状况,实时评估环境[16]。高效的在线学习算法可提供复杂路况的实时响应。

（4）商业价值:无人机网络应具有网络功能与商业服务相结合的能力,吸引投资以增强运输系统能力。事实上,许多移动业务,特别是乘客娱乐和便利相关的服务,可带来巨大商业收益;应建立综合业务模型和成本分析模型,准确预测所需资源、用户数量和潜在业务服务附加值。此类模型可提供投资者的收入预测,说服更多投资者使用智能运输系统[16]。

（5）可靠、快速、高吞吐量的通信结构:移动网络应支持分布式 V2V 和集中式 V2I 通信。例如,应急应用需要 V2V 通信系统向附近移动节点传输大量信息,使用集中式 V2I 设备进行业务管理和评估。应使用低时延、高吞吐量的通信技术,以及可靠、无冲突的网络协议建立移动网络。

4.3　5G 无人机通信新兴技术

2020 年全球预计共有 500 亿设备互联[1,17-21],需要使用无线移动技术处理异构、超密集网络的高传输速率数据。尽管 LTE 可以满足大多数服务所需的时延要求,量级约为 15ms[22],许多新业务预计将提出非常低时延的要求,量级约为 1ms,如双向对战、触觉互联网和虚拟现实等。

5G 移动网络能够满足以下要求[9,23-25]。

（1）支持多种数据速率传输,数据可达 100Gb/s,高可用性下可支持 10Gb/s 传输速率。

（2）支持非常低时延、高可靠性和增强覆盖范围的网络性能,满足远程医疗与无人机通信等关键应用要求。5G 网络的端到端时延为 1～5ms 量级[22,26]。

（3）支持并增强现有无线技术,包括 GSM、LTE 和 LTE – Advanced 等[26]。

（4）具有高网络可扩展性和灵活性,支持大量异构信息设备,超过 100 倍当前无线网络容量,具有系统复杂度和功耗低特点。

（5）支持设备到设备(device – to – device,D2D)通信:LTE – 12 版本及后续版本支持宏蜂窝基站控制下的 D2D 通信,5G 将扩展此功能以支持节点 D2D 通信。

4.3.1　蜂窝无人机

蜂窝无人机(cellular UAV,C – UAV)是一种全新的无人机通信标准,于 2017 年 6 月启动[8]。C – UAV 系统由基于 LTE – V 协议的蜂窝网络系统构建而成。作为满足基于 5G 的 UAV 通信场景技术演进的重要步骤[1,17-18],C – UAV

可为移动节点之间以及移动节点与基础设施之间的短距离和长距离通信提供统一的通信协议。

C-UAV 可在移动节点与基础设施之间以及其他路边用户之间提供直接通信连接。在 C-UAV 技术方案中,飞行器可以自主运行,并支持两种主要运行模式,即直接通信和基于网络的中继通信。在蜂窝网络中,移动节点可收到交通、道路状况、事故和天气等信息。

C-UAV 技术提升了现有智能运输系统性能。文献[8,17]的研究表明,C-UAV 可调整移动车辆形成车队,提升能量效率。进一步地,自动驾驶、碰撞规避和排队警告还可帮助改进 ITS 系统。C-UAV 可使车辆在拐角处了解周围情况,主动避开行人和障碍物[20]。值得一提的是,C-UAV 视为向 5G 无人机系统发展的第一步。表 4.1 对其技术性能进行了详细对比分析。

表 4.1　802.11p 和 C-UAV 标准对比

指标	802.11p	C-UAV
目标[1,8,17-18]	车辆与路边用户、V2I 的实时通信	车辆与路边用户、V2I 的实时通信
市场部署[1,8,17-19]	2017 年起	2020 年末
蜂窝网络[8,17-19]	可以与蜂窝网络集成	混合模型
调制[1,8,17-18,20]	带 CSMA 的正交频分复用	半持续性感知的单载波频率复用
来源[1,17-18]	Wi-Fi	LTE
时延[1,8,17-18]	取决于包长度 10~20ms	更多的每比特能量值 5~15ms
并发传输[8,17-18]	无	有
符号时长[8,17-18]	8ms	71ms
编码[17,18]	卷积码	Turbo 码
时间同步[8,17-18]	轻微异步	紧约束下同步
重传[8,17-18]	无	有

4.3.2　从蜂窝无人机到 5G 无人机

5G 无人机系统是在 C-UAV 概念基础上建立的[27-28],可实现非常高的吞吐量,即高达数吉比特每秒,将为自动驾驶车辆和互联车辆带来新能力[29]。系统的更宽带宽和先进天线技术可为自动驾驶应用提供固有支持,还通过可延展的帧结构设计实现 1ms 的端到端时延。此外,系统还增加了新的上行链路资源扩展多址接入功能。通过非正交多址接入,相比任何以往可用技术,5G 技术可更加容易高效地满足更低时延标准[17,28]。

此外,5G 还提供一些先进特征,如无边缘连接和建立连接的新方法,包括延长覆盖范围的多跳通信和有效的 D2D 通信连接等。更重要的是,5G 系统具有高可用性和可靠性特点。通过多维连接,为容错和移动性情况提供多条链路。例如,在无人机应用场景中,通过编码技术可实现传统业务与超可靠通信业务之间的时分复用。这些特点使得 5G 技术高度适用于无人机通信[1,13,27-28]。已有许多研究指出,自主无人机将成为现实,但其实现离不开 5G 技术。现有基于 4G 技术的解决方案不能为自主驾驶提供高速的信息支持,为此 Rel-16 5G NR C-UAV 标准整合了实时本地更新、轨迹共享、高吞吐量传输、传感器共享和同步驱动等技术[28]。

4.4 5G 无人机通信关键使能技术

5G 成为无人机通信重要使能技术主要基于以下几方面特征,具体描述如下。

4.4.1 流动性和覆盖率

5G 在毫米波频段具有宽频谱分配特征,可通过高定向波束成形天线实现超高比特传输速率(>10Gb/s)和大区域覆盖。由于在授权频谱和非授权频谱上支持大量用户的同时通信,具有超高容量的特点[30]。此外,新一代基站和多无线电接入技术的定位技术,可解决如 IEEE 802.11p 等现有无线标准的弱、重复和非实时连接问题[31]。因此,5G 能够以非常高的传输速率实现 V2X 通信,尤其是 V2I 通信[12,30]。其基础架构还支持 D2D 通信,作为可行的网络分割方法,扩展无人机网络的联通性。

4.4.2 市场渗透

5G 于 2020 年实现商用,目前已开展大量研究将主要特性用于实际应用[11]。如前所述,相比 LTE 和 802.11p 技术[6,32],5G 实现了更高的障碍物穿透率。使用无人机基础设施的移动节点可以利用 5G 为用户提供高数据传输速率和更多功能。这里列出一些可使用 5G 显著提高性能的商业应用。

一种应用称为三维地形图,可为驾驶员提供高分辨率三维彩色地形,以及不同道路和城市区域的实时交通分布信息。但是这种地形图需要依托大数据传输网络才能实时到达移动车辆。5G 可提供超过 10Gb/s 的数据速率,并且支持不同无线网络的接入,如蜂窝、D2D 通信和 WiMax 等,以实现高吞吐量的数据传输能力。

另一种应用是大城市的交通堵塞预测。以纽约市为例,全市共有 1000 多万人,整个城市的时空交通动力学特点需要一个超高速信息网络收集车辆的运动状态。5G 的载波聚合方案可用于融合频谱碎片,并形成用于高速率传输的宽带频谱。5G 还可以使用认知无线电网络实现动态频谱接入。此外,5G 系统服务器具有超高速 CPU,支持机器学习算法的快速执行,实时生成交通拥堵预测结果。因此,可及时通知驾驶员应对不同道路上可能发生的交通堵塞,确定切换路径以避开堵塞区域。

4.4.3 网络容量

5G 提供下行链路和上行链路的最大数据速率分别超过 20Gb/s 和 10Gb/s,可以支持各宏蜂窝或微蜂窝中大量移动节点的数据传输任务。LTE 或 IEEE 802 协议的最大数据速率分别为 300Mb/s 和 27Mb/s,相比之下,5G 的数据速率非常高。此外,LTE 在其对无人机通信的网络支持方面存在一些问题,如缺乏用于移动节点和基础设施的链路隐私保护协议。5G 标准具有兼容性,可满足移动自组织网络的安全隐私要求。

4.4.4 异构架构

5G 能够支持不同网络规模、传输功率水平、多种无线空口技术和空前数量的多类智能设备以及更重要的回程连接功能[33]。其主要目标是提供面向任何人(即人与人)、任何事物(如人与机器、D2D 和 V2V)、任何地点、任何时间和任何方式,通过任何服务或网络拓扑,无缝且无处不在的通信能力[34]。协作感知消息、协作感知消息代理、非集中式的环境通知消息和基本安全消息都有消息传输对应的网络拓扑。

4.4.5 信道与传输模式

上行和下行是两种基本的传输模式。对于上行链路,可以建立专用或公共信道;对于下行链路,可以使用单播或广播方式。D2D 通信可以用作短距离的数据中继。此外,5G 可无缝集成多种不同的无线接入技术,动态频谱接入技术可在某些特定地方使用,不受频谱使用管制。例如,美国拉斯维加斯位于大沙漠中,在不使用某些专用频段条件下,地方政府可以使用一些免费频段以减轻无线接入用户的频谱负担,动态频谱接入就是很好的选择。

4.4.6 设备状态模式

无线网络终端的状态会影响链路时延。因此,为了以更好方式利用有限资源,需要优化配置 5G 蜂窝网络。当设备没有分配通信任务时,进入空闲状态;在发送任何数据之前,设备执行连接设置,切换到连接模式进行数据传输。上述配置可能导致通信花费相比简单传输模式更长的时间。

4.5 面向 5G 无人机通信的蜂窝架构 D2D 通信技术

5G 网络能够支持庞大的数据流量,正在研发的许多新的通信模型及平台可使 5G 网络更加高效地服务复杂的无人机应用。5G 网络支持 D2D 通信,可以实现高度可靠的端到端无人机数据传输[35]。通过协作通信模式,5G 网络还提供低时延的无人机通信服务。通过发送包含道路交通密度、事故位置或恶劣道路条件等关键信息的消息,D2D 通信可以帮助车辆等移动节点不经过蜂窝基站,利用节点到节点直接数据传输在短距离内快速交换信息[36]。D2D 通信还可以使用授权频谱,在 5G 系统中实现更高的通信可靠性和更低的传输丢包率。图 4.2 描述了 V2V 通信的多跳 D2D 场景。

一些研究者提出一种 D2D 通信的替代方法[35,37],将移动节点视为移动的小蜂窝。该模型提供了适配业务的更好方式,将导致网络的致密化,需要干扰管理技术以克服致密化等相关问题。针对 D2D 通信,文献[35,38-41]提出了车辆内容分发网络方法,可实现更高带宽利用率,如图 4.2 所示。

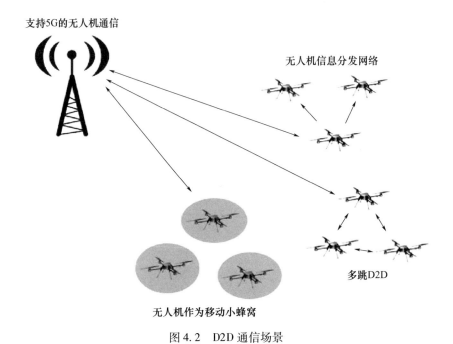

图 4.2　D2D 通信场景

4.5.1　无人机多跳 D2D 通信

多跳 D2D 通信原型是实现 5G 无人机通信的一种新方法。文献[23,35,42]提出了 LTE – A 系统重叠网的概念,将其视为利用 5G 实现集成网络的第一步。该方法的要素主要包括:①网络和服务发现;②用户调度;③网络资源高效分配。使用以上 3 个元素,可以进一步定义实现高吞吐量 5G 传输的 3 个阶段,包括:①D2D 通信簇的发现阶段;②图形信息形成阶段;③资源分配阶段。如图 4.3 所示。

移动性是定义通信连接整体性能的最重要因素。这里假设所有车辆具备蜂窝接入能力,并且通过移动 D2D 方式直接交换数据。该过程需要多跳的通信方案和优化路由协议[43-44]。D2D 通信设备的发现和分簇是实现无人机 5G 多跳 D2D 通信的关键要素[42]。它应用蜂窝技术演进的主节点形成和发现 D2D 通信簇。新一代基站可以利用入网节点提供的信息,包括位置、方向、速度和最终目的地,形成簇。

分簇过程以后,进一步执行认证处理,在 5G 网络中的移动节点之间建立直接通信链路。过程中可以使用经由直接信标得到的信道状态信息建立簇成员之间的潜在无线链路[35,45-46]。

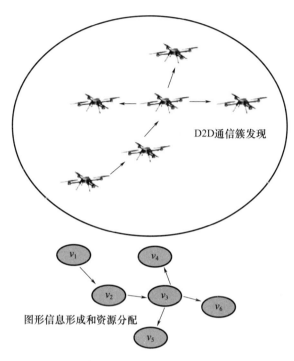

图 4.3 D2D 通信簇发现、图形信息形成和资源分配阶段

根据应用特征确定网络拓扑,对无人机网络 QoS 性能进行优化。这种情况下可以使用低功耗有损网络对应的树形拓扑。随后转到有效分配资源。资源分配策略应具有公平性,解决接近树根节点的路由瓶颈问题。实时的分配策略还应考虑移动节点的数据优先级,向树根附近节点提供额外资源。使用成比例公平调度算法可以得到资源分配策略的最优解[35]。

具体地,对于移动节点 i,使用 λ_i 表示资源调度权重,σ_i 表示估计速率,ξ_i 表示子树速率,ξ 表示整个树形网络拓扑。这些参数之间相互关系可描述如下[35]。

$$\lambda_i \doteq \frac{\sigma_i + \sum_{j \in \xi_j} \sigma_j}{\sum_{k \in \xi} \sigma_k + \sum_{j \in \xi_k} \sigma_j} \quad (4.1)$$

4.5.2 博弈论与匹配理论运用

博弈论是独立、自组织和分散的自主性网络设备之间协作行为建模的高潜力理论方法。模型的核心要素是博弈者,假设理性博弈者即决策者之间存在协作关系。博弈者在本质上认为是自私的,将自身网络应用中的高业务吞吐量作为唯一目标。

已有研究将博弈论理论与方法用于解决 D2D 通信的资源分配[47-50]。文献[35,51]研究建立了基于不同传输模式、相互干扰和资源共享策略的联盟形成博弈问题模型,用于资源管理方法设计。例如,为提高网络容量,可将信号干扰加噪声比(SINR)作为主要性能指标。具体地,对于从节点 j 接收节点 i,可以定义 SINR 为

$$\text{SINR} = \rho_i = \frac{\rho \xi_{i,j}^{-\alpha} |h_0|^2}{P_{\text{inter},i} + N_0} \tag{4.2}$$

式中:$P_{\text{inter},i}$ 为干扰信号功率,$\xi_{i,j}^{-\alpha}$ 为树形网络拓扑,α 为衰减系数,h_0 为信道增益,N_0 为噪声功率。

对于任一节点 v 及其对应节点 d 的集合 D,干扰信号功率值 P_{inter} 计算为

$$P_{\text{inter},v} = \sum_{d \in D} x_{v,d} P_d |h_{db}|^2 \tag{4.3}$$

式中:$x_{v,d}$ 为节点 v 和其他节点 d 之间的距离,$|h_{db}|^2 = \xi_{v,d}^{-\alpha}|h_0|^2$,$P_d$ 为移动节点 d 的发射功率。

上行链路的平均速率可表示为[35]

$$R_v = \log_2 \left(1 + \frac{P_v \xi_{v,b}^{-\alpha} |h_0|^2}{\sum_{d \in D} x_{v,d} P_d \xi_{d,b}^{-\alpha} |h_0|^2 + N_0} \right) \tag{4.4}$$

式中:P_v 和 P_d 分别为节点 v 和节点 d 的发射功率,$\xi_{d,b}^{-\alpha}$ 为衰减系数为 α 的节点 v 的树形网络拓扑,$\xi_{d,b}^{-\alpha}$ 为节点 d 对应的网络拓扑,h_0 为信道增益,N_0 为噪声功率。

节点 v、节点 d 和节点 d' 之间 D2D 通信的平均速率可计算为

$$R_d = \log_2 \left(1 + \frac{P_d \xi_{d,d'}^{-\alpha} |h_0|^2}{\sum_{v \in V} x_{v,d} P_v \xi_{v,d}^{-\alpha} |h_0|^2 + \sum_{d' \in D} y_{d,d'} P_{d'} \xi_{d',b}^{-\alpha} |h_0|^2 + N_0} \right) \tag{4.5}$$

式中:P_d 和 P_v 为节点 v 和 d 的发射功率信号,$\xi_{d,d'}^{-\alpha}$ 和 $\xi_{v,d}^{-\alpha}$ 分别为 d 和 v 的节点的树形网络类型,$x_{v,d}$ 为节点 v 和 d 之间距离,$y_{d,d'}$ 为 d 与 d' 之间的距离,h_0 为信道增益,N_0 为噪声功率。

对于 D2D 通信场景,考虑了一种新的博弈论方法,被称为联盟博弈[35,52]。联盟博弈的主要特征是部分联盟体的形成,使得博弈者能够通过加入或离开联盟体形成动态联盟。这种联盟以系统方式形成,博弈者可根据自身喜好形成和比较联盟体。通过该方法和严密的博弈论理论方法,可实现能量高效的 D2D 通

信资源管理。

基于 5G 的无人机通信可利用上述博弈理论方法,实现可用资源更加高效的利用。但是,博弈论方法虽然具有良好的应用潜力,也存在一些不足。例如,其他博弈者的决策行为通过各博弈者自身角度评估得到,在无人机通信网络中存在缺陷,尤其是对无人机簇形成过程。为了克服这一问题,文献[35,53-54]提出了更高效移动组网的新方法,称为匹配理论。

匹配理论为两个不同集合中的博弈者基于自身信息和偏好的资源匹配组合优化问题提供了统计学最优可行解[35]。匹配理论用于无线资源管理的主要优势包括以下 4 个方面。

(1) 描述不同无线节点之间的接口的适用模型。所有这些节点都必须通过特定类型、目标和数据方式定义。

(2) 描述通用偏好的能力,即可用于各种无线节点 QoS 管理的偏好定义。

(3) 可为稳定性和其他目标提供深入的理解和最优解决方案的新系统目标。

(4) 具有自组织特征,以低计算复杂度确定其他博弈者行动的高效算法。

表 4.2 列出了匹配理论类型及其适用性。经典匹配理论属于 I 类,可用于正交频谱分配,尤其是认知无线电。外部性匹配是 II 类特征,可用于小区关联、上下文感知分配、干扰管理和负载均衡等应用。III 类使用可动态适应的匹配模型,可用于快速信道衰落、移动性和时变流量等动态网络环境。一些研究表明,与博弈论相比,无线网络匹配理论可以更有效解决分簇问题[35,55-57]。

表 4.2 无线通信匹配理论类型

类别	匹配类别	参数设置	资源管理	应用样例
I	典型匹配	基于可接入的资源或其他正在寻找与之匹配的资源的信息	分配的正交频谱的单个小区中的资源管理	用于频谱分配的认知无线电。适用于密集网络
II	外部性匹配	具有外部性特征的问题所需的资源匹配,偏好模型反映了博弈者偏好之间的依赖关系	该资源将取决于与类似资源匹配的其他用户的身份和总强度	主动小区关联、上下文感知分配和干扰管理和负载平衡
III	动态性匹配	博弈者的偏好随时间变化,因此在获得匹配解时必须考虑时间因素	资源必须根据环境的动态调整匹配过程,如快速衰落、移动性和时变流量	具有快速条件偏差的资源管理,如移动场景

在以 D2D 支持下 5G 骨干网为基础的无人机通信网络中,匹配理论对于移动节点之间资源的公平分配发挥了重要作用。由于相邻节点之间存在无线信道

的分配问题,D2D 通信成为匹配理论的重要应用领域。

4.5.3 毫米波作为 5G 无人机通信候选频段

毫米波频率范围为 6~100GHz[58],包括 6GHz[59-60]、38GHz[59]、60GHz[60] 频段和 E 频段 71~76GHz 和 81~86GHz[61-62]。由于可用频谱宽,因此毫米波将成为 5G 系统的基础组成[63-64]。对于具有高数据速率和流量密度的小蜂窝无线网络,毫米波系统更加高效[65]。由于具有良好天线方向性,毫米波信号对于小区域覆盖更为适用[66-67]。

毫米波的两个关键属性包括:①小小区和小区域覆盖;②为密集数据流量场景提供高数据率。这两个特性使毫米波成为实现 5G 通信的高前景技术[67-68]。将毫米波应用于无人机,需要考虑多方面问题,如信道建模和各种天线部署情况下波束跟踪,包括大规模 MIMO 和信道接入冲突规避问题等[69]。

下面对上述问题的已有研究进展进行综述。

(1)毫米波信道建模:毫米波通信的信道接入和路由选择方案设计以精确信道模型为基础。欧盟 METIS 组织提出了基于地图和射线跟踪方法的信道模型,IEEE 形成了 IEEE 802.11ay 标准,将室内多径信道模型扩展到 60GHz,通信距离约为 100m。3GPP 无线接入网(radio access network,RAN)和国际电信联盟无线电管理部门 ITU-R 5D 工作组 WP5D 分别以独立方式使用 6GHz 及其更高频段空间信道模型建立了毫米波信道模型。3GPP 还将空间信道模型延伸至三维应用场景。同时,3G 和 4G 蜂窝系统已经使用相同空间信道模型进行了系统级估计,5G 系统信道模型将作为空间信道模型的重要补充。

毫米波通信需要使用基站和用户终端的高增益天线波束以补偿毫米波的高传输损耗。为此,需要使用大型天线阵列实现高增益,主要缺点是传输链路需要容忍微小的角度变化。

针对毫米波信道模型的角度变化问题,提出了变化角度模型的概念。基于本地协调系统对视距链路信道的可变角度和非视距链路信道的随机角度进行分析推导,如图 4.4 所示[70]。角度变化空间信道模型的主要特点是考虑接收机在一次通信持续时间内移动,在一定时间间隔处进行角度更新。具体地,使用 T_{max} 表示通信持续时间,包括 10^3 个传输时间间隔[60,71]。对于簇 c 的第 r 条传输射线,建立可变角度的线性模型如下。

$$\theta_{r,c,Z_0A}(t) = \theta_{r,c,Z_0A}(t_0) + S_{r,c,Z_0A} \cdot (t - t_0) \qquad (4.6)$$

$$\theta_{r,c,Z_0D}(t) = \theta_{r,c,Z_0D}(t_0) + S_{r,c,Z_0D} \cdot (t-t_0) \tag{4.7}$$

$$\varphi_{r,c,A_0A}(t) = \theta_{r,c,A_0A}(t_0) + S_{r,c,A_0A} \cdot (t-t_0) \tag{4.8}$$

$$\varphi_{r,c,A_0A}(t) = \theta_{r,c,A_0A}(t_0) + S_{r,c,A_0A} \cdot (t-t_0) \tag{4.9}$$

$$\varphi_{r,c,A_0D}(t) = \theta_{r,c,A_0D}(t_0) + S_{r,c,A_0D} \cdot (t-t_0) \tag{4.10}$$

其中,t 属于 $[t_0, t_0+T_{\max}]$,S 表示斜度变化角。

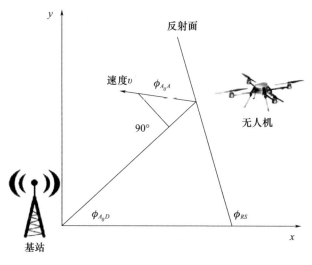

图 4.4 非视距链路下的可变角度组成图

假设接收机以角度 ϕ_v 和速度 v 移动,基站高度为 H_{BS},用户设备高度为 H_{VEH},对于视距链路,可以定义斜度变化角如下。

$$S_{Z_0D} = -S_{Z_0A} = \frac{v\cos(\phi_v - \phi_{A_0D}(t_0))}{\dfrac{(H_{BS}-H_{VEH})}{\cos(\phi_{Z_0D}(t_0))}} \tag{4.11}$$

$$S_{A_0D} = S_{A_0A} = -\frac{v\sin(\phi_v - \phi_{A_0D}(t_0))}{(H_{BS}-H_{VEH})\tan(\phi_{Z_0D}(t_0))} \tag{4.12}$$

对于非视距链路,定义斜度变化角如下。

$$S_{Z_0D} = -S_{Z_0A} = -\frac{v\cos(\phi_v + \phi_{A_0D}(t_0) - \phi_{RS})}{\dfrac{(H_{BS}-H_{VEH})}{\cos(\phi_{Z_0D}(t_0))}} \tag{4.13}$$

$$S_{A_0D} = S_{A_0A} = -\frac{v\sin(\phi_v + \phi_{A_0D}(t_0) - \phi_{RS})}{(H_{BS}-H_{VEH})\tan(\phi_{Z_0D}(t_0))} \tag{4.14}$$

其中,ϕ_{RS} 表示信号的表面反射角。

(2) 毫米波波束形成与跟踪:毫米波采用天线阵列波束形成与跟踪以确保高信号质量。使用天线阵列可降低链路中传播损耗的影响,但高增益尖窄波束天线的设计面临较大挑战,需要考虑以下因素设计统一的空中接口,使得天线足够灵活以满足各种 QoS 要求[5,72-73]。

① 分配给 5G 多个毫米波频段的空中接口之间必须统一,可以通过多种帧格式定义和物理信号整形技术实现。

② 回程和无线信道接入必须在统一要求下共享空中接口,这种情况下回程链路必须以特殊用户实体运行。

③ 针对各种无人机应用及其不同 QoS 要求,采用特殊波形处理方法实现功率效率、延时等指标。可以通过使用软件定义的自适应空中接口和多种波形整形方法实现。

基于上述考虑,文献[70]提出了另一种形成统一空中接口的方法,称为多模波束形成。该方法可自适应分配阵元、频带以及相应回程和无线接入信道。使用自适应的 MIMO 模式转发用户与回程数据,再根据其信道环境、空间复用和空时波束形成模式处理每个数据流。对于无人机通信场景,多模式波束成形方法适用于不同移动模型。但是,网络设计相应增加了协议开销。针对这些问题,可使用压缩感知方法,利用毫米信道的稀疏性大幅降低无线网络的开销。

(3) 毫米波网络拓扑和动态资源分配:毫米波通信使用统一无线接入和回程的网络拓扑,使得 5G 蜂窝网络支持低频段和高频段系统共存。因此,毫米波包含 3 个组成要素:①宏基站;②毫米波蜂窝基站;③用户终端,可以是移动的。

宏基站使用较低频段在宏蜂窝中传输控制消息,毫米波蜂窝基站作用于较小尺寸的蜂窝,如微微蜂窝等,使用较高频段,如 28GHz 等。所有移动终端首先使用高频段通过毫米波蜂窝基站连接网络。当连接失败时,再使用较低频段连接到宏基站。因此,需要统一的无线信道接入和回程设计共享毫米波频段的公共连续频谱。

为避免无线接入和回程之间通信干扰,需要在时域和频域上按照资源分配块方式对两者进行区分,有助于毫米波蜂窝基站实现类似资源分配比率,避免两者之间产生严重干扰。资源管理可以根据不同时间间隔动态调整分配比率。

假设总带宽为 B,分配给回程的带宽为 B^{BA},分配给无线接入的带宽为 B^{RS},总带宽可表示为

$$B = B^{BA} + B^{RS} \tag{4.15}$$

式中:R^{BA} 表示回程数据速率,R^{RS} 表示无线接入数据速率。对于宏基站 i,网络总吞吐量可表示为

$$T_i^{BA} = R_i^{BA} B^{BA} \tag{4.16}$$

$$T_i^{RS} = R_i^{RS} B^{RS} \tag{4.17}$$

$$T_i^{RS} = R_i^{RS}(B - B^{BA}) \tag{4.18}$$

对于宏基站,时间间隔 T_i 可限制为

$$T_i = \min(T_i^{BA}, T_i^{RS}) \tag{4.19}$$

系统总吞吐量在下面条件下达到最大[70]

$$B_{i,\max}^{BA} = \frac{R_i^{RS}}{R_i^{BA} + R_i^{RS}} B$$

对应时间为

$$T_{i,\max} = \frac{R_i^{BA} R_i^{RS}}{R_i^{BA} + R_i^{RS}} B$$

进一步地,可以采用多种动态资源分配算法,典型的包括[70]:①Max – Min 方法,即最小吞吐量的最大化方法;②Max – Sum 方法,即吞吐量和的最大化方法;③Quasi – PF 方法,即满意度最大化方法。

4.6 本章小结

本章对 5G 无人机通信系统进行了总体概述。利用 5G 大容量、广覆盖和网络异构集成等特点,克服传统移动通信接入标准如 LTE 和 802.11p 协议的性能短板,包括低可扩展性、低容量和间断连接等。5G 固有的更低时延、更高可靠无人机通信能力适用于高 QoS 性能要求的无人机应用,利用扩展的覆盖性,在各类关键应用中为广域范围可靠广播事件触发的安全消息。

参考文献

[1] M. Nekovee,"Opportunities and enabling technologies for 5G and beyond – 5G spectrum sharing,"Handbook of Cognitive Radio,pp. 1 – 15,2018.

[2] D. Soldani and A. Manzalini,"Horizon 2020 and beyond:on the 5G operating system for a true digital society," *IEEE Vehicular Technology Magazine*,vol. 10,no. 1,pp. 32 – 42,2015.

[3] G. A. A. (5GAA),"5GAA white paper:C – V2X use cases methodology,examples and service level requirements,"2019.

[4] G. Elia,M. Bargis,M. P. Galante,N. P. Magnani,L. Santilli,G. Romano,and G. Zaffro,

"Connected transports, V2X and 5G: Standard, services and the Tim - Telecom Italian experiences," *2019 AEIT International Conference of Electrical and Electronic Technologies for Automotive (AEIT AUTOMOTIVE)*, IEEE, pp. 1 - 6, 2019.

[5] F. Hu, Opportunities in 5G networks: A Research and Development Perspective, Boca Raton, FL: CRC Press, 2016.

[6] G. Araniti, C. Campolo, M. Condoluci, A. Iera, and A. Molinaro, "LTE for vehicular networking: a survey," *IEEE Communications Magazine*, vol. 51, no. 5, pp. 148 - 157, 2013.

[7] I. Rasheed, "Basics of 5G," *Opportunities in 5G Networks: A Research and Development Perspective*, 2016.

[8] V. Vukadinovic, K. Bakowski, P. Marsch, I. D. Garcia, H. Xu, M. Sybis, P. Sroka, K. Wesolowski, D. Lister, and I. Thibault, "3GPP C - V2X and IEEE 802.11p for vehicle - to - vehicle communications in highway platooning scenarios," *Ad Hoc Networks*, vol. 74, pp. 17 - 29, 2018.

[9] ETSI, "5G: service requirements for enhanced V2X scenarios (3GPP TS 22.186 version 15.4.0 release 15)," 3GPP Technical Specification Report, 2018.

[10] H. Onishi, "A survey: why and how automated vehicles should communicate to other road - users," *2018 IEEE 88th Vehicular Technology Conference (VTC - Fall)*, IEEE, pp. 1 - 6, 2019.

[11] F. Camacho, C. Cárdenas, and D. Munoz, "Emerging technologies and research challenges for intelligent transportation systems: 5G, HETNETS, and SDN," *International Journal on Interactive Design and Manufacturing*, pp. 1 - 9, 2017.

[12] S. Chen, J. Hu, Y. Shi, Y. Peng, J. Fang, R. Zhao, and L. Zhao, "Vehicle - to - everything (V2X) services supported by LTE - based systems and 5G," *IEEE Communications Standards Magazine*, vol. 1, no. 2, pp. 70 - 76, 2017.

[13] Z. MacHardy, A. Khan, K. Obana, and S. Iwashina, "V2X access technologies: regulation, research, and remaining challenges," *IEEE Communications Surveys & Tutorials*, vol. 20, no. 3, pp. 1858 - 1877, 2018.

[14] C2R Consortium. [Online]. http://www.com2react - project.org/

[15] K. Skala, D. Davidovic, E. Afgan, I. Sovic, and Z. Sojat, "Scalable distributed computing hierarchy: Cloud, fog and dew computing," *Open Journal of Cloud Computing (OJCC)*, vol. 2, no. 1, pp. 16 - 24, 2015.

[16] G. Dimitrakopoulos, "Intelligent transportation systems based on internet - connected vehicles: fundamental research areas and challenges," *2011 11th International Conference on ITS Telecommunications (ITST)*, IEEE, pp. 145 - 151, 2011.

[17] Qualcomm. "Accelerating C - V2X commercialization," [Online]. http://www.qualcomm.com, 2018.

[18] Auto talks. com,"Accelerating global V2X deployment for road safety," White paper,2019.

[19] O. Weisman,A. Aharon,and T. Philosof,"Resource allocation for channel access in V2X communication systems," U. S. Patent App. 15/600,938,2018.

[20] T. Li,L. Lin,and N. Center,"Byzantine - tolerant v2x communication system,"*2018 IN-FORMS Annual Meeting Phoenix*,2018.

[21] Ericsson,"More than 50 billion connected devices," White paper,2011.

[22] J. G. Andrews,S. Buzzi,W. Choi,S. V. Hanly,A. Lozano,A. C. Soong,and J. C. Zhang, "What will 5G be?," *IEEE Journal on Selected Areas in Communications*,vol. 32,no. 6,pp. 1065 - 1082,2014.

[23] A. Osseiran,F. Boccardi,V. Braun,K. Kusume,P. Marsch,M. Maternia,O. Queseth,M. Schellmann,H. Schotten,H. Taoka et al. ,"Scenarios for 5G mobile and wireless communications: the vision of the metis project," *IEEE Communications Magazine*,vol. 52,no. 5,pp. 26 - 35,2014.

[24] T. E. Bogale and L. B. Le,"Massive Mimo and mmWave for 5G wireless HETNET: potential benfts and challenges," *IEEE Vehicular Technology Magazine*,vol. 11,no. 1,pp. 64 - 75,2016.

[25] S. E. Elayoubi,M. Fallgren,P. Spapis,G. Zimmermann,D. Martín - Sacristán,C. Yang,S. Jeux,P. Agyapong,L. Campoy,Y. Qi et al. ,"5G service requirements and operational use cases: analysis and METIS II vision," *2016 European Conference on Networks and Communications (EuCNC),IEEE*,pp. 158 - 162,2016.

[26] E. Hossain,M. Rasti,H. Tabassum,and A. Abdelnasser,"Evolution toward 5G multitier cellular wireless networks: An interference management perspective," *IEEE Wireless Communications*,vol. 21,no. 3,pp. 118 - 127,2014.

[27] H. Takahashi and K. Aoyagi,"Technical overview of the 3GPP release 15 standard," 2019.

[28] G. Naik,B. Choudhury et al. ,"IEEE 802. 11 BD & 5G NR V2X: evolution of radio access technologies for V2X communications," arXiv preprint arXiv: 1903. 08391,2019.

[29] M. Yao,M. Sohul,V. Marojevic,and J. H. Reed,"Artifcial intelligence defned 5G radio access networks," *IEEE Communications Magazine*,vol. 57,no. 3,pp. 14 - 20,2019.

[30] N. P. Lawrence,B. W. - H. Ng,H. J. Hansen,and D. Abbott,"5G terrestrial networks: mobility and coverage - solution in three dimensions," *IEEE Access*,no. 5,pp. 8064 - 8093, 2017.

[31] S. Eichler,"Performance evaluation of the IEEE 802. 11p wave communication standard," *Vehicular Technology Conference*,2007,*IEEE*,pp. 2199 - 2203,2007.

[32] A. Vinel,"3GPP LTE versus IEEE 802. 11p/wave: which technology is able to support cooperative vehicular safety applications?," *IEEE Wireless Communications Letters*,vol. 1,no. 2, pp. 125 - 128,2012.

[33] R. Coppola and M. Morisio,"Connected car: technologies, issues, future trends," *ACM Computing Surveys*, vol. 49, no. 3, 2016.

[34] R. Trivisonno, R. Guerzoni, I. Vaishnavi, and D. Soldani, "SDN-based 5G mobile networks: architecture, functions, procedures and backward compatibility," *Transactions on Emerging Telecommunications Technologies*, vol. 26, no. 1, pp. 82–92, 2015.

[35] F. Chiti, R. Fantacci, D. Giuli, F. Paganelli, and G. Rigazzi, "Communications protocol design for 5g vehicular networks," *5G Mobile Communications*. Berlin: Springer, pp. 625–649, 2017.

[36] M. Amoozadeh, A. Raghuramu, C.-N. Chuah, D. Ghosal, H. M. Zhang, J. Rowe, and K. Levitt, "Security vulnerabilities of connected vehicle streams and their impact on cooperative driving," *IEEE Communications Magazine*, vol. 53, no. 6, pp. 126–132, 2015.

[37] O. Onireti, J. Qadir, M. A. Imran, and A. Sathiaseelan, "Will 5G see its blind side? Evolving 5G for universal internet access," *Proceedings of the 2016 workshop on Global Access to the Internet for All*, ACM, pp. 1–6, 2016.

[38] U. Shevade, Y.-C. Chen, L. Qiu, Y. Zhang, V. Chandar, M. K. Han, H. H. Song, and Y. Seung, "Enabling high-bandwidth vehicular content distribution," *Proceedings of the 6th International Conference*, ACM, 2010.

[39] J.-B. Seo, T. Kwon, and V. C. Leung, "Social groupcasting algorithm for wireless cellular multicast services," *IEEE Communications Letters*, vol. 17, no. 1, pp. 47–50, 2013.

[40] F. Mezghani, R. Dhaou, M. Nogueira, and A.-L. Beylot, "Content dissemination in vehicular social networks: taxonomy and user satisfaction," *IEEE Communications Magazine*, vol. 52, no. 12, pp. 34–40, 2014.

[41] Y.-D. Lin and Y.-C. Hsu, "Multihop cellular: A new architecture for wireless communications," *Proceedings of the Nineteenth Annual Joint Conference of the IEEE Computer and Communications Societies*, IEEE, vol. 3, pp. 1273–1282, 2000.

[42] G. Rigazzi, F. Chiti, R. Fantacci, and C. Carlini, "Multi-hop D2D networking and resource management scheme for m2m communications over LTE-a systems," *2014 International Wireless Communications and Mobile Computing Conference (IWCMC)*, IEEE, pp. 973–978, 2014.

[43] H. Nishiyama, M. Ito, and N. Kato, "Relay-by-smartphone: realizing multihop device-to-device communications," *IEEE Communications Magazine*, vol. 52, no. 4, pp. 56–65, 2014.

[44] A. Rasheed, H. Zia, F. Hashmi, U. Hadi, W. Naim, and S. Ajmal, "Fleet & convoy management using VANET," *Journal of Computer Networks*, vol. 1, no. 1, pp. 1–9, 2013.

[45] R. Monteiro, S. Sargento, W. Viriyasitavat, and O. K. Tonguz, "Improving VANET protocols via network science," *2012 IEEE Vehicular Networking Conference (VNC)*, pp. 17–24, 2012.

[46] C. Liang and F. R. Yu,"Wireless network virtualization: a survey, some research issues and challenges," *IEEE Communications Surveys & Tutorials*, vol. 17, no. 1, pp. 358 – 380, 2015.

[47] M. Cagalj, S. Ganeriwal, I. Aad, and J. P. Hubaux,"On selfish behavior in CSMA/CA networks," *Proceedings of the IEEE 24th Annual Joint Conference of the IEEE Computer and Communications Societies*, vol. 4, pp. 2513 – 2524, 2005.

[48] M. Felegyhazi, J. P. Hubaux, and L. Buttyan,"Nash equilibria of packet forwarding strategies in wireless ad hoc networks," *IEEE Transactions on Mobile Computing*, vol. 5, no. 5, pp. 463 – 476, 2006.

[49] M. Gerla and L. Kleinrock,"Vehicular networks and the future of the mobile internet," *Computer Networks*, vol. 55, no. 2, pp. 457 – 469, 2011.

[50] V. Srinivasan, P. Nuggehalli, C. – F. Chiasserini, and R. R. Rao,"Cooperation in wireless ad hoc networks," *IEEE Societies Twenty – Second Annual Joint Conference of the IEEE Computer and Communications*, vol. 2, pp. 808 – 817, 2003.

[51] W. Saad, Z. Han, M. Debbah, A. Hjorungnes, and T. Basar,"Coalitional game theory for communication networks," *IEEE Signal Processing Magazine*, vol. 26, no. 5, pp. 77 – 97, 2009.

[52] R. J. La and V. Anantharam,"A game – theoretic look at the gaussian multiaccess channel," *DIMACS Series in Discrete Mathematics and Theoretical Computer Science*, vol. 66, pp. 87 – 106, 2004.

[53] L. Song, D. Niyato, Z. Han, and E. Hossain,"Game – theoretic resource allocation methods for device – to – device communication," *IEEE Wireless Communications*, vol. 21, no. 3, pp. 136 – 144, 2014.

[54] Y. Li, D. Jin, J. Yuan, and Z. Han,"Coalitional games for resource allocation in the device – to – device uplink underlying cellular networks," *IEEE Transactions on Wireless Communications*, vol. 13, no. 7, pp. 3965 – 3977, 2014.

[55] Z. Zhou, M. Dong, K. Ota, R. Shi, Z. Liu, and T. Sato,"Game – theoretic approach to energy – efficient resource allocation in device – to – device underlay communications," *IET Communications*, vol. 9, no. 3, pp. 375 – 385, 2015.

[56] E. Yaacoub and O. Kubbar,"Energy – efficient device – to – device communications in LTE public safety networks," *2012 IEEE Globecom Workshops (GC Workshops)*, pp. 391 – 395, 2012.

[57] B. Wang, Z. Han, and K. R. Liu,"Distributed relay selection and power control for multiuser cooperative communication networks using Stackelberg game," *IEEE Transactions on Mobile Computing*, vol. 8, no. 7, pp. 975 – 990, 2009.

[58] T. Bai and R. W. Heath,"Coverage and rate analysis for millimeter – wave cellular networks," *IEEE Transactions on Wireless Communications*, vol. 14, no. 2, pp. 1100 –

1114,2015.

[59] A. I. Sulyman, A. T. Nassar, M. K. Samimi, G. R. Maccartney, T. S. Rappaport, and A. Alsanie, "Radio propagation path loss models for 5G cellular networks in the 28 GHz and 38 GHz millimeter-wave bands," *IEEE Communications Magazine*, vol. 52, no. 9, pp. 78 – 86,2014.

[60] Y. Wang, Z. Shi, M. Du, and W. Tong, "A millimeter wave spatial channel model with variant angles and variant path loss," *2016 IEEE Wireless Communications and Networking Conference (WCNC)*, pp. 1 – 6,2016.

[61] Y. Wang, L. Huang, Z. Shi, H. Huang, D. Steer, J. Li, G. Wang, and W. Tong, "An introduction to 5G mmWave communications," *Proceedings of IEEE Globecom 2015 Workshop*,2015.

[62] Y. Wang, J. Li, L. Huang, Y. Jing, A. Georgakopoulos, and P. Demestichas, "5G mobile: spectrum broadening to higher-frequency bands to support high data rates," *IEEE Vehicular Technology Magazine*, vol. 9, no. 3, pp. 39 – 46,2014.

[63] W. Roh, J.-Y. Seol, J. Park, B. Lee, J. Lee, Y. Kim, J. Cho, K. Cheun, and F. Aryanfar, "Millimeter-wave beamforming as an enabling technology for 5G cellular communications: theoretical feasibility and prototype results," *IEEE Communications Magazine*, vol. 52, no. 2, pp. 106 – 113,2014.

[64] Y.-L. Tseng, "LTE-advanced enhancement for vehicular communication," *IEEE Wireless Communications*, vol. 22, no. 6, pp. 4 – 7,2015.

[65] H. Li, L. Huang, and Y. Wang, "Scheduling schemes for interference suppression in millimeter-wave cellular network," *2015 IEEE 26th Annual International Symposium on Personal, Indoor, and Mobile Radio Communications (PIMRC)*, pp. 2244 – 2248,2015.

[66] J. Zhang, A. Beletchi, Y. Yi, and H. Zhuang, "Capacity performance of millimeter wave heterogeneous networks at 28GHz/73GHz," *2014 IEEE Globecom Workshops (GC Workshops)*, pp. 405 – 409,2014.

[67] "Further advancements for E-Utra physical layer aspects," 3GPP Technical Specifcation Report,3GPP TR 36.814 V.9.0.0,2010.

[68] G. R. MacCartney, J. Zhang, S. Nie, and T. S. Rappaport, "Path loss models for 5G millimeter wave propagation channels in urban micro-cells," *2013 IEEE Global Communications Conference (GLOBECOM)*, pp. 3948 – 3953,2013.

[69] J. He, T. Kim, H. Ghauch, K. Liu, and G. Wang, "Millimeter wave mimo channel tracking systems," *2014 Globecom Workshops (GC Workshops)*, IEEE, pp. 416 – 421,2014.

[70] Y. Wang and Z. Shi, "Millimeter-wave mobile communications," *5G Mobile Communications. Berlin: Springer*, pp. 117 – 134,2017.

[71] Y. Wang, L. Huang, Z. Shi, K. Liu, and X. Zou, "A millimeter wave channel model with variant angles under 3GPP SCM framework," *2015 IEEE 26th Annual International Symposium*

on Personal, Indoor, and Mobile Radio Communications (PIMRC), IEEE, pp. 2249 - 2254, 2015.

[72] H. Huang, K. Liu, R. Wen, Y. Wang, and G. Wang, "Joint channel estimation and beamforming for millimeter wave cellular system," *2015 IEEE Global Communications Conference (GLOBECOM)*, pp. 1 - 6, 2015.

[73] M. A. Nadeem, M. A. Saeed, and I. A. Khan, "A survey on current repertoire for 5G," *International Journal of Information Technology and Computer Science*, vol. 9, no. 2, pp. 18 - 29, 2017.

第5章

基于机器学习的多无人机移动性预测

5.1 引 言

现代世界中无人机越来越流行,能够在一些因过于繁重而无法手动操作的场景下进行监测和控制,已应用于交通运输、交通控制、遥感、野生动物监控、智慧农业、宽带通信和边境巡逻等[1-7]。搜索救援是无人机越来越重要的应用领域,搜索救援无人机通过设计算法优化网络路径增加覆盖区域,以减少无人机覆盖区域重叠,增加对未探索区域的探索机会。

根据美国联邦航空管理局数据,截至2018年,有超过100万架注册的无人机。为增加战斗时间、有效载荷和飞行距离,无人机通常编队使用,而非单独使用[8]。编队后,网络化无人机具有更大灵活性。由于网络增加了任务执行的成功率,网络无人机对于搜索救援任务尤为重要[9]。但是,由于无人机网络拓扑具有移动性,协议设计具有技术挑战[10-12]。无人机拓扑由大量节点组成,具有多级可靠、传感、可操作性、驱动和通信能力。根据无人机拓扑结构的特点,预测算法具有性能优势,可帮助网络预分配资源到困难节点,以实现平滑的数据传输[13-15]。

如图5.1所示,预测路由算法可避免网络故障,预测哪条链路因移动性而中断,提前找到备用路由。这与某些仅在故障发生后才进行识别的反应式路由方案有所不同。网络中断已在文献[1-2]中讨论。链路的信号质量可以用来预测潜在的链路故障[3],系统预测每架无人机可能采用的通信路径。

通过预测无人机运动轨迹无须事先路径规划,实现无人机网络的自主性。预测算法主要有两大类,数据驱动算法和基于模型的算法。数据驱动算法需要大量数据以识别最准确模式,换句话说,具有最高发生概率的模式[16]。系统主要捕捉无人机机动性时空特征的相关性。基于模型的算法根据无人机历史轨迹识别运动轨迹,包括以下几种:隐性马尔可夫模型、列维飞行过程、贝叶斯学习、流行学习和高斯混合模型[5-7,17-18]。

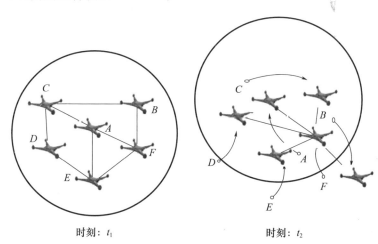

图 5.1　两个时刻无人机拓扑描述(圆形表示无人机 A 的可达范围,在 $t = t_2$ 时刻,无人机 B 远离无人机 A 的可达范围,失去网络连通性。)

一些研究采用无监督方法对运动路径的聚类问题进行分析,具体方法包括基于树、网格和距离的聚类与核方法[13-14,19-21]。这些方法的局限性在于使用距离度量信息以识别位置最优路径,没有识别路径特征。文献[15]总结了现有聚类算法,最近工作涉及基于无人机轨迹/网络形状和距离的聚类操作。这些方法具有多变量特征,在执行预测或聚类时需考虑多个参数。比较热门用于无人机聚类的多变量模型包括冯·米塞斯分布、非负矩阵分解和循环统计[22-23]。这些方法仅关注识别运动路径之间的相似性。

由于无人机组网缺乏精确的预测模型,因此基于深度神经网络或机器学习的预测模型引起研究者关注。将无人机网络看作一种特殊的时空系统,需要考虑网络的时空特性。

深度神经网络(deep neural networks,DNN)是解决时空预测问题的潜在方案,已用于发展规划、运输、环境和能源开发等[24]。目前常见的深度神经网络有卷积神经网络(convolutional neural networks,CNN)和循环神经网络(recurrent neural network,RNN)两种,分别用于解决空间和时间问题。将这些网络应用于两种情况的组合,如时空问题,非常具有挑战性。

具有内在空间依赖性的时间序列广泛存在于气象学、医学、生物学、生态学、交通和经济学等许多领域。其数据来自于各种来源的观测信息,如卫星、摄像机、全球定位卫星和传感器等。时空数据建模的一个主要问题是传感器数据的大小与规模,这些传感器数据覆盖范围非常大。另外的一个主要问题是数据源复杂性可能导致的时间滞后问题。

降维会产生潜在的动态模型,这种模型已经在机器学习[25]和统计学[26]中得到应用。应用深度学习可以建立不同的模式和任务,提取有价值信息。循环神经网络可处理动态数据,实现分类和序列预测生成[27],在处理序列数据及与这些数据相关联进程上具有显著的优势。最近,卷积神经网络开始用于分析时间性和空间性[28-29]。

深度时空网络已广泛应用于空间过程时间序列预测。过去一段时间,机器学习和统计方面的时间序列预测与建模受到广泛关注。统计方面,线性模型主要基于移动平均分量和自回归项建立形成,其中假设自回归项具有噪声因子的线性相关性[9]。机器学习方面,基于神经网络的非线性模型主要用于时间序列预测的动态空间模型构建[10]。

在语音识别和语言处理等领域中成功使用了该模型[11-12,30],模型不处理空间依赖性。非参数生成模型的发展催生了不同算法,如随机梯度变分贝叶斯算法[31],形成了可对潜在变量进行随机学习的深度神经网络[4-6]。

时空统计学通常使用一阶和二阶矩阵对时空相关性进行建模。最近研究的动态空间模型[17]中时间和空间可以是连续或离散的。这种情况下,当空间被划分和编码时,离散时间建模有效,模型可用线性积分差分方程表示。当时间和空间都是离散时,采用一般的向量自回归公式。但是,当存在大量数据源时,参数压缩是一种可能的解决途径。此外,气候学中使用高斯—马尔可夫随机场描述时间和地理的依赖性[18],脑机接口也是时空数据分析的另一技术领域[20-21]。

本章介绍基于机器学习的时空预测模型实现的最新研究工作,重点关注深度时空神经网络。通过表格形式对10项研究进行比较,具体对各研究的方法、优势和未来可能面临的挑战进行讨论。同时详细描述了时空神经网络对无人机机动性预测的适用性。注意,本章所总结的方法可能不会直接在无人机中应用。由于无人机网络是一种特殊的动态多跳通信系统,这里提出的所有模型都具有应用于无人机状态预测的潜力。

5.2 多变量时空预测

本节总结了多变量时空预测模型的结果,包括使用深度神经网络进行预测的内容。表 5.1 总结了 10 项涉及时空预测模型的研究工作。

5.2.1 案例研究 1：移动众包服务的时空预测

利用无处不在的移动设备,移动众包已经成为一种流行方法。人群聚集形成了数据服务的强大来源,这种情况下的时空数据可以存储在云服务器上。

众包服务,如 Wi-Fi 热点,可以提供比传统服务生成器或媒介更好的移动性。随着流动性增加,预测这类移动服务的精确位置和可用性面临挑战。众包热点的主要方面是选择特定服务时所考虑的时空属性。

研究涉及基于深度学习的预测模型,用于识别众包服务在时间和空间领域的可用性[32]。该模型结构分为两个阶段,使用了移动众包服务的历史数据集。利用格拉姆角场预测服务的可用性,并在预测之前将服务集中到区域中。

文献[32]考虑时间和可用性未知的非确定性众包服务,这个服务的约束在于它依赖于服务本身的时空属性。以图 5.2 为例,Wi-Fi 热点依赖于发射源和热点范围的所有邻居,对于这些邻居而言,源位置和可用性的预测至关重要。

图 5.2 移动众包服务

针对该应用提出了一种深度学习策略,以确定一个众包服务(如 Wi-Fi 热点)是否在特定的地点和时间内可用。通过从智能手机端收集的传感器数据,可以获得用户行为和时间空间信息的日程信息,因此可以预测用户时空特征。

表 5.1 10 项时空预测模型比较

文献	应用	方法	优点	挑战
[33]	系统相似度度量预测问题	空时数据集的双尺度建模,用于经验正交函数分析	当标准降维方法不能很好执行时,可以有效捕获可变性;在存在异常值情况下提供了更均衡结果	在空间和时间尺度上都具有复杂依赖结构的高维数据集
[34]	实时人群预测系统	时空数据的深层学习	比其他4种现有技术效果更好,适用于各种时空应用,并在多步提前预测中表现良好;拔靴算法可用于检查模型估计中过拟合/欠拟合以及不确定性	复杂数据库和实时应用
[35]	根区土壤水分预测	多元相关向量机	良好的泛化能力提供稳健性	水文科学的其他领域
[36]	颗粒形态的预测	空时线性协同区域化模型	结合不同的数据源并考虑各数据源的偏差和测量误差	精细分辨率粒子的精确建模
[37]	具有非平稳性的潜在低维函数结构预测	用潜在公因式非参数表示多元时空过程的线性相关结构	低维结构在设置中是完全未知的方法,适应空间上的非平稳性	算法复杂度可能很高
[38]	大型城市出行时间预测网络划分	概率主成分分析	用途广泛,适用于任何来源的出行时间数据和多变量出行时间预测方法	复杂性、异构性、嘈杂数据和意外事件
[39]	出租车的需求预测	多视角空时深度学习模型	时间视图(通过 LSTM 建模未来需求值与最近时间点之间的相关性);空间视图(通过局部 CNN 建模局部空间相关性);语义视图(对共享相似时间模式的区域之间的相关性进行建模)	复杂的非线性时空关系
[40]	人类视觉物体识别的分层时空皮层动力学	人工 DNN	在空间和时间上将 DNN 与人脑比较,为人脑视觉物体识别提供一种时空上的无偏算法	如果数据源不是图像,需要新的 DNN 结构

续表

文献	应用	方法	优点	挑战
[41]	大规模交通网络速度预测	CNN	可在合理的时间内训练模型提出的方法优于 OLS、KNN、ANN、RF、SAE、RNN 和 LSTM NN,平均准确度能提升 42.91%	大规模的网络可能需要较长的计算时间
[42]	地感时间序列预测	基于多级注意力的 RNN	一种对动态时空依赖性进行建模的多级注意机制;一个通用融合模块,用于合并来自不同领域的外部因素方法优于 9 种基线方法	复杂数据库和实时应用

网络包括两个阶段。第一个阶段,将每个地理位置都与源相关联。深度学习技术利用历史数据预测时间 t_i 上特定位置的可用服务。使用格拉姆角场确定在该位置的服务可用时间。通过预处理阶段将服务聚集在空间中。在给定服务位置和时间信息的基础上,使用 DNN 网络预测特定时间每个位置上的服务。第二阶段,建立用于预测这些服务可用性的时间序列预测模型。将时间序列转换为极坐标系,推导出格拉姆角场。这为时间序列提供了一种新的数据表示方式,使得基于深度学习预测技术得到应用。通过生成的图像训练基于残差神经网络的 DNN,能够提前多步预测出众包服务存在。

5.2.2 案例研究 2:利用深度时空残差网络预测城市范围内的人群流动

预测城市人群流动对于交通控制、风险规避和公众利益至关重要,如图 5.3 所示。分析大规模人流带来的风险能够预防灾害发生。历史上的一个例子是,2015 年上海除夕夜庆祝活动发生了灾难性踩踏事件,造成 36 人伤亡。若能预测到如此庞大人群,就可以利用交通控制、预警或提前疏散等应急机制避免此类悲剧发生。

考虑到数据的复杂性,预测人群流动非常重要,也具有挑战性。数据包含自由时间、空间和外部依赖。文献[34]提出了一种基于深度学习的空时残差神经网络方法,用于对城市每个区域的两种类型人流(流入和流出)进行综合预测。文中基于空时数据的独特特性,设计了端到端空时残差网络结构。依赖关系定义如下。

1. 空间依赖性

(1)近:如图 5.4(a)中 r_2 区域的流入受到附近区域流出(如区域 r_1)的影响。同样地,区域 r_2 的流出也会影响其他区域如区域 r_3 的流入。区域 r_2 的流入也会影响其自身的流出。

（2）远：流动可能会受到遥远地区的影响。例如，居住在远离办公区域的人群总是乘坐地铁或长途客车去上班，这意味着遥远区域的外迁直接影响办公区的流入。

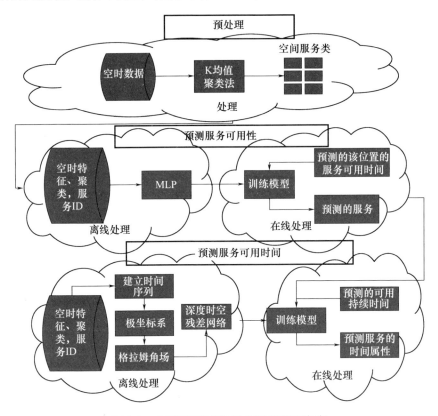

图 5.3　人群可用性时间空间双层预测框架

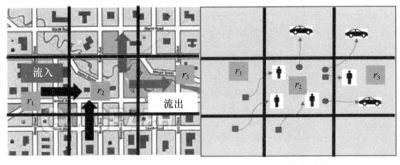

(a) 流入和流出　　　　　　　　　(b) 流量测量

图 5.4　区域人群流量图

2. 时间依赖性

(1) 时间邻近性:一个地区的人群流动受到最近时间间隔的影响,远近都是如此。例如,早上 8:00 发生交通堵塞会影响上午 9:00 的人流,今天第 16 个时间段的人流与昨天第 16 个时间段的人流相似,另外与今天第 20 个时间段的人流相似程度要差些。

(2) 周期性:在连续工作日中,早高峰时段的交通情况可能是相似的,每 24h 重复一次。

(3) 趋势性:随着冬季到来,早高峰时间可能会逐渐推迟。当气温逐渐下降,太阳升得更晚时,人们起得越来越晚。

3. 外部影响

一些外部因素,如天气条件和事件,可能极大地改变城市不同的人群流动。例如,雷雨会影响道路上的交通速度,并进一步改变区域的流量。图 5.5(a) 中预测了两种人流,包括流入和流出。流入量是在给定的时间间隔内从其他地方进入一个地区人群总流量,流出量表示在给定的时间间隔内从一个区域去往其他地方的人群总流量。两种类型的流动都展现着人群在区域之间的转移情况。了解它们的特点对风险评估和交通管理非常有益。流入/流出可以通过行人数量、附近道路上行驶的汽车数量、乘坐公共交通系统(如地铁、公交车)的人数或所有这些数据衡量。可以用手机信号测量行人的数量,区域 r_2 的流入和流出分别为 (3,1)。同样地,若使用车辆 GPS 表示轨迹,两种类型的流量分别为 (0,3)。因此,区域的流入和流出分别为 (3,4)。显然,人流预测可以看作是时空预测问题。为解决上述问题,探索研究者使用 DNN 网络提出了空时残差神经网络,如图 5.6 所示,联合预测各区域的人群流动情况。

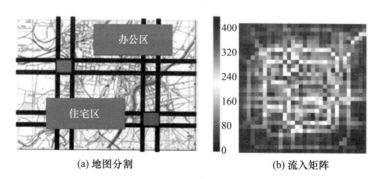

(a) 地图分割　　　　　　　(b) 流入矩阵

图 5.5　城市流入图

为上述提到的每个相关量如趋势和周期等设计单独分支。每个分支都对应一个残差卷积单元,以模拟人群交通网络的空间特性。空时残差神经网络动态聚合3个残差神经网络的输出,为各区域和分支分配不同权重。

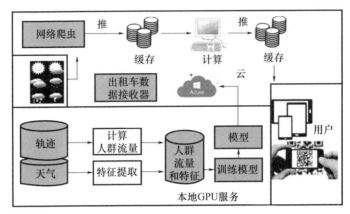

图 5.6　空时残差神经网络架构

结合天气和星期几等外部因素,进一步预测各区域人群的最终交通流量。开发出名为城市信息流的实时系统,如图 5.7 所示,使用微软 Azure 云技术对贵阳市人群流动进行监测和预测。此外,还利用北京和纽约两地人群流进行了广泛实验评估,其中空时残差神经网络方法优于其他典型基线的性能。

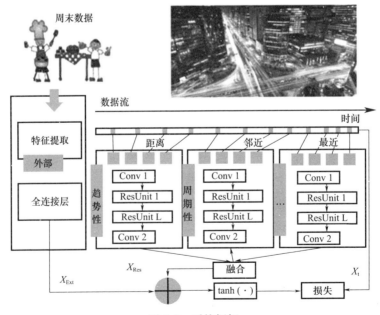

图 5.7　系统框架

5.3 其他相关研究

文献[43]引入了一个动态时空模型,由用于时间序列预测的 RNN 组成。RNN 通过结构化的潜在动态组件完成学习,解码器利用这些潜在的观察结果预测未来状态。对模型与其他几个基线进行了比较和评估,同时使用各种数据集进行比较,研究了深度空时神经网络在不同数据集下的稳健性。

深度时空神经网络可以使用时空信息并将其表示为图像。可通过该图像训练神经网络获取信息。文献[41]从流量监控中获取数据作为单个图像帧用于捕获,如图 5.8 所示。

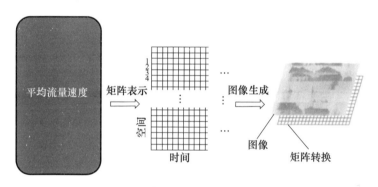

图 5.8　业务流图像表示

文献[39]将空时残差神经网络和不同的基线进行了性能比较。使用平均百分比误差(mean average percentage error,MAPE)和均方根误差(root mean square error,RMSE)对算法进行评估。以下两个公式表示两个度量的评估值:

$$\text{MAPE} = \frac{1}{n} \sum_{i=1}^{n} \frac{|\hat{y}_{t+1}^{i} - y_{t+1}^{i}|}{y_{t+1}^{i}} \tag{5.1}$$

$$\text{RMSE} = \left(\frac{1}{n} \sum_{i=1}^{n} (\hat{y}_{t+1}^{i} - y_{t+1}^{i})^2 \right)^{\frac{1}{2}} \tag{5.2}$$

式中:$\hat{y}_{t+1}^{i}$ 和 y_{t+1}^{i} 分别为第 $t+1$ 个时间间隔上区域 i 的预测值和实际值;n 为样本总数。

在一些被广泛引用的状态预测相关文献中使用的工具包括以下几种。

(1)历史平均值:利用在给定位置处和同一相对时间间隔内,如一天中相同时间,先前需求的平均值来预测需求。

(2)自回归综合移动平均:这是一个著名的时间序列预测模型,结合移动平均和自回归分量,用于建模时间序列。

(3)线性回归:包括普通最小二乘回归、岭回归(L2-范数正则化)和套索(L1-范数正则化)算法。

(4)多层感知机:神经网络可以具有不同数量的全连接层,如128、12和64。

(5)提升树:一种基于树的增强方法,广泛运用于数据挖掘中。

(6)空时残差神经网络:一种基于深度学习的流量预测方法,将不同时期的城市交通密度图构建成图像,使用卷积神经网络对历史图像进行特征提取。

5.4 本章小结

本章总结了几种最先进的时空预测模型,首先详细探讨了深度神经网络在大规模系统状态预测中的应用,这些方法也可用于解决多无人机机动性预测问题;最后讨论了无人机领域深度神经网络运用的几种策略和评价指标。

参考文献

[1] C. A. Thiels, J. M. Aho, S. P. Zietlow, and D. H. Jenkins, "Use of unmanned aerial vehicles for medical product transport," *Air Medical Journal*, vol. 34, no. 2, pp. 104-108, 2015.

[2] K. Kanistras, G. Martins, M. J. Rutherford, and K. P. Valavanis, "Survey of unmanned aerial vehicles (UAVs) for traffic monitoring," *Handbook of Unmanned Aerial Vehicles*, pp. 2643-2666, 2014.

[3] J. Xu, G. Solmaz, R. Rahmatizadeh, L. Boloni, and D. Turgut, "Providing distribution estimation for animal tracking with unmanned aerial vehicles," *2018 IEEE Global Communications Conference (GLOBECOM)*, 2018.

[4] P. K. Freeman and R. S. Freeland, "Agricultural UAVs in the U.S.: potential, policy, and hype," *Remote Sensing Applications: Society and Environment*, vol. 2, pp. 35-43, 2015.

[5] T. Wall and T. Monahan, "Surveillance and violence from afar: the politics of drones and liminal security-scapes," *Theoretical Criminology*, vol. 15, no. 3, pp. 239-254, 2011.

[6] C. Joo and J. Choi, "Low-delay broadband satellite communications with highaltitude unmanned aerial vehicles," *Journal of Communications and Networks*, vol. 20, no. 1, pp. 102-108, 2018.

[7] A. R. Girard, A. S. Howell, and J. K. Hedrick, "Border patrol and surveillance missions using multiple unmanned air vehicles," *2004 43rd IEEE Conference on Decision and Control*

（CDC），2004.

[8] M. L. Stein,"Interpolation of spatial data：some theory for kriging," New York：Springer,2012.

[9] J. G. De Gooijer and R. J. Hyndman,"25 years of time series forecasting," *International Journal of Forecasting*,vol. 22,no. 3,pp. 443－473,2006.

[10] J. T. Connor,R. D. Martin,and L. E. Atlas,"Recurrent neural networks and robust time series prediction," *IEEE Transactions on Neural Networks*,vol. 5,no. 2,pp. 240－254,1994.

[11] A. Graves,A. Mohamed,and G. Hinton,"Speech recognition with deep recurrent neural networks," 2013 *IEEE International Conference on Acoustics*,*Speech and Signal Processing*,Vancouver,BC,Canada,pp. 6645－6649,2013.

[12] I. Sutskever,J. Martens,and G. Hinton,"Generating Text with Recurrent Neural Networks," In Proceedings of the 28th International Conference on International Conference on Machine Learning（ICML'11）. Omnipress,Madison,WI,USA,pp. 1017－1024.

[13] V. Sharma,K. Kar,R. La,and L. Tassiulas,"Dynamic network provisioning for time－varying traffc," *Journal of Communications and Networks*,vol. 9,no. 4,pp. 408－418,2007.

[14] A. Urra,E. Calle,J. L. Marzo,and P. Vila,"An enhanced dynamic multilayer routing for networks with protection requirements," *Journal of Communications and Networks*,vol. 9,no. 4,pp. 377－382,2007.

[15] Y. Zhang,X. Zhang,W. Fu,Z. Wang,and H. Liu,"HDRE：Coverage hole detection with residual energy in wireless sensor networks," *Journal of Communications and Networks*,vol. 16,no. 5,pp. 493－501,2014.

[16] M. Hess,F. Buther,and K. P. Schafers,"Data－driven methods for the determination of anterior－posterior motion in PET," *IEEE Transactions on Medical Imaging*,vol. 36,no. 2,pp. 422－432,2017.

[17] L. Gupta,R. Jain,and G. Vaszkun,"Survey of important issues in UAV communication networks," *IEEE Communications Surveys & Tutorials*,vol. 18,no. 2,pp. 1123－1152,2016.

[18] M. Quaritsch,K. Kruggl,D. Wischounig－Strucl,S. Bhattacharya,M. Shah,andB. Rinner,"Networked UAVs as aerial sensor network for disaster management applications," *Elektrotechnik und Information stechnik*,vol. 127,no. 3,pp. 56－63,2010.

[19] S. Rosati,K. Kruzelecki,G. Heitz,D. Floreano,and B. Rimoldi,"Dynamic routing for fying ad hoc networks," *IEEE Transactions on Vehicular Technology*,vol. 65,no. 3,pp. 1690－1700,2016.

[20] Z. Kaleem and M. H. Rehmani,"Amateur drone monitoring：state－of－the－art architectures,key enabling technologies,and future research directions," *IEEE Wireless Communications*,vol. 25,no. 2,pp. 150－159,2018.

[21] F. Afghah,M. Zaeri－Amirani,A. Razi,J. Chakareski,and E. Bentley,"A coalition formation approach to coordinated task allocation in heterogeneous UAV networks," *2018 Annual*

American Control Conference（*ACC*），2018.

［22］ J. H. Sarker and R. Jantti，"Connectivity modeling of wireless multihop networks with correlated and independent factors，" *6th International Conference on Advanced Communication Technology*，2004.

［23］ M. Khaledi，A. Rovira－Sugranes，F. Afghah，and A. Razi，"On greedy routing in dynamic UAV networks，" *2018 IEEE International Conference on Sensing*，*Communicationand Networking*（*SECON Workshops*），2018.

［24］ Y. Zheng，L. Capra，O. Wolfson，and H. Yang，"Urban computing：concepts，methodologies，and applications，" *ACM Transactions on Intelligent Systems and Technology*，vol. 5，no. 3，pp. 1－55，2014.

［25］ M. T. Bahadori，Q. Yu，and Y. Liu，"Fast multivariate spatio－temporal analysis via low rank tensor learning，" In：Z. Ghahramani，M. Welling，C. Cortes，N. D. Lawrence，and K. Q. Weinberger，Eds. *Advances in Neural Information Processing Systems* 27，Red Hook，NY：Curran Associates，pp. 3491－3499，2014.

［26］ N. A. C. Cressie and C. K. Wikle，"Statistics for Spatio－Temporal Data Series，" *Wiley Series in Probability and Statistics*，Hoboken. NJ：Wiley，2011.

［27］ Y. Bengio，"Neural net language models，" *Scholarpedia*，2008.

［28］ X. Shi，Z. Chen，H. Wang，D.－Y. Yeung，W. Wong，and W. WOO，"Convolutional LSTM network：a machine learning approach for precipitation nowcasting." In：C. Cortes，N. D. Lawrence，D. D. Lee，M. Sugiyama，and R. Garnett，Eds. *Advances in Neural Information Processing Systems* 28，Red Hook，NY：Curran Associates，pp. 802－810，2015.

［29］ N. Srivastava，E. Mansimov，and R. Salakhutdinov，"Unsupervised learning of video representations using LSTMs，" *arXiv*：1502. 04681，2015.

［30］ K. Cho et al.，"Learning phrase representations using RNN encoder－decoder for statistical machine translation，" *arXiv*：1406. 1078［*cs*，*stat*］，2014.

［31］ D. P. Kingma and M. Welling，"Auto－encoding variational bayes，" *arXiv*：1312. 6114［*cs*，*stat*］，2013.

［32］ A. B. Said，A. Erradi，A. G. Neiat，and A. Bouguettaya，"A deep learning spatiotemporal prediction framework for mobile crowdsourced services，" *Mobile Networks and Applications*，vol. 24，pp. 1120－1133，2019.

［33］ L. Chen，"Predictive modeling of spatio－temporal datasets in high dimensions，" Ph. D. dissertation，The Ohio State University，2015.

［34］ C. Zhang and P. Patras，"Long－term mobile traffic forecasting using deep spatiotemporal neural networks，" *Proceedings of the Eighteenth ACM International Symposium on Mobile Ad Hoc Networking and Computing*，Mobihoc 18，pp. 231－240，2018.

［35］ B. Zaman and M. McKee，"Spatio－temporal prediction of root zone soil moisture using multivariate relevance vector machines," *Open Journal of Modern Hydrology*, vol. 4, no. 3, pp. 80-90,2014.

[36] J. Choi, B. J. Reich, M. Fuentes, and J. M. Davis, "Multivariate spatial-temporal modeling and prediction of speciated fine particles," *Journal of Statistical Theory and Practice*, vol. 3, no. 2, pp. 407-418,2009.

[37] E. Y. Chen, Q. Yao, and R. Chen, "Multivariate spatial-temporal prediction on latent low-dimensional functional structure with non-stationarity," *arXiv:1710.06351 [stat]*,2017.

[38] M. Cebecauer, E. Jenelius, and W. Burghout, "Spatio-temporal partitioning of large urban networks for travel time prediction," 2018 21*st* International Conference on Intelligent Transportation Systems (ITSC), pp. 1390-1395.

[39] H. Yao, J. Ke, X. Tang, et al., "Deep multi-view spatial-temporal network for taxi demand prediction," https://arxiv.org/abs/1802.08714.

[40] R. M. Cichy, A. Khosla, D. Pantazis, A. Torralba, and A. Oliva, "Deep neural networks predict hierarchical spatio-temporal cortical dynamics of human visual object recog-nition," *arXiv*:1601.02970.

[41] X. Ma, Z. Dai, Z. He, J. Ma, Y. Wang, and Y. Wang, "Learning traffc as images: a deep convolutional neural network for large-scale transportation network speed prediction," *Sensors*, vol. 17, no. 4, pp. 818,2017.

[42] Y. Liang, S. Ke, J. Zhang, X. Yi, and Y. Zheng, "GeoMAN: multi-level attention networks for geo-sensory time series prediction," *Proceedings of the Twenty-Seventh International Joint Conference on Artifcial Intelligence*, pp. 3428-3434.

[43] A. Ziat, E. Delasalles, L. Denoyer, and P. Gallinari, "Spatio-temporal neural networks for space-time series forecasting and relations discovery," 2017 *IEEE International Conference on Data Mining (ICDM)*, pp. 705-714,2017.

第 6 章

自组织无人机网络路由与移动性模型

6.1 引 言

随着无人机和其他移动设备日益流行,对无人机移动节点行为进行描述的模型随之增加。无人机通常用于侦察任务以及搜索和救援行动,过去十年开发的许多模型都集中于侦察等特定应用。另外,所开发的模型需要使用以制定智能移动策略。近期已建立多个独立于应用的移动性模型适合多种应用,且无须链接到任一特定应用。

本章介绍了 3 种类型移动性模型应用,包括侦察、搜索和救援等。6.2 节和 6.3 节描述了 3 种典型应用,6.4 节深入研究了一种更灵活的移动性模型策略,支持广泛操作,使用户可定制任一应用,建立与应用无关的模型。同时,还讨论了所提模型与其他移动性模型相比较的有效性。

第一种无人机应用是侦察集群。侦察行动是移动性策略应用的典型代表,许多侦察行动都与军事有关,这些军事应用旨在确定兴趣区域(areas of interest,AoI)。这些区域中的一般概况或特定目标就是无人机的调查对象。通常使用大量无人机(即集群)执行任务。侦察任务需要覆盖较远距离,并在可接受的时间内对区域进行勘测,使无人机能够收集任务数据,传输信息至指挥控制中心。本章分析的一个典型案例是无人机的 AoI 导航。无人机扫描一个 AoI,穿过一个隧道,并从连接到另一个 AoI 的隧道一侧退出,所有这些动作都基于预先确定的力学方程。一些已发表的研究提供了侦察应用的细节,研究了集群中无人机之间通信问题。同时研究了整个任务期间保持连续通信所导致的固有限制问题。

第二种和第三种应用是搜索和救援行动。在许多搜索和救援行动中,无人机或多机器人编队使用网络拓扑知识,协助建立有效的路由过程。这些系统通常由单播或组播系统组成。单播系统主要关注机器人集群中两个机器人之间面向协调的通信。组播系统更关注集群通信,为完成群组通信任务,需在周围设备之间进行紧密且持续的通信。

数据转发主要包括基于坐标的数据转发和基于数据的数据转发两种类型。单播协议通过一对一的命令和信息请求调整为基于坐标的通信。组播协议更多样化,可两种数据转发方式进行通信,这种灵活性支持组播系统同时命令许多移动机器人/无人机集群,发送和接收随机或周期性数据。

本章最后讨论与应用无关的移动模式,适用于异构(非同构)应用。为适用异构通信需要,移动性模型需要生成不同的移动性模式。这些模型通过捕获无人机的速度、角速度和俯仰角,将其描述为高斯—马尔可夫过程实现。高斯—马尔可夫过程中使用无人机的过去状态确定其下一状态,可以精确模拟机载网络中平滑转弯和连续运动等真实移动行为。更灵活且独立于应用的模型面临如何证明可以在各种情况下使用的现实挑战。所分析模型显示了可预测情况下的追踪行为,以及随机情况下的不稳定行为。

6.2 侦察集群

首先介绍侦察行动中的基本移动性模型。对不同移动性模型进行比较,以突出用于特定侦察任务模型之间的相似性和差异性。

6.2.1 概述

不同的移动策略适用于特定用途,如移动传感器网络、以人为中心的移动网络和大量无人飞行器。对多种移动性应用来说,侦察是一个很好的启发,侦察行动可识别大型无人机网络中的 AoI。执行任务通常需要大量无人机之间的合作,称为集群。侦察任务通常需要进行大面积环境监测,实时收集环境数据并将信息传输至指挥控制中心。

图 6.1 显示了文献[1]中的参数配置,给出无人机在仿真过程中如何定向的地形概览。无人机通过使用不同的传感器扫描 AoI,通过小范围的隧道移动,然后在隧道的另一侧离开,该侧连接到另一个 AoI,所有这些都基于预先确定的力学方程。实验表明,与单架无人机相比,无人机群减少了监视大型 AoI 所需的时间。

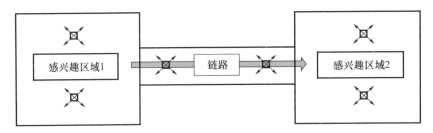

图 6.1 侦察地图案例

6.2.2 基于虚拟编队的移动性模型

Falomir 等讨论了无人机集合和环境边界之间的虚拟力创建问题,以建立有效的移动性模型[1]。该模型能够用于单架 AoI 执行侦察行动,通过连接一个 AoI 和另一个 AoI 的隧道移动,将所有无人机安全移动到隧道另一侧并进入第二个 AoI。建立的移动性模型先后在无人机之间和在环境中的物体之间寻求引力和排斥力之间的平衡。使用分布基于无人机之间的安全距离及无人机保持蜂群形状所需的力获得。吸斥力分布的每部分都是一个恒定的或线性的力。由于在任何给定环境中,一个物体可以受多个力作用,使用加权平均力计算无人机将移动的下一个方向。每个力的权重与其量级呈指数关系,与弹簧类似。图 6.2 显示了不同力与无人机相互作用关系,并在给定的 AoI 中引导无人机与最近无人机连接,未填充的箭头表示引导单架无人机的合力。图中边缘的圆圈表示目标,每架无人机周围都有受其环境决定的力。

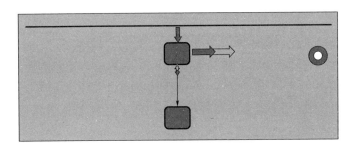

图 6.2 单机环境下牵引力交互示意图

针对无人机在目标区域交互行动建立所有分布规则基础上,提出移动控制策略。监视性移动策略将两个 S 形飞行的无人机连接,以有效探测 AoI。群内的连接由各无人机维护,等待 1~2 跳邻居完成自身任务。监控完成后,集群聚集形成更紧凑版本,使其与隧道入口对齐。通过将无人机安排在符合传输和安全限制的距离内建立通信链路。然后,无人机建立了通过隧道的穿越策略,与周围无人机、航路本身及航路中遇到的物体之间的引力和排斥力一致。

Falomir 等在 JBotSim 环境下对集群的 1~6 架无人机和 5 条隧道之间的移动性模型进行了仿真[1]。实验结果表明,相比 1~5 架无人机情况,6 架无人机对应侦察速度显著提高。不同类型隧道对应构建方法不同,一部分方式具有独特性,另一部分结合隧道穿越过程类似趋势表征进行构建。以产生额外无线电链路方式增加集群无人机数量情况下,将会发生显著的性能变化。在增加集群内无人机数量的情况下,集群侦察速度性能会发生显著变化,这是由于在通过隧道线性部分的过程中无人机之间会产生的额外无线电链路,通过隧道拐角部分时,部分无线电链路会断开。仿真中发现无人机之间缺乏相互通信以识别障碍物的能力。此外,避障系统也可以通过 Kuiper 和 Nadjm – Tehrani 中描述的信息素模型进行构建,该模型中每架无人机通过信息素进行通信以防止对 AoI 区域的过度搜索[2]。

6.2.3　信息素模型

文献[2]描述了如何将位于中心的 10 架无人机随机扩散到广域空间,以有效扫描整个区域。该文献中分析了两种不同的移动性模型:第一种模型是在无人机到达监视区域后随机分配每架无人机的运动;第二种模型是从中心区域启动无人机,利用信息素吸引和排斥控制 10 架无人机的后续运动。文献[2]提出"信息素"的概念,表示无人机之间交换的一种特定的网络信息。这种想法源于某些昆虫的行为,如蚂蚁在寻找食物时相互协作。文献[2]中,第一个系统是相当简单的系统,运用马尔可夫过程确定无人机左转、右转或朝向 AoI 边界前进的概率。使用马尔可夫过程根据历史状态对未来状态进行估计。例如,如果知道无人机在到达飞行目标后已经在一个时间窗口内朝哪个方向前进,无人机下一步的方向应遵循类似趋势。马尔可夫过程将离散概率分配给每个运动状态,通过状态转移矩阵确定下一状态。

文献[2]第二个系统使用吸引 – 排斥信息素模型,可以引导无人机朝向或远离目标区域。该模型用于单架无人机对源自边界整个 AoI 应用,防止无人机区域和已覆盖区域之间重叠。移动性模型要求每架无人机观察其位置左、右两侧和中心,收集信息素以确定下一个移动方向。通过比较来自基数方向的单个信息素与信息素总和来确定运动。与总和相比,信息素数量最少的方向应具有最高的移动概率。

通过信息素模型和随机迁移率模型的2h模拟实验,比较区域覆盖度和扫描时间的概率分布。实验结果表明,信息素模型的覆盖度明显优于随机移动性模型,信息素移动性模型在超过1h的时间范围可覆盖90%区域面积,随机移动性模型在超过2h时间内覆盖80%区域面积。因此得出结论,信息素迁移模型比随机情况的分布更均匀。马尔可夫模型可使无人机有效扫描AoI区域。但是,信息素模型以及整个测试过程都较为刻板、简单,假设的模型对运动和通信部分进行了简化描述,并未模拟真实的无人机任务。

6.3 搜索与救援应用

本节首先概述搜索和救援应用中使用的移动性模型,介绍了单播和组播两种高效路由协议模型之间的主要区别。这两种系统各有利弊,都可用于多机器人编队,以成功执行与搜索和救援行动相关的任务。下面进行简要概述,后面详细介绍单播和组播路由过程及其功能。

6.3.1 概述

在许多搜索和救援行动中,无人机或多机器人编队会利用一些有助于创建有效路由步骤的知识。Das等考虑了两个主要过程以构建和测试单播与组播系统[3]。单播系统关注多机器人集群内两个机器人之间面向协调的通信,组播系统关注群组通信应用,需要机器人之间通过高质量通信完成操作。

图6.3给出了单播和组播路由系统中的方法分类,主要类型包括基于坐标和基于数据的通信。单播协议可由一对一的命令和信息请求的通信方式调整为基于协调的通信。组播协议更加多样化,包括基于坐标和数据的通信。这种灵活性允许组播系统同时指挥移动机器人或无人机集群,准确发送和接收随机性或周期性业务包。通过构建两个模型并开展测试,分析机器集群搜索和救援中通信路由的有效性,实现低开销和节能通信。

6.3.2 单播路由

大多数的搜索与救援应用依赖无人机或机器人集群的精确坐标信息。没有群组通信的情况下,坐标信息可以最有效方式由一架无人机转发到另一架,减少

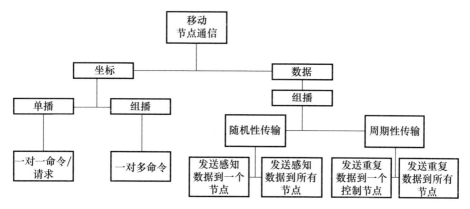

图 6.3 单播和组播路由系统中的方法分类

给定任务中有效区域覆盖的开销和时延。通信不仅局限于坐标转发,基于单播路由的其他有效通信还支持以图像形式发送数据供集群内其他机器人处理使用,以及请求机器人之间进行协助,实现以最有效方式对 AoI 区域进行导航。

对基于坐标的通信,单播路由非常有效。但与组播路由相比,单播路由存在缺点,即仅允许从一个节点到另一个节点的通信。当需要在多个节点之间中继信息时,单播路由不是最优方式。文献[3]测试了单播路由在搜索与救援应用中的有效性,重点关注了两种不同路由协议,即移动机器人源路由(mobile robot source routing, MRSR)协议和移动机器人距离向量(mobile robot distance vector, MRDV)协议。两种协议具体描述如下。

1. 移动机器人源路由协议

该移动策略涉及 3 个主要方面,包括路径的发现、构建和维护。图 6.4 详细列出了完成连接所涉及的主要方面。路由构建主要在源节点或目的节点处理,大多数连接和维护操作都是通过在源节点和目的节点之间交换控制消息实现的。两个主控制消息标记为 ROUTE REQUEST(RREQ)和 ROUTE REPLY(RRER)。

路由协议首先进行路由发现,寻找端到端的数据传输路径。标记为 RREQ 的数据包包含请求发起者地址、请求目的地址和路由记录,该数据包在受控泛洪过程中由网络发送。为确定请求的发出频率,定义概率变量 p_γ,更低的 p_γ 值可降低能耗和路由开销。变量的计算取决于距离权重因子 γ,该因子基于无线传输范围 R 和剩余距离 d_{rest} 确定,其中剩余距离计算为 $D-d$。这里 D 表示移动机器人行进的总距离,d 表示已行进距离。权重因子 γ 可表示为

$$\gamma = \begin{cases} \dfrac{2d_{\text{rest}}}{R}, & \text{当 } d_{\text{rest}} \geqslant \dfrac{R}{2} \text{ 时} \\ 0, & \text{其他} \end{cases}$$

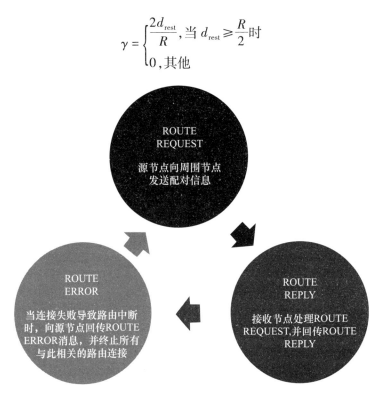

图 6.4　MRSR 路由步骤

在定义 γ 的基础下,变量 p_γ 与机器人移动速度成反比,高度移动的机器人具有较低的路由包重播概率。距离权重因子 γ 按照这一关系影响概率值,随着距离权重因子增加,p_γ 呈指数减小。当 γ 等于 0 时,p_γ 被设置为 1,满足

$$p_\gamma = \min(1, v^{-\gamma})$$

在确定概率值且接收到请求之后将会返回一个 RRER 包。该数据包来自移动机器人将到达的目的节点或中间节点。中间节点可作为中转节点,帮助最终到达其目的节点。路由信息存储在移动机器人携带的高速缓存中。移动机器人源路由协议相关技术要求各移动机器人将其信息编码成应答包,包信息包括超时估计值,用于确定设备何时超出范围,并包括一个单比特信息,用于判断机器人移动或暂停。超时值可根据标志位和机器人当前速度计算得到,以有效管理和利用路径。

路由协议的第二步是路由构造。移动机器人源路由协议实现路由构造的方式与动态源路由协议(dynamic source routing,DSR)类似,通过使用主动缓存降低路由频率以及路由发现传播次数。移动机器人源路由协议通过路由中的不同

链路创建网络总体拓扑。在拓扑图构建中,连接到网络的每个移动机器人通过其发现的链路信息以及来自其他移动机器人的转发链路信息维护其图缓存。移动机器人使用类似 Dijkstra 算法的简易单源最短路径算法计算源路径。为确定链路是否断开,移动机器人源路由协议检查路由发现阶段生成的 RRER 数据包的超时值。通过该方式删除断开的链路,其他链路返回到起始端点,对应超时值降低。移动机器人源路由协议将已提供的最长寿命路径与其他移动机器人相隔离,这种路径对应链路的最高超时。

路由协议的最后一步是路由维护。当发现和构造了新路由,通过路由维护监视正在使用的路由操作及功能。ROUTEERROR 数据包是由识别路由中断或链路故障的检测主机发送出的。当发生错误时,主机清除其缓存中可能使用该链路的所有路由。

2. 移动机器人距离向量协议

移动机器人距离向量协议在路由发现方面与移动机器人源路由协议相似,主要基于无线自组网按需距离向量路由(ad hoc on – demand distance vector, AODV)协议设计得到,分为两个过程,包括路由发现和路由维护过程。

第一个过程是路由发现。为了执行该过程,移动机器人距离向量协议按照与移动机器人源路由协议类似的方式进行。两者的主要区别在于移动机器人距离向量协议将路由信息按每个目的地一个条目存储,移动机器人源路由协议使用信息缓存以确定到达目的地的最佳路由。移动机器人距离向量协议还使用 RREQ 和 RRER 包,通过建立反向路径确定是否重播请求数据包。

超时值被设置表示每个节点在路由中停留的时间长度,移动机器人距离向量协议只在请求包中使用超时值,与移动机器人源路由协议执行源路由方式不同。超时最低的链路决定链路断开的情况,最弱链路通过检查每个节点确定最终超时值。将数值编码为 ROUTE REPLY 数据包,发回至源节点以计算路由表。

第二个过程是路由维护。该过程主要使用计时器清除长期未使用的路由。考虑到协议仅编码一条路由,通过允许路由在适当时间内过期,避免了路由错误。与移动机器人源路由协议维护路由方式相同,如果发现错误,将再次发送数据包以确保连接。

3. 移动机器人源路由协议与移动机器人距离向量协议比较

为测试和验证系统,Das 等使用四指标系统以隔离标称系统中的关注点,这些协议用于搜索和救援任务[3]。4 个主要指标分别是路由开销、数据包传输率、平均延时和能耗等。分别对 4 种移动路由策略进行比较,包括常用路由 AODV、MRDV、MRSR 和 DSR 等协议,如表 6.1 所示。

表 6.1　MRSR 与 DSR、MRDV 与 AODV[3] 性能比较

	路由开销	分组成功传输率	平均延迟	能源消耗
MRSR（DSR）	在高移动性模型上减少 30%	与 DSR 相似	与 DSR 相似	高移动情况下节省 12%，中等移动情况下节约 5%
MRDV（AODV）	在移动性模型上减少 50%	与 AODV 相似	与 AODV 相似	高移动情况下节省 30%，低移动情况下节约 18%

当网络静态时，暂停时间为完成任务所需的时间，MRDV 和 AODV 协议性能相同。在网络移动情况下，MRDV 明显优于 AODV 协议模型。数据包传输率不变条件下，路由开销减少 50%。另一方面是能耗，在高移动性情况下 MRDV 协议节能 30%，在低移动性情况下可节能 18%。

当考虑 MRSR 相对于 DRR 协议的性能时，静态网络性能的趋势类似于 MRDV 和 AODV 协议的比较。更高移动性导致巨大差异。在这些情况下，MRDV 在路由开销方面减少 30%，在中等移动性情况下减少 12%。两种策略之间的时延相似，但当暂停时间增加时，MRSR 在大多数情况下优于 DSR。能耗方面，与 DSR 协议相比，在高移动性方面 MRSR 协议实现节能 12%，在中等移动性方面实现节能 5%。

为了比较 MRSR 和 MRDV 协议，使用两种规模的网络，包括 50 和 100 个节点。在 50 个节点情况下，两种协议网络性能相似。MRSR 的开销低于 MRDV，MRDV 时延低于 MRSR 协议。当网络规模增加到 100 个节点时，协议性能出现差异。MRDV 协议性能显著提高，具有更易于管理的平均时延和分组转发率指标。因此，MRDV 协议优于所有其他移动策略。总体上看，MRSR 和 MRDV 协议优于 DSR 和 AODV 协议，且对于中小型网络具有相似结果。MRDV 在大型网络中具有明显提升的路由策略优选性能。

6.3.3　组播路由

对于机器人集群，组播路由创建了一个高效系统，支持面向多种目标的群组通信。组播路由可向多个节点有效地发送信息，这些信息包括用于 AoI 导航的数据和指挥中心的特定指令，指令对飞行计划进行详细说明。

多机器人运行中的下面 3 种情况下组播路由有效。第一种情况是面向集群整体利益的移动机器人资源调度。在某些应用中，不采用在各机器人上加载体积庞大或成本低廉的传感器，而使用集群中一些移动机器人收集特定数据。这

些数据可以发送到集群其余部分,对 AoI 进行有效覆盖。一个典型例子是将复杂的 GPS 硬件放在几个节点上,在其他群组中广播应避免的地标信息。第二种情况是人工操作员对集群的管理。人工操作员可以在多机器人群组范围和能力外引入信息源,帮助集群中的多机器人在更严格的时间限制内完成 AoI 的特定部分搜索。第三种情况是特定控制器指导运行下的传感器网络。可以通过考虑一个执行特定任务的小型机器人编队,将信息传输给指挥机器人,并将后续任务分配给其他机器人编组,依赖于原始的小型机器人编队执行任务。总体上看,组播路由对于多个节点之间传感器通信具有很大优势,但也存在着通信节点之间开销高和路由过程较慢的缺点。

为分析组播路由协议的有效性,Das 等测试了移动机器人网状组播(mobile robot mesh multicast,MRMM)系统[3],部署于移动机器人网络中。这种策略基于按需组播路由协议(on-demand multicast routing protocol,ODMRP)和移动自组织网络(mobile ad hoc networks,MANET)进行设计。MRMM 与 ODMRP 组播协议密切相关,最大差异在于 MRMM 协议提出一种策略,可更可靠和高效地创建和维护网络,用于发送和接收数据。该策略包括两个主要阶段,即网格构建维护和数据交付阶段。

网格构建维护是在更大网格的网络中建立机器人子集,以尽可能少的必要冗余度有效转发分组。当信息源需在没有网格配置的情况下发送信息时,会在整个网络中以泛洪方式扩散 JOIN QUERY 控制数据包。接收数据包的各节点都将存储该控制数据包,检测重复数据的源节点 ID,并使用源节点 ID 更新路由表以建立回到源的反向路径。当接收控制数据包时,各节点将 JOIN REPLY 发送到网格中相邻节点。各节点通过检查 ID 并与相邻节点进行匹配,设置转发组标志,创建转发组的节点网格,建立返回源的路径。网格中所有节点都以软状态存在,需要通过连续传输 JOIN QUERY 控制数据包维持网络的高效率。

MRMM 与 ODMRP 的控制过程相似,主要不同在于 MRMM 具有移动性知识,可以创建网格剪枝算法,并根据各节点移动信息更有效地选择转发组中节点。与单播系统类似,MRMM 使用概率 p_i 确定各节点是否重播由源发送的 JOIN QUERY 包。除网格稀疏因子变量 ω 之外,组播使用与前面单播系统相似的变量。网格稀疏因子变量 ω 用于描述节点从转发组中移除的可能性。当 ω 较大时,概率 p_i 较小,网格分布较稀疏。作为预防手段,对于离开或加入组的节点,MRMM 协议泛洪 JOIN/LEAVE 消息,使得整个网络获得组成员身份信息。源节点可在运行网格修剪算法之前利用该信息收集所有可用的网络节点。

为确保数据的传输成功,MRMM 协议采用与 ODMRP 类似操作,从超时后开始,只要信息未过期,各节点发送收到的非重复数据包。MRMM 的独特之处在于协议中检查是否在网格的可接受距离内,以实现有效信息传输并提高数据转发效率。如前所述,MRMM 利用反向组播或多对一通信创建网格,将其所有数据报告给中心节点。在本例中中心节点为源节点。

为 MRMM 创建高效路由协议的主要过程如图 6.5 所示。在 MRMM 中使用与单播路由移动性模型类似的数据包传输方式,但主要关注的是创建节点网而不是个性化通信。用于通信的主要数据包是为了建立网格的 JOIN 查询和 JOIN REPLY 传输。MRMM 协议的核心部分采用网格剪枝算法建立网格节点与源节点之间最有效的通信信道。

图 6.5 为 MRMM 创建高效路由协议的主要过程

6.3.4 移动机器人网状组播与按需组播路由协议比较

为了评估 MRMM 与其前身 ODMRP 的性能优势,与单播通信系统评估技术相类似,建立了 4 个评估标准,分别是控制开销、组播传输率(multicast delivery ratio,MDR)、平均递送时延和转发效率。由于这两种通信方式明显不同,仅对组播协议 MRMM 与 ODMRP 进行比较,不与前面章节所描述的单播方式进行比较。按照 4 个标准,测试了 3 种不同因素,包括移动性、组规模和业务源数量。

第一个因素是移动性对 MRMM 和 ODMRP 的影响。主要比较 ODMRP 和 MRMM 协议,具有随机剪枝功能的 MRMM 也纳入考虑范围,其中认知节点以给定概率 0.5 随机重播 JOIN QUERY 分组包。在控制开销评估标准下,两种 MRMM 协议方法明显优于 ODMRP。在连续移动的情况下,MRMM 的开销比 ODMRP 低 44%。当考虑 MDR 时,这一点更加突出。尽管与 ODMRP 相比,MRMM 中的控制开销显著降低,但所提出的策略可根据需要提供相同数量的组播数据包。当观察 MRMM 和 ODMRP 之间的时延比较时,两者在 0~500ms 的暂停时间内具有大约 0.01s 的可比时延。当比较转发效率时,MRMM 优于 ODMRP:在 100ms 的暂停时间内,MRMM 的效率比 ODMRP 高 27%,在零暂停时间内,MRMM 的效率比 ODMRP 高 42%。从控制开销和转发效率两个方面对基于移动信息和随机剪枝两种 MRMM 策略进行了比较。在这两个准则中,基于移动性的 MRMM 优于随机剪枝,因为随机剪枝会有更大可能使得网格稀疏。

第二个因素是组规模对 MRMM 和 ODMRP 的影响。在 MDR 和平均时延评估标准下,两种移动性策略性能相似。MDR 约为 100%,两种策略的平均延迟约为 0.01s,主要区别在于控制开销和转发效率的标准。与 ODMRP 相比,无论使用何种组大小,MRMM 策略都具有更低的控制开销。两种策略的控制开销均随组大小的增加而增加,但 MRMM 的控制开销值较低。考虑转发效率时,MRMM 明显优于 ODMRP。

第三个因素是业务源数量对 MRMM 和 ODMRP 的影响。当考虑 MDR 标准和平均时延时,两种策略的性能相似,MDR 为 100%,平均时延为 0.01s。考虑控制开销和转发效率,对两者进行了进一步分析比较。控制开销方面,MRMM 协议明显更优,相比 ODMRP 降低 40%。转发效率方面,在各种业务源上 MRMM 优于 ODMRP。

6.4 独立于应用的移动性模型

本节首先对一种特定的移动性模型进行概述,该模型独立于应用,可为机载网络提供资源。利用高斯—马尔可夫过程对该模型进行扩展,并利用历史记忆信息对新状态进行计算,以准确捕捉无人机的实际运动。

6.4.1 概述

与前面章节不同,对于无人机应用,本章节所涵盖的移动性模型为异构或非同构模型。针对异构特点,移动性模型需能生成多个移动性样式。Anjum 和 Wang 创建了异构移动性模型[4],通过捕获速度、角速度和俯仰角信息并描述为高斯—马尔可夫过程,使过去状态成为确定下一状态的因素。使用高斯—马尔可夫过程可以精确模拟机载网络中节点的实际行为,如平滑转弯和连续运动。

其他不同类型的模型仅限于某些特定应用,包括随机航路点移动性、平滑转弯移动性、半随机圆形移动性和三向随机移动性模型等。部分模型不具备移动中平稳操作能力。通过选择不同变量,可以生成一组跨多种应用的移动性样式。这些模型在演示实验中展示了预测案例下的可追溯性行为以及随机案例下的不稳定行为。

6.4.2 移动性模型

为构建机载网络的综合移动性模型,需要分析三维空间中的移动过程,考虑平滑转弯的角速度,连接过去和当前状态以避免速度或方向上急剧变化,并处理边界效应。模型还需具有灵活性和应用独立性特点。三维移动自组织网络的移动性模型具有两个主要缺点:①突发移动和方向变化;②模型的空气动力学特性存在失配。第一个缺点可使用高斯—马尔可夫过程模型解决,第二个缺点可通过充分评估气动特性解决,如角速度、转角、转角半径、转角中心、俯仰角、垂直速度和垂直位移。高斯—马尔可夫模型可应用于移动性模型的速度、角速度和俯仰角表示,更多细节包括高斯—马尔可夫记忆系数、方差和状态间隔等。

关注的主要变量包括速度、角速度和俯仰角。所有这些变量都可基于高斯—马尔可夫过程量化,过程对应方差 σ 和记忆程度 ρ。第一个变量是速度,可描述为

$$v(t) = \rho v(t-1) + (1-\rho)\bar{v} + \sqrt{1-\rho^2}\, \Gamma_{v(t-1)}$$

式中:$v(t)$ 为相对于时间 t 的速度;$\bar{v}$ 为平均速度;$\Gamma_{v(t-1)}$ 为高斯随机变量。

具体地,当 $\rho=1$ 时,当前移动跟随先前状态,当 $\rho=0$ 时,移动状态完全独立且具有无记忆性。速度方程提出了一种表示各种受控或随机情况的方法,概率系数是其中重要参数。

第二个变量是角速度,与速度相似,可建模为高斯—马尔可夫过程如下。

$$\omega(t) = \rho\omega(t-1) + (1-\rho)\bar{\omega} + \sqrt{1-\rho^2}\, \Gamma_{\omega(t-1)}$$

这个方程与速度方程相似,不同之处在于将速度改为角速度。

基于上述方程,为达到更大转弯角度,变量$|\bar{\omega}|$必须增大;为达到更直轨迹,$|\bar{\omega}|$必须减小。对于速率方向,ω为正,表示按逆时针转动;ω为负,表示按顺时针转动。类似地,角速度方程是概率系数的函数,支持更广泛应用上的测试。

基于高斯—马尔可夫过程确定最终变量是俯仰角。类似于上述速度和角速度,该变量可以通过类似的过程中输出得到,表示为

$$\theta(t) = \rho\theta(t-1) + (1-\rho)\bar{\theta} + \sqrt{1-\rho^2}\Gamma_{\theta(t-1)}$$

方程集中在方位角θ上,俯仰角不会导致速度分解成两个主要分量,包括沿Z轴垂直方向和沿Z轴水平方向。上面最后一个方程允许无人机角度与速度/角速度方程具有类似的可变性。

除关注速度、角速度和俯仰角几个变量之外,其他变量将在下面详述。转弯半径r等于垂直速度与角速度之比。更新动态变量时,通过在每个状态之间花费时间可确定转弯持续时间τ。具体值取决于平均转弯持续时间变量λ,λ较大值表示较长的转弯和圆周运动,较小值表示动态变量的快速变化。转角$\alpha(t)$为角速度的导数,运动方向$\phi(t)$由先前的运动方向减去转角得到。

移动性模型的共同关注点在于边界处发生的情况。在机载网络中,由于某些原因,如物理地标或禁飞区人造地标,无人机可能无法进入某个位置。这种限制条件下,移动性模型中应考虑边界效应。处理边界效应的方法为创建一个有效边界区域,列出区域内无人机需减速的物理距离。机载网络接近边界时,根据重定向之前跨越边界时的角度进行顺时针或逆时针旋转。移动性模型中通常使用随机变量进行性能评估,Anjum和Wang等介绍了评估网络性能所需的随机变量[4]。

6.4.3 仿真分析

上述变量定义基础上,结合9种不同案例对单一环境下移动策略开展性能评估。案例遍历探索了多种情况,通过改变上述变量验证移动策略的灵活性。表6.2描述了每种情况对应所做更改。作为案例,仿真1和仿真2的不同之处是角速度及其方差参数的变化,仿真7与仿真9的不同之处是移动性模型高斯—马尔可夫系数的变化。此外,测试相关用例仅在下面变量方面有微小变化。大多数实验的飞行速度约为100m/s,角速度约为0.001rad/s,节距约为0,速度方差约为1,角速度方差约为0.01,平均转弯持续时间为1~10s,高斯—马尔可夫参数约为0.7。

表 6.2 独立于应用的测试用例小结

用例编号	概述	结果
1	通用模型的基本测试案例	轨迹相当笔直，在转折点有轻微的曲线
2	案例 1 基础上角速度增加	急转弯时轨迹更加不稳定
3	案例 2 基础上角速度增加	轨迹与中心路径偏差不大，类似案例 2
4	较前面测试，平均转弯持续时间增加	轨迹有更平滑的转弯且更圆
5	平均转弯持续时间减少，角速度降低，俯仰角增加	与案例 3 轨迹相似，但具有更大的非圆形环路
6	案例 5 基础上平均转弯持续时间减少	轨迹比案例 5 更直，循环次数更少
7	当概率系数为 1 时即受控情况的测试	轨迹是一系列与俯仰角成正比下降的对称环
8	角速度的均值和方差可忽略不计	轨迹由与俯仰角成比例下降的直线路径支配
9	当概率系数为 0 时即随机情况下的测试	轨迹是随机的，且没有明确路径

通过测试用例仿真，演示特定的移动性模型及其相关特征，具体描述如下。

仿真 1 显示了一个相当简单的飞行计划，由于俯仰角的方差等于 0.01rad，在垂直方向上有明显变化。仿真 2 角速度从 0.0002rad/s 变化到 0.001rad/s，角速度方差从 0.00001rad/s 变化到 0.01rad/s。这些改变可模拟一条转弯更急、非直线的飞行路线。与仿真 2 相比，仿真 3 的角速度增加到 0.01rad/s，最明显变化是较少的无人机环路。与仿真 3 的 5s 相比，仿真 4 的平均转弯持续时间增加至 100s。时间增加使得模型时间周期和恒定的半径更长，导致更多的圆形飞行路径。仿真 5 与前一次仿真相比有许多变化，平均转弯持续时间减少到 10s，角速度减少到 0.001rad/s，俯仰角增加到 0.1rad。这些变化都导致飞行路径上产生更大的环路，且对应循环路径更少。

仿真 6 将平均转弯持续时间从上一组改变到 1s，且主要变化通过更直的运动路径详细描述。仿真 7 通过将系数增加到 1 评估高斯—马尔可夫系数对移动性作用影响，以消除随机性影响。当系数设置为 1 时，速度、角速度和俯仰角恒定，运动类似于在 Z 方向上减小的螺旋。仿真 8 将角速度及其方差减小到可忽略值，平均转弯持续时间设置为 10s，系数返回至 0.7。

仿真 9 将角速度、方差和平均转弯持续时间设置为仿真 7 的参数，高斯—马尔可夫系数改变为 0。通过设置系数为 0，创建了一个完全随机系统，导致移动路径不是直的或圆形的，具有随机性。

6.5 本章小结

本章分析评估了 3 种不同应用模型,即侦察、搜索和救援,模型独立于应用。针对前两个应用模型提出了多种路由方法,比较主要性能并描述了移动策略。通过独立于应用设计,形成了通用灵活的移动性模型策略,可生成大量变量,面向一系列不同应用进行建模。在每节中,都为性能评估制定了合理标准,并与先前提出的移动性模型所依据的策略进行比较,有明显改进。对 9 个不同案例的仿真测试结果表明,独立于应用的移动性模型具有灵活性,可以从大量潜在应用中结合需求进行定制。

参考文献

[1] E. Falomir, S. Chaumette, and G. Guerrini, "Mobility strategies based on virtual forces for swarms of autonomous UAVs in constrained environments," 14*th International Conference on Informatics in Control*, Automation and Robotics, 2017.

[2] E. Kuiper and S. Nadjm-Tehrani, "Mobility models for UAV group reconnaissance applications," 2006 *International Conference on Wireless Mobile Communications*, IEEE, pp. 33, 2006.

[3] S. Das, Y. C. Hu, C. S. G. Lee, and Y.-H. Lu, "Mobility-aware ad hoc routing protocols for networking mobile robot teams," *Journal of Communications and Networks*, vol. 7, pp. 296-311, 2007.

[4] N. Anjum and H. Wang, "Mobility modeling and stochastic property analysis of airborne network," *IEEE Transactions on Wireless Communication*, vol. 7, no. 3, pp. 1282-1294, 2020.

第 7 章

无人机网络路由拓扑骨架提取

7.1 引 言

无人机网络依赖一种有效的路由方案形成网络化集群。路由方案可使无人机节点之间有效交换节点配置文件信息,包括移动速度、位置和服务质量要求等,加快构建集群。为降低无人机网络的通信复杂性,需要设计动态分层的路由方案。分层路由是一种经典的路由,其目标是管理大规模无人机网络,减少每个节点的路由表大小。首先根据节点接近度和任务同步等标准将节点划分为不同的组。路由过程通过查找 ID 对所有组进行遍历,而不是遍历每个单独节点。

因特网路由是以分层形式构建的,图 7.1 展示了多层因特网网络结构。网络中用户首先根据物理位置或网络链路状态分为不同的自治域,不同自治域通过骨干网连接。如图 7.1 中粗线所示,自治域内节点可共享上层骨干网。路由可分为区域内路由、区域间路由和自治域间路由 3 种形式,分别负责在同一区域内、从一个区域到主干网以及在不同自治域之间(通过主干网)传输数据包。这种分层结构对使用电缆或光纤链路的有线互联网具有显著效果。但是由于主干网络难以确定,不能直接用于无人机网络构建。

为了在无人机网络中进行层次化结构的构建,需要先确定无人机网络的骨干网。骨干网反映整个无人机集群的近似形状与轮廓。从几何角度看,骨干通常位于网络的核心区域,具有最稳定的路由拓扑中轴。换句话说,集群过程中,位于架构中轴的节点不像边缘区域节点剧烈移动。因此,可以利用中轴节点建立无人机网络的虚拟骨干网,形成分层的路由拓扑。

图 7.2 描述了无人机分层路由的一般形式。一级路由器为位于主干部分的

无人机节点,二级路由器为位于支干部分的无人机节点,其他节点利用二级路由器搜索一级路由器。这种多层路由结构下通过搜索部分骨干无人机可以确定路由线路。

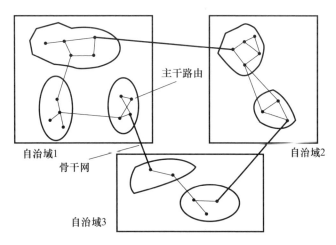

图 7.1　骨架与自治域的互联网分层架构图

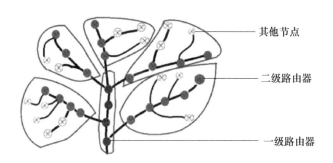

图 7.2　分层结构无人机网络

本章目标建立无人机虚拟骨干网。具体步骤包括:①基于计算机图形学原理,完成生成主干/支干骨架结构的过程;②给出关于分层路由构建细节,与传统 Ad hoc 路由协议(如 OLSR 协议)进行性能比较;③对物理层和媒体访问控制(medium access control,MAC)层协议进行进一步分析。

7.2　无人机骨架与分割

本节首先描述使用计算机图形学算法划分网络边界,使用边界信息确定位于相邻群区域之间过渡区域的关节位置,数据传输过程中这些节点通常对应流量瓶颈的位置。边界和关节位置可用于发现整个网络的骨架。可在这些骨架位置创建虚拟主干,形成主干/分支结构,为中继/分支节点分配不同级别的路由器。

7.2.1 边界确认

为确定整个网络的框架,首先确定三维网络中边界节点的坐标。由于关节和骨骼检测算法依赖三维坐标信息,需要基于三维曲面中边界节点确定整个形状的中轴,边界节点为位于网络表面或孔周围的节点[1]。使用周围节点密度信息进行边界检测。节点 n 通过发送广播消息以检测邻居节点的跳数和 ID,接收节点对消息做出响应。图 7.3 描述了这种方法,即周围有足够邻居的节点 A 不作为边界节点。相比之下,节点 B 属于边界节点。节点之间的通信距离可能影响边界检测的结果[2]。相比通信距离远的网络,通信距离较小的网络边界检测更加困难。

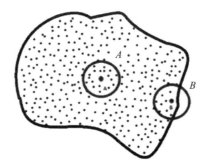

图 7.3　无线传感器网络边界检测

7.2.2 确认表面节点的坐标

由于目标无人机网络可能没有全球定位系统(global positioning system,GPS),因此只能找到各边界节点的近似相对坐标。由于两个节点之间实际距离通常通过最短路径估计获得,两个相邻传感器之间的欧几里得距离可通过接收信号强度或到达时间差测量得到[3]。二维网络中可以通过如三角测量等几何学方法估计各节点的近似相对坐标。GPS 也可使用该理论方法计算坐标,或使用卫星信号精确测量距离。

三角测量是使用角度或距离信息的主要位置测量方法,在三维空间场景中可能导致结果不唯一问题,如图 7.4(a)所示。可以通过基于 4 个节点的计算方法扩展三边测量方法,用 4 个邻居节点与未知节点间的相对距离估计未知节点位置,如图 7.4(b)所示。大多数情况下四点计算方法可获得唯一解。考虑到实际网络的复杂性,使用信号强度检测方法和到达时间差法存在较大距离估计误差。估计得到的三维网络表面距离可能不是欧几里得距离而是沿表面距离,给定节点之间的表面距离不能唯一确定三维空间。图 7.5 描述了给定表面距离信息的三维空间系统,具有多种可能的形状。为解决上述问题并减少定位误差,利用气压计算得到无人机高度信息,使用分割-缝合理论对节点坐标进行估计。分割-缝合理论将表面网络分为多段,计算每段中节点的坐标。通过将每段组合起来,可获得错误率相对较低的估计值。这种表面网络定位方法的实现细节及其性能结果可参考文献[3]。

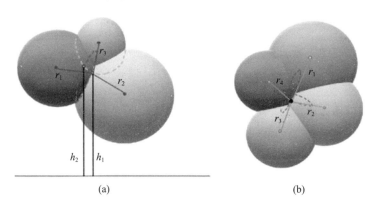

图 7.4 三维空间生成的两种解决方案

图 7.5 表面距离检测的三维表面示意图

7.2.3 主干与支干识别

使用分割-缝合理论可以确定无人机网络的边界节点,构成表面网络并获得边界节点坐标。如图 7.6 所示,可以确定一些节点位置。例如,设置节点 1 为虚拟源节点,坐标为 $(0,0,h_1)$,以其作为参考,节点 N 的相对位置表示为 (x_n,y_n,h_n)。利用图 7.6 中的坐标信息可以确定无人机网络的骨架。例如,在图 7.6 中两个相连的循环构成了网络骨架。对于移动自组织网络,如无人机网络,计算时间格外重要,已设计了快速的骨架处理算法。L1-点云的内侧骨架能够容忍位置测量噪声、异常值和大面积缺失数据,而且计算速度快[4]。算法从给定的原始数据中随机采样一组点,获得曲面节点的位置信息。接着对所有点进行迭代投影,重新分布到其局部邻域内输入点的中心,邻域大小相应逐渐增加。最后可生成连接良好的骨架。图 7.7 描述了使用此方法识别 8 号骨架,通过中间骨架,可得到路由拓扑的大体结构。

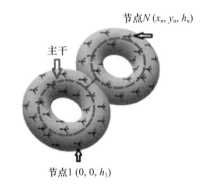

图 7.6 地面节点坐标确定的无人机网络

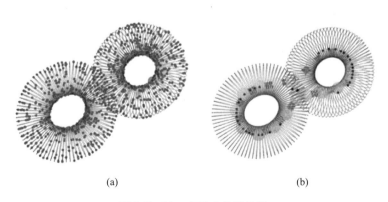

(a)   (b)

图 7.7 L1-点云中位数骨架

7.2.4 技术瓶颈

确定骨干网节点后,下一步是确认节点中哪部分属于核心骨干,哪些节点属于分支骨干以及关节位置等。在没有关节或瓶颈位置节点信息情况下,无人机集群的机动性控制仍很困难。

使用两种方法解决这个问题,通过具体的骨架定位和利用内射半径的方法找到瓶颈节点。第一种方法是通过追踪骨架的角度变化梯度寻找瓶颈节点。图 7.8 描述了该方法的基本思想。在 A 点,样本距离间隔下角度变化从 $0°$ 增加到约 $90°$。从角度变化梯度看,A 点通常应为瓶颈节点或关节节点。同样地,B 点也为关节节点。但是,仅使用角度变化率判断瓶颈节点的方法存在较大限制,只能提供相应节点的粗略信息。图 7.9 描述了一个很好例子,骨架的角度始终保持为 0,角度梯度相应也保持为 0。由于左侧和右侧之间显然存在瓶颈,A 点应为关节节点。

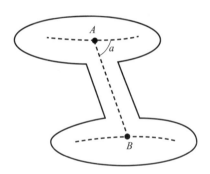

图 7.8 基于骨架角度变化梯度的瓶颈检测

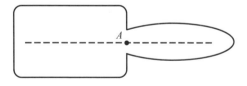

图 7.9 骨架角度变化梯度的限制

使用另一种瓶颈检测方法可以解决该问题。该方法使用单射半径寻找瓶颈节点,由网络边界上的单独传感器计算,测量相应边界区域的狭窄程度[5]。因此,该方法对于特定瓶颈节点的位置检测具有优势。还有一些其他方法可用于寻找瓶颈节点或关节节点。

7.3 基于骨架的路由

在检测主干和分支后,可以使用骨架信息进行无人机网络通信,使用路由方案选择一条端到端的路径,将数据包从一端传输到另一端。

7.3.1 拨号电话系统和异构路由

拨号电话系统使用了中继/分支的方法,利用不同级别交换机实现节点之间的高速通信。图 7.10 描述了典型拨号电话系统的结构。根据区域位置,拨号电话系统可以分为本地访问与传输区域。每个区域内都终端局、网络交换点、汇接电话所和内部交换载波。它们的行为就像从低电平到高电平的开关。

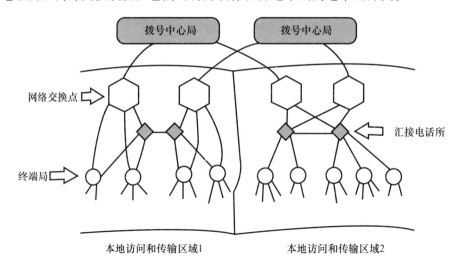

图 7.10 拨号电话系统

例如,属于同一端局区域的节点之间可以通信,属于不同传输区域的节点需要通过同一端局设施进行通信。将这种思想扩展到无人机网络,与拨号电话系统一样,可以制定分级接入点路由协议,如图 7.11 所示。网络骨架节点作为第一级接入点,瓶颈节点作为第二级接入点。属于同一接入点区域的无人机节点可通过同一接入点相互通信。在一个区域或区段内,第一级接入点构成一条环路或连续线路。因此,连接的通信框架可以成为系统的主干。数据包通过一级接入点链路进行传输。此外,当属于不同区域的无人机进行相互通信时,第一级接入点中的数据包可以上传或下载到第二级接入点,或者从第二级接入点下载。

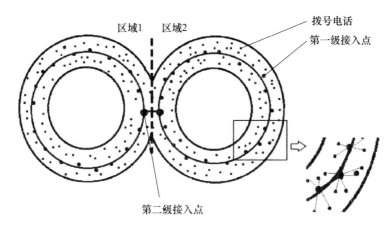

图 7.11 无人机通信路由

如 7.1 节提到的,无人机路由算法是一种将节点分组的分层路由方法,最初用于广播路由。图 7.12 展示了通用无人机网络的分层路由场景。节点被分成若干组,如图 7.12(a)所示。

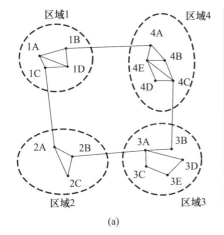

1A路由总表		
目的地	路线	跳数
1A	-	-
1B	1B	1
1C	1C	1
1D	1D	1
2A	1C	2
2B	1C	3
2C	1C	3
3A	1C	4
3B	1C	5
3C	1C	5
3D	1C	6
3E	1C	5
4A	1B	2
4B	1B	3
4C	1B	4
4D	1B	4
4E	1B	3

1A分层路由表		
目的地	路线	跳数
1A	-	-
1B	1B	1
1C	1C	1
1D	1D	1
2	1C	2
3	1C	4
4	1B	2

(a) (b) (c)

图 7.12 分层路由示意图

如果不使用分层路由,各节点存储的路由表将非常庞大。相比之下,采用分层路由方法,路由表只需对应一个组号。对于大型无人机网络,应将节点分组并使节点地址信息中包含所在区域区号。例如,左侧区域 1 的所有节点地址都以 1 开头,区域 2 所有节点的地址都以 2 开头。此外,节点不需要知道自身到其余节点的详细路由路径,只需知道数据包需要发送到哪个子组。因为需要知道节点在哪个子组内,节点前需加上所属组号。在拓扑变化情况下,仅存储路由表大小有所减少,交互信息量保持不变。子组内,数据包通过地址字段中的详细信息找到其最终目的地。因此,分层路由方案可减少路由表容量,并提高路由表计算速度。

一个无人机网络需要划分的层级数量取决于网络中节点数。Kamoun 和 Kleinrock 发现,包含 N 个路由器的网络最佳级数为 $\ln N$,所有路由器共需要处理 $e\ln N$ 个路由条目[6]。路由器或接入点的总层数由节点数 N 确定。但是无人机网络中节点可能会有很大差异,现实情况下还可能受到无人机功耗、计算速度和通信能力限制。

7.3.2 现有自组网路由协议比较

关于 MANET 路由协议的研究已经持续几十年,无人机网络被视为一种特殊类型的 MANET。这种类型的网络中,无人机节点可充当路由器或主机。路由拓扑可以快速改变,已有多种路由算法用于 MANET 网络,如 AODV 协议和 OLSR 协议[7-8]。

AODV 路由算法假设每个节点都能够与其通信距离内邻居通信。图 7.13(a)给出了 AODV 路由的简单示例。假设节点 1 需要与节点 9 通信,节点 1 向其邻居节点 2、3 和 4 广播路由请求 RREQ 包,如图 7.13(b)所示。使用 RREQ 包中序列号,节点可避免重复的请求数据包并继续广播请求,如图 7.13(c),直至到达目的地,如图 7.13(d)所示。随后节点 9 通过其先前路径将 ROUTE REPLY 包发送回节点 1,每当回复数据包通过中间节点时,RREP 跳数递增。通过比较不同路径,发送节点找到最优路由路径。例如,可选路径为以下 4 种情况之一,即 1—3—5—9、1—3—6—9、1—2—5—9 或 1—4—7—9。所有 4 种可能情况都通过 4 跳完成端到端路由。为维护其路由表并确保路径可用,节点定期发送 HELLO 数据包确保邻居处于活动状态。此外,由于所有信息全部存储在节点中,路由路径可以被其他节点重复使用。当节点 2 需向节点 9 发送信息时,节点 2 会发送 RREQ 包至节点 1、3 和 5,基于到达节点 9 的已知路由路径,3 个节点立即向节点 2 回复消息。

AODV 及其他路由算法可能创建大量泛洪消息,包括 HELLO 包和 RREQ 包等。这些泛洪消息会降低路由效率,导致更大延时和协议开销。还需要考虑协议的收敛速度、路由表大小等其他要素。OLSR 协议是提高路由效率和收敛速度的有效方案[9],该协议针对每条链路选择特定路由器执行泛洪。OLSR 的核心思路是利用多中继节点(multiple point relaying,MPR)。在前面 AODV 协议的案例中,节点 1 向邻居广播 REQUEST 消息。相比之下,OLSR 只允许节点 1 向选定的 MPR 发送请求,减少广播时间和重复数据包数量。图 7.14 描述了 OLSR 协议广播的主要思路,使用这种改进的路由协议可减少寻找路由路径所需时间。此外还考虑了网络覆盖或可到达的节点数量,但也忽略了路由路径质量。例如,两个节点之间可直接相互通信,OLSR 协议下需要使用中间节点。

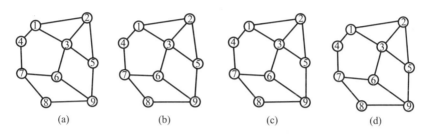

图 7.13　基本 AODV 路由策略的 RREQ 泛洪时序图

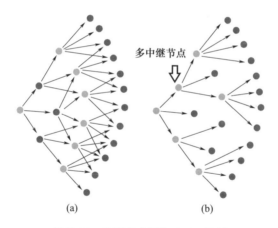

图 7.14　纯消息广播与 OLSR 协议

7.3.3　无人机网络动态路由

前面章节描述了异构路由的构建,这类路由无法很好地匹配网络的移动性。为在无人机网络拓扑快速变化条件下使用异构路由,需要提出主干节点的快速检测算法,创新设计动态分层的路由协议。这种情况下,广播过程根据移动性周期发生。当无人机节点明显移动或到达一定时限时,新的链路状态会广播至周围节点。这些广播信息只广播至此无人机的周围邻居节点,骨干网路由不一定会发生变化。图 7.15 描述了动态分层路由中的一些案例。图 7.15(a)表示从 a 点到 b 点的节点运动,骨干路由节点保持不变。图 7.15(b)中骨干路由器 C 移动到 C' 位置,节点需要重新计算路由。图 7.15(c)中节点位置发生连续变化,导致主干结构发生变化。触发事件如表 7.1 所示。需要指出,不是所有活动都会触发状态广播,实际应用中可在表中添加更多触发事件,但应尽可能避免广播,使得无人机通信系统节省信息获取过程的能量消耗。自组织网络路由协议存在一些缺点,当数百架无人机使用 AODV 协议时,可能导致广播信息占用大量链路带宽。OLSR 协议可解决开销问题,但由于使用特定的中继节点,导致路由路径质量下降。此外,作为经过修改的分层路由,拨号电话系统不适用于无人机网络节点快速移动的应用场景。

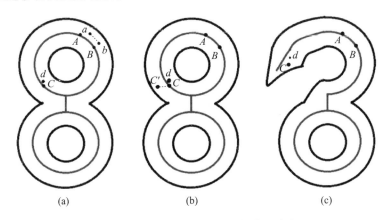

图 7.15 移动事件驱动的动态分层路由

表 7.1 动态分层路由的触发事件

触发事件	标志	活动	结果
局域网共享定时器	时间到	控制局域网消息流动	本地路由表更新
一般节点运动	大于阈值	控制局域网消息流动	本地路由表更新
1 级主干定时器	时间到	控制主干网消息流动	主干节点路由表更新
1 级主干网运动	大于阈值	控制全网消息流动	重建整网路由表
2 级主干定时器	时间到	控制全网消息流动	重建整网路由表
2 级主干网运动	大于阈值	控制全网消息流动	重建整网路由表
1 级主干信标应答	丢失	控制全网消息流动	重建整网路由表
2 级主干信标	丢失	控制全网消息流动	重建整网路由表
1 级主干信标	丢失	控制局域网消息流动	重建整网路由表

7.4 低层协议设计

在无人机网络的网络层路由策略基础上,对 MAC 层与物理层进行简要讨论。

7.4.1 多用户 MIMO

考虑新天线或其他物理层组件,通常天线技术包括 4 种模式,即单输入单输出、单输入多输出、多输入单输出和多输入多输出(multiple input multiple output, MIMO)。为使无人机通过同一信道同时接收或发送数据,位于骨干网的无人机可配备多输入多输出天线。MIMO 技术通常与高吞吐量传输的正交频分复用或正交频分多址技术同时使用。

虽然许多路由器使用 MIMO 技术,但是通常一次仅与一台设备通信,这些路由器是单用户 MIMO 设备。用户轮流接收接入点数据导致数据包等待很长时间。为提高数据速率并减少等待时间,可以使用多用户多输入多输出技术进行通信,这对于具有大量接收器的复杂网络至关重要,可大幅减少数据包等待时间。未来的 IEEE 802.11ax 和 802.11ay 标准将有针对 MIMO 和波束赋形技术的专门设计。

7.4.2 下一代 802.11ax 物理层和数据链路层协议

宽腾达公司于 2011 年推出上一代 IEEE 802.11ac 设备[10]。采用 MIMO 正交频分复用和 256-QAM 调制方式,理论速率可达 2.34Gb/s。下一代协议 802.11ax 于 2019 年推出,使用 1024-QAM 调制方式,与 802.11ac 协议相比速率提高 37%[11]。

IEEE 802.11ax 协议使用空间和时间两个维度区分用户信号,IEEE 802.11ax 协议增加了频率维度,将信道分成更多单元。总体上看,两种协议都使用增强型分布式信道接入。空间域方面 MIMO 技术将空间划分为多个单元,频域方面正交频分复用接入使用频分生成更多带宽和时隙。

7.5 本章小结

Ad hoc 网络已用于军事与应急等领域,通常不具有诸如骨干网和多级路由等明确的通信结构。本章首先提出基于无人机集群形状的骨架提取方法,构建虚拟网络骨干,设计了类似因特网的分层路由方法。该方法在重要移动事件发生时更新路由表。考虑到更新过程不需要对整个网络进行广播,动态分层路由方法可减少路由表容量,提高目的地址查找速度,并减少协议开销。

参考文献

[1] I. M. Khan, N. Jabeur, and S. Zeadally, "Hop – based approach for holes and boundary detection in wireless sensor networks," *IET Wireless Sensor Systems*, vol. 2, pp. 328 – 337, 2012.

[2] G. Tyagi, S. Shukla, and R. Matam, "Local connectivity based boundary detection in wireless sensor networks," *2016 IEEE International Conference on Internet of Things（iThings）*, 2016.

[3] Y. Zhao, H. Wu, M. Jin, Y. Yang, H. Zhou, and S. Xia. Cut – and – sew: a distributed autonomous localization algorithm for 3D surface wireless sensor networks, *2 Proceedings of the Fourteenth ACM International Symposium on Mobile Ad Hoc Networking and Computing（MobiHoc'13）*, ACM, pp. 69 – 78, 2013.

[4] H. Huang, S. Wu, D. Cohen – Or, M. Gong, H. Zhang, G. Li, and B. Chen, "L1 – medial skeleton of point cloud," ACM *Transactions on Graphics*, vol. 32, no. 4, 2013.

[5] H. Zhou, N. Ding, M. Jin, S. Xia, and H. Wu, "Distributed algorithms for bottleneck identification and segmentation in 3D wireless sensor networks," *2011 8th Annual IEEE Communications Society Conference on Sensor, Mesh and Ad Hoc Communications and Networks*, pp. 494 – 502, 2011.

[6] F. Kamoun and L. Kleinrock. "Stochastic performance evaluation of hierarchical routing for large networks," *Computer Networks*, vol. 3, pp. 337 – 353, 1979.

[7] C. E. Perkins and E. M. Royer, "Ad – hoc on – demand distance vector routing," *Proceedings WMCSA'99, Second IEEE Workshop on Mobile Computing Systems and Applications*, pp. 90 – 100, 1999.

[8] P. Jacquet, P. Muhlethaler, T. Clausen, A. Laouiti, A. Qayyum, and L. Viennot, "Optimized link state routing protocol for ad hoc networks," *Proceedings IEEE International Multi Topic Conference, 2001. IEEE INMIC 2001. Technology for the 21st Century*, pp. 62 – 68, 2001.

[9] Linksys, "What is MU – MIMO and why do you need it," https://www.linksys.com/us/r/resource – center/what – is – mu – mimo/.

[10] Wikipedia, "IEEE 802.11ac," https://zh.wikipedia.org/wiki/IEEE_802.11ac.

[11] Wikipedia, "IEEE 802.11ax," https://en.wikipedia.org/wiki/IEEE_802.11ax.

第8章

三维无人机集群网络路由

8.1 引 言

无人机集群的环境监视应用近期持续增长,三维环境下无人机网络高效通信技术的发展需求愈发迫切。为应对其复杂性,传统二维通信网络的管理方法,如拓扑控制、节点定位、电源管理和网络路由等,需要进行重新设计。自组织网络路由协议通常应用于无人机网络及其他移动系统,适用于缺乏固定基础设施的组网环境。相似地,作为特殊类型的自组织网络,传感器网络通常应用于广域复杂空间,如空中、海洋和太空环境等,以及灾难救助、地形测绘、空间探索、物联网和海底监测等一些关键应用[1]。图8.1描述了移动节点、地理障碍和水声链路的三维网络典型案例。上述应用的网络复杂性、稀疏性及其规模需要先进的三维网络协议。本章重点介绍三维网络路由的技术进展。

移动自组织网络通常存在两种类型的路由协议,包括基于拓扑的路由协议和基于位置的路由协议[2]。基于拓扑的路由协议使用无线网络中的射频链路信息转发业务包,具体可分为主动式路由和被动式路由两种。主动式路由建立最短或最高效的路由路径,并保存在路由表中。但对于大型和不稳定网络,尽管开展了大量紧密路由方法研究,创建存储路由表仍然不可行。相比之下,被动式路由仅在新的路由请求到来时使用泛洪消息确定路由策略。被动路由方案不维护路由路径,因此减少了协议开销。但是由于路径按需构建,建立端到端的首条路径时通信传输可能存在很大时延。另外,目前常用的自组织网络路由协议是基于位置信息的路由策略,也称为基于地理信息或位置的路由。在基于地理信息的路由中,路由请求消息发送至目的节点的相近地理位置节点。各节点通过全球定位系统获得自身地理位置信息以及与其距离最近节点的位置信息。通过这种方式,节点可在网络结构未知条件下发送消息。

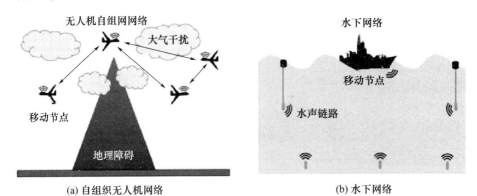

(a) 自组织无人机网络   (b) 水下网络

图 8.1　三维网络

基于地理信息的路由不存储状态信息,具有无记忆性和局部性,降低了路由开销。仅基于节点的本地信息即可完成消息传输[3]。具体地,通过消息转发模式,如贪婪算法[4],由发送节点传输至与目的地最近的邻居节点,如图 8.2(a)所示。

通过上述方式,路由搜索信息时常陷入局部最小值点,如图 8.2(b)所示。这种情况下,相比节点自身,节点可达邻居节点的位置距离目的节点更远。稀疏网络中局部最小值点问题很普遍,成为大规模无人机网络设计需要解决的问题。基于位置的三维路由方法的最大挑战是设计恢复策略以避免陷入局部最小值点。

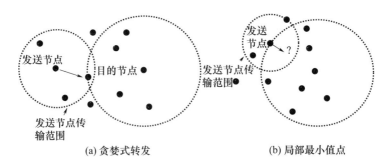

(a) 贪婪式转发   (b) 局部最小值点

图 8.2　贪婪式转发(发送者将路由请求消息发送至通信距离内目的地最近节点)与局部最小值点(发送者距离目的节点更近,使其不进行贪婪转发)

二维路由可以利用面路由策略可靠避免陷入局部最小值点。但由于三维路由中包围局部最小值点的面为二维平面,该策略并不适用[5]。另外,相比二维网络,三维网络路由算法更易陷入局部最小值点。为将消息由发送节点传输至目的节点,需要使用转发策略进行传输,直至陷入局部最小值点,并使用恢复算法使路由返回正常转发状态。上述过程如图8.3所示。

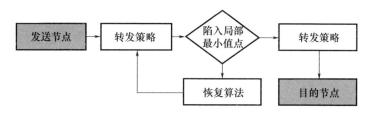

图8.3　三维地理信息路由策略的流程图

为避免数据包陷入局部最小值点,需要对路由算法进一步研究。首先分析三维无线网络的覆盖范围,包括单位球图(unit ball graph,UBG)、k - local 路由[6]、截断八面体[7]、组合体[8]和嵌套无线环[9]等,实现整个网络区域覆盖。接着使用基于距离[10-12]和基于拥塞状态的转发方法[13-15],最后使用包含恢复方法的协议[3,16-17]。

8.2　三维无人机网络覆盖

为完成无人机网络路由,需要以合适方式部署节点以建立可选路由路径。路径不能过于稀疏,对大型动态三维网络来说,节点的部署策略至关重要。此外,无人机网络几何形状的控制是提高三维路由性能的常见方式[17]。

8.2.1　三维网络图

一些现有的二维网络图相关技术已被扩展至三维网络设计中。例如,三维空间的单位球图被视为二维平面单位圆盘图(unit disk graph,UDG)的替换。如图8.4(a)所示,UDG是在二维平面上相互交叠的单位圆,通常应用于二维自组网设计[6]。在UDG中,若节点u位于以节点v为圆心的单位圆盘内,节点u与节点v视为连通。同样地,若节点u在以节点v为球心、半径为1的单位球体内,节点u与节点v通过边相连通,如图8.4(b)所示。其余三维网络图将在8.3节和8.4节中进行详细描述,如德洛内三角剖分方法和树类路由方法[10-11,16-17],其中UBG更适合三维网络的基础分析。

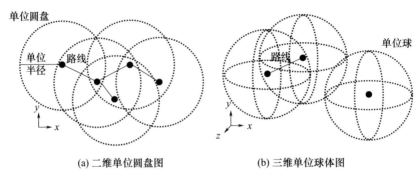

图8.4 二维单位圆盘图与三维单位球体图

Durocher等提出了一种基于UBG的三维网络k-local路由方案[6]。基于地理信息路由方面,各节点仅拥有与自身相邻部分节点的k-local信息,其中k表示相邻节点的度数。当$k=1$时,节点仅保存一跳范围内邻居节点的信息。研究证明,在三维空间内的平面P_1和P_2中的UBG可转换为伪单位圆盘图,通过将UBG中节点向平面投影,对不规则传输区域的节点进行建模。此外,对于上面空间区域内的所有有限集合P,存在UBG(P)的2-local路由算法。但是,当平面P_1和P_2之间距离大于$\sqrt{2}$时,不存在k-local算法保证在所有UBG中可靠数据传输。Durocher研究指出,三维自组织网络UBG模型下没有k-local算法可保证100%数据传输成功率。

8.2.2 三维网络分区策略

尽管使用UBG模型可对三维网络进行简单建模,需要对三维网络分区,以确定节点的理想部署位置和可能的路由方案。文献[7]提出了一种基于最小节点数的三维空间泰森多边形镶嵌布置方案,可实现100%的感知覆盖。在这种方案中节点c的泰森多边形蜂窝为包含邻居节点的一个凸多面体。这种多面体对空间的划分使用一种泰森多边形镶嵌方法,用于寻找最优形状实现三维空间的有效填充。

空间填充结构由等周熵定义,可计算为

$$IQ = 36\pi V^2/S^3$$

式中:V为体积;S为结构的表面。等周熵取值在(0,1]区间中,一个球体的最大等周熵值为1。

使用泰森多边形镶嵌对体心立方结构进行填充的结果为一个截断的十四面体

空间,如图8.5(a)所示,该结构的体积系数为0.68,表示多面体体积与多面体外接圆体积的比值[7]。当网络节点数增多时,可按照图8.5(b)所描述方式进行扩展。

(a) 截断的十四面体　　　　(b) 十四面体网络

图8.5　截断的十四面体与十四面体网格

实际情况下覆盖整个三维网络需要大量节点。文献[8]提出了一种基于组合信标或单独信标的节点数上下界计算方法。信标节点是在几何形状中吸引其他节点的节点类型,其余所有节点均朝信标节点移动以缩小自身与信标节点之间的距离。为获得可覆盖指定区域的三维网络所需节点数上下界,多边形 P 被分割为 m 个四面体,表示为 $\Sigma = \{\sigma_1, \sigma_2, \ldots, \sigma_m\}$。对于任意 n,存在顶点数 $\Theta(n)$ 的多面体 P,至少需要 $\Omega(n^2)$ 个四面体对其进行分割。通过使用 $O(n^2)$ 个斯坦纳点可将多面体 P 三角网剖分为 $O(n^2)$ 个四面体。可以证明存在以下定理。

定理8.1. 给定任意一个被分割成四面体几何的多面体 P,Σ 表示分割方式,满足 $m = |\Sigma|$。部署 $\left[\dfrac{m+1}{3}\right]$ 个信标节点是实现空间 P 内任意两个点之间数据可路由的充分条件,有时为必要条件。

一种特殊的情况是对于 c 角螺旋多面体 P,需要 c 个信标实现任意两点之间数据可达。

8.2.3　三维网络实现

复杂三维网络的一个典型实例是称为钻石的网络架构[9],使用无线环表示数据中心网络。在数据中心网络中,无线电位于支架顶部,在二维平面网络上运行。为减少密集网络的电磁干扰,钻石架构使用环反射空间将网络扩展至三维,构建了一张有线和无线相结合的混合网络,两个相邻环 R_i 和 R_{i+1} 的物理距离为环反射空间宽度 Δ_i,具有如下性质:

$$\lim_{i \to \infty} \Delta_i = 2L/\pi$$

式中 L 为反射器长度，等于支架高度。当环数量增加时，环反射空间宽度趋于稳定，钻石架构也具有稳定性。数据中心网络中的服务器有 3 种选项，即有线、无线、混合。通过 60GHz 的测试平台测试，上述网络架构运行良好。

8.3 数据转发方法

当网络被分割且最大节点部署位置已经确定时，可以执行路由方案以建立端到端的数据转发路径。在基于地理位置的路由中，基于节点的本地信息，数据包从源到目的节点经过多个中继节点逐跳转发。下一跳节点是基于当前节点并由数据传输方法决定的。数据转发方法可分为两种：①基于过程的数据转发方法；②基于随机的数据转发方法。基于过程的数据转发方法基于当前节点的邻居信息和一些存储在节点前向转发数据表中的有限信息进行决策。基于随机的数据转发方法根据链路状态、能量消耗状态和地理信息等综合信息对路由进行决策。数据转发方法需考虑的主要参数包括包传输成功率、开销和路径长度。

8.3.1 三维网络中基于过程的数据转发方法

在基于过程的数据转发方法中，数据包从源节点到目的节点，通过将数据转发到距离目的节点更近的节点进行传输。在贪婪算法中，数据包被发送至距离目的节点最近的邻居节点。针对二维、三维及更高维网络的路由协议，文献[10]使用多条德洛内三角分割，提出了保证包传输和低路由路径延伸的路由算法。在该协议中，节点通过使用德洛内三角剖分图进行虚拟连接，该三角剖分图是创建的点的三角剖分，因此没有点位于三角形的外接圆内，允许三角形的最大角度，如图 8.6 所示。

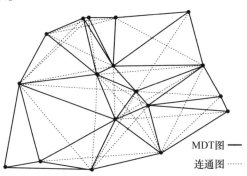

图 8.6　德洛内三角部分图

将德洛内(Delaunay)三角剖分生成的虚拟连接和节点之间的物理连接映射到多跳德洛内三角剖分(multi-hop delaunay triangulation, MDT)图上。为了保证数据传输的虚拟连接，消息通过软状态转发表以贪婪方式通过多跳连接转发。软状态项包括路径的源节点和目标节点，以及该节点在路径中的前后节点。MDT 的准确性定义为

$$A = \frac{N_c(\text{MDT}(S)) - N_w(\text{MDT}(S)) - 2 \cdot N_{np}(\text{MDT}(S))}{2 \cdot N_{edges}(DT(S))}$$

式中：$N_c(\text{MDT}(S))$ 为正确邻居节点数量；$N_w(\text{MDT}(S))$ 为错误邻居节点数量；$N_{edges}(\text{DT}(S))$ 为图 DT(S) 中边的数量；$N_{np}(\text{MDT}(S))$ 为图 DT(S) 中不包含由 S 的多跳 DT 中转发路径的边数量。由定义表达式可知，在节点信息正确的情况下，该算法的准确率可达 100%。

MDT 协议包括用于维护和更改路由的方法，以解决节点缺失和断链问题；还需要节点离开、链路故障等信息以支持节点的多跳转发。研究表明，MDT 协议可确保三维网络业务包的可靠传输，路由伸展系数可逼近 1。但由于所有节点都需要存储 1 跳和 2 跳邻居信息，启用多跳时 MDT 导致各节点存储成本较高。同时，MDT 具有应对动态拓扑变化的弹性，可应用于任意坐标节点。

此外，文献[11]还提出了用于三维环境中地理路由的贪婪表面路由策略。使用三维受限的德洛内三角剖分将三维网络划分为三角形和边，并删除大于单位长度的边和重叠的三角形。三维组件中三角形和孤立边包围区域形成一个表面。除转发消息满足局部最小目标线的情况外，消息将在形成的表面上的节点之间路由。局部极小点 L 的坐标为 (x_l, y_l, z_l)，目标节点 D 的坐标为 (x_d, y_d, z_d)，三维组件 F 的中心节点 C 的坐标为 (x_f, y_f, z_f)。组件 F 的投影点向中心点 C 投影点坐标 $(x_{f'}, y_{f'}, z_{f'})$ 可通过下式获得：

$$(x_d - x_l) \cdot (x_f - x_{f'}) + (y_d - y_l) \cdot (y_f - y_{f'}) + (z_d - z_l) \cdot (z_f - z_{f'}) = 0,$$
$$(x_d - x_l) \cdot (x_f - x_{f'}) = (y_d - y_l) \cdot (y_f - y_{f'}) = (z_d - z_l) \cdot (z_f - z_{f'})$$

点 C 到局部最小目标线的距离 $L_{ff'}$ 为

$$L_{ff'} = \sqrt{(x_f - x_{f'})^2 + (y_f - y_{f'})^2 + (z_f - z_{f'})^2}$$

点 C 到点 D 的距离为

$$L_{df'} = \sqrt{(x_d - x_{f'})^2 + (y_d - y_{f'})^2 + (z_d - z_{f'})^2}$$

消息的表面路由按 4 种模式运行，包括：①FA 模式，消息从局部最小目标线发送，直至到达最远的三维组件；②FW 模式，消息从三维组件的投影点路由到目的地；③CT 模式，消息向目的节点路由，到穿过局部最小目标线为止；④RD 模

式,消息沿三维组件之间的深度搜索过程路由,直至最终离开表面。

此外,由于在稀疏网络中难以形成三角形以及孤立边比例很大,使用基于三维相对邻域图的深度优先搜索方法以确保网络整体连通性和高效率。

文献[11]对三维区域 n 个节点 $(200 < n < 1000)$ 进行了仿真实验,比较了贪婪表面算法、贪婪随机算法、贪婪外壳算法和三维相对邻域图算法中从局部最小值点到目的节点的路径长度。贪婪表面算法的路由路径长度随着网络节点密度和空穴大小增加保持稳定,与贪婪外壳算法性能相当。通过性能比较,在低密度网络中贪婪表面算法和贪婪随机算法性能优于其他两种算法。在高密度网络中,贪婪表面算法优于贪婪外壳算法。在性价比方面,三维相对邻域图算法优化其他算法,对于稀疏网络,贪婪表面算法与贪婪外壳算法性能相近。文献[12]提出了椭球地理贪婪表面三维路由算法。在该路由算法中,消息在次最小椭球贪婪转发。椭球体是使用源节点和目的节点作为长轴端点构造,椭球宽度由形成次最小角距离的相邻节点确定。消息以次最小角度转发到节点 m,角度表示为

$$\angle m_i x d \mid m_i \in N(x), i = 1, 2, \cdots, k$$

式中:$N(x)$ 为节点 x 邻居节点集合。当消息陷入局部最小值点,使用表面算法从局部最小值点逃出。

通过对椭球地理贪婪表面三维路由的算法性能进行评估发现[12],随着平均节点度增加,路由数据包传输成功率可接近 1。同时,与贪婪随机路由相比[3],算法开销大幅减少,只有 50~100 个字节,贪婪随机路由算法约为 200 个字节,平均节点度高于 6。此外,文献[10-12]提出了贪婪转发的代替方案,并在表 8.1 中进行了总结。

表 8.1 基于贪婪转发策略的地理三维路由方案

技术方案	转发策略	恢复策略	性能
Su 等提出的贪婪表面路由策略[11]	贪婪表面路由	局部最小目标线	随着节点密度增加,路径长度保持稳定
Lam 等提出的 MDT[10]	通过存储在节点软状态转发表中的德洛内三角剖分生成的虚拟连接进行贪婪转发	无	满足节点精度要求,可以灵活应对节点流失断链、处理拓扑变化和不准确的坐标问题,转发率 100%
Wang 等提出的椭球地理贪婪表面三维路由算法[12]	次最小椭球内被贪婪转发	无	在协议开销较低的大型网络中传输率接近 100%

8.3.2　三维网络中基于随机的数据转发方法

随机转发方法是基于过程的路由方法的替代方案,主要解决网络能耗高和流量拥塞等问题。由于无人机网络计算资源低且要求能量效率和碰撞规避等特点,该类路由方法十分重要,表 8.2 给出相应总结。

表 8.2　基于随机转发策略的地理三维路由方案

技术方案	应用场景	转发策略	恢复策略	性能
Huang 等提出的能量检测双路径地理路由协议[13]	资源受限网络	可以绕过路由空穴的双路径贪婪转发	随机移动到子目的地的位置	高能量效率、高网络寿命及小于90%传输率
Rubeaai 等提出的包转发区域三维网络实时地理路由协议[14]	时敏应用	使用自适应包转发区域以限制节点向目的方向转发,以减少拥塞	基于包转发区域调整和背压机制的消息重传	端到端低时延以及低丢包率
Gharajeh 提出的基于包转发区域的三维网络实时地理路由协议[15]	资源受限网络	转发策略由基于流量概率的模糊逻辑推理机决定	无	长网络寿命和高传输率

文献[13]提出了一种能量检测双路径地理路由协议,可主动绕过路由空穴节点,适用于包括电池供电节的传感器和地理障碍造成路由空穴的能量受限网络。节点 u 向邻居节点 v 传输数据对应的能量消耗 $c(u,v)$ 定义为

$$c(u,v) = c_1 \cdot d(u,v)^\alpha + c_2 + c_3 \cdot d(u,v)^2$$

式中: $d(u,v)$ 为节点 u 和节点 v 之间的欧几里得距离; α 取决于传输环境对应路径损耗常数;系数 c_1, c_2, c_3 取决于无线设备特征对应的约束条件。该路由协议使用两个节点不重叠的路由列表,根据邻居节点的剩余能量、位置和能量消耗信息并围绕局部最小值点转发数据包。仿真实验表明,该协议可有效降低网络的能耗并延长寿命。对于存在中等大小路由空穴的密集网络,该协议对应包传输成功率高于 90%。由于网络高密度的特点,因此无人机集群网络满足上述要求。

进一步地,文献[14]提出了一种基于包转发区域的三维网络实时地理路由协议,通过检查每个转发节点周围的网络密度,减少冗余数据包传输量、传输冲突和网络拥塞。三维网络实时地理路由协议执行 4 种功能:①位置管理;②转发管理;③局部最小值点逃逸;④泛洪控制。对于第一种功能,节点使用包含发送

和目的节点的包转发区域信息,以单播方式将消息转发至所有节点。接收节点通过判断是否满足下面条件确定自身位于包转发区域中。

$$\theta \leqslant \beta/2$$

式中: β 为圆锥前向角。

θ 可通过求解以下方程得到:

$$\theta = \arccos \frac{SN \cdot SD}{\parallel SN \parallel \parallel SD \parallel}$$

式中: SN 为从发送节点到节点自身的向量; SD 为从发送节点到目的节点的向量; $\parallel \cdot \parallel$ 表示欧几里得向量范数; $SN \cdot SD$ 为点积运算。

满足上述要求的节点为潜在的转发节点,否则该节点将信息储存在无效节点列表中,供局部最小值逃离协议使用。θ 初始值设置为 $360°/\eta_s$,其中 η_s 由 $\rho \times V_s$ 计算得到,V_s 是发送节点周围的球体区域体积。θ 值与网络密度呈反比。

节点基于延时估计值和转发概率确定转发节点。延时估计基于预期的跳数和每跳所需的时间估计得到。当具有最低延时估计值的包转发区域内存在多个节点,使用转发概率值在多个节点中确定一个节点进行转发。转发概率取决于发送节点和邻居节点之间的平均延迟。若存在局部最小值点或流量拥塞等导致初始包转发区域没有可选转发节点,则发送节点在超时后重传消息。相邻节点识别该消息。当消息存储于无效节点列表中,该节点将其 β 值加倍并扩展包转发区域。

为减少重传信息可能造成的泛洪,发送节点再次收到消息后丢弃该消息。通过对三维网络实时地理路由协议仿真评估发现,基于包转发区域的三维网络实时地理路由协议对不同网络密度具有可扩展性。通过忽略包截止时间,该协议可实现100%的包传输成功率。同时对于时敏的无人机网络重要性能指标,如端到端延迟和丢包率等,该协议优于其他算法。

文献[15]提出了基于流量概率的动态三维模糊路由算法,可以延长网络寿命并提高传输成功率。该算法使用逐跳转发方式,基于模糊逻辑和本地信息将消息传输到相邻节点,直至到达目的节点。模糊逻辑与布尔逻辑的主要差别在于其对于"真"有不同程度表示方式,而非仅具有"真"与"假"两种概念,并通过人类直觉做出判决。具体地,将数据输入推理引擎,使用模糊规则库产生输出。模糊集表示不确定量 x 和关系函数 μ 在取值区间 $[0,1]$ 之间的相互关系。论域 U 中模糊集 A 可由一组有序集合表示:

$$A = \{(x, \mu_A(x)) \mid x \in U\}$$

式中: $\mu_A(x)$ 表示 x 在集合 A 的关系函数。所提出的模糊系统基于所有邻近节点

的个数和距离计算传输概率。推理引擎使用玛达尼推理算法,运行规则描述为

$$C' = (A' + B') \circ R = (A' + B') \circ (U_{j=1}^{m} R_j)(A' + B') \circ (U_{j=1}^{m} A_j \times B_j \times C_j)$$

式中:C'为输出参数的隶属度;A'和A'为输入参数的隶属等级;R为模糊函数规则库的层级总数;R_j为模糊规则;A_j、B_j和C_j为输入、输出参数之间的关系函数。基于所提出的模糊关系函数计算传输概率后,消息将转发至传输概率最低的节点,以减少链路的拥塞概率,如图8.7所示。

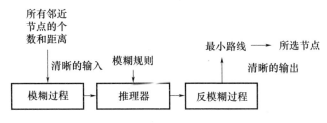

图 8.7 基于模糊逻辑的中继节点选取过程图

为了评估所提出的协议,基于移动网络仿真对动态三维模糊路由算法的网络寿命和包传输成功率性能进行分析。文献[15]结果表明,该算法具有高网络寿命和包传输成功率。

8.4 三维网络路由恢复方法

按照路由方案,节点执行转发方法直至消息被转发至一个局部极小值点,如图8.3所示。此时必须切换至恢复方法将消息转发出去。二维网络中局部最小值点问题通常通过面路由技术解决,消息沿着路由的面或局部最小值点转发至目的地节点。三维网络中空穴可能具有三维结构,相应恢复策略必须适用于三维网络路由。路由恢复方法对比如表8.3所示。

表 8.3 基于恢复策略的地理三维路由策略对比

策略	应用场景	恢复策略	性能
Flury等提出的贪婪随机路由[3]	大型移动自组织传感器网络	随机游走	恢复成本的界限为$O(k^6)$跳,无法保证数据传输
Rubeaai等提出的3DRTGP[14]	空间网络、地面网络和水下网络	壳体路由	低成本,比GRG更高效[3]
Zhou等提出的贪婪分布式生成树路由算法[17]	传感器网络	基于两棵凸包树的树遍历转发模式	随着平均节点度的增加,投递率接近100%

文献[3]分析了基于三维网络拓扑的随机地理路由算法，使用表面贪婪路由算法进行转发，直到消息达到局部最小值点。当消息达到局部最小值点时，使用随机游走进行恢复。文献[6]指出没有任一路由协议可以保证数据包转发路径摆脱局部最小值点，随机游走策略可有效恢复。

对于节点数为 $n=|V|$ 和边数为 $m=|E|$ 的连通图 $G=(V,E)$，可以使用马尔可夫链表示图的随机游走过程，马尔可夫链用于对无记忆的随机过程进行随机变量序列建模。随机游走的另一种表示方法是使用电阻公式，将图的边缘替换为 1Ω 的电阻，通过电网流动分析对随机游走过程进行建模。对于任一图 G，覆盖时间 C_G 表示遍历图中所有节点确定至少一次所需的时间，可看做随机游走模型的上界，可描述为

$$C_G = O(n \cdot m) = O(n^3)$$

此外，对于三维随机路由算法，期望的路由延展至少为一个单位立方体，对应消息转发跳数为 $\Omega(r^3)$。通过分析节点部署在半径为 r 的球体表面且节点距离 >2 的三维图可以证明该结论[3]。这些表面节点定义为

$$S_1 = \{(r \cdot \sin(2i \cdot \arcsin(1/r)), 0, r \cdot \cos(2i \cdot \arcsin(1/r))) \\ | i \in [0, [0.5\pi/\arcsin(1/r)]]\}$$

随后将其他节点添加到集合 S_2 中，可描述为

$$S_2 = \{(x \cdot \sin(2i \cdot \arcsin(1/x)), x \cdot \cos(2i \cdot \arcsin(1/x)), \\ z | i \in [1, \pi/\arcsin(1/x)]\}$$

中间节点也添加到表面节点中，以连接附近表面节点。对于每个表面节点，添加一行节点，共 $[(r-l)/2]$ 个，线上节点间距为 1，连线指向球体中心节点 t。选择任一表面节点 w，并添加线上的更多节点以达到节点 t。每条线上的节点数量记为 $\Theta(r)$，表面节点数量由下式确定。

$$|S_2| \geq 2 \cdot \sum_{i=1}^{\frac{1}{2}[\frac{\pi}{2\arcsin(1/r)}]} r \cdot \sin(2i \cdot \arcsin(1/r)) \geq \sum_{i=1}^{r/2} i = \Theta(r^2)$$

图中节点总数由下式确定。

$$(|S_1| + |S_2|) \cdot \Theta(r) = \Theta(r^3)$$

按照最优算法，消息到达节点 w 前在表面节点间进行路由，随后沿节点 w 的直线传播到达节点 t。由于这条线至多包含 r 个待遍历节点，到达目的节点需要 $O(r)$ 跳。但是，对于基于地理信息的路由算法，节点仅拥有本地信息，在找到节点 w 前，消息沿着朝向节点 w 但并非到达该节点的路径转发，所需探索的路径数为 $\Omega(r^2)$，到达节点 t 需完成 $\Omega(r^3)$ 跳。

本节比较4种随机游走模型的变体,具体如下。

(1)对于以半径 r 的球为限制条件的随机游走模型,恢复成本的上界为 $O(k^6)$ 跳,其中 k 是连接局部最小值点和距离目标最近节点的最短路径长度。

(2)对于活动空间限制在局部最小值点空穴周围节点内的随机游走模型,如二维图面路由,期望的路由延展至少为1个立方体。

(3)对于使用对偶图建模的稀疏子图随机游走模型,覆盖时间上限为 $O(k^6)$,其中 r 是单位正方形内随机部署的2个节点间最大距离。

(4)对于不返回上一个节点的随机游走模型,覆盖时间性能进一步提高。

文献[3]仿真结果表明,由于空穴相互连接且不封闭使得网络大部分区域可创建面,贪婪随机路由变体2算法对应的逃脱局部最小值点前所需访问的节点数量没有减少。算法变体4不能基于变体2实现,算法变体3的实际开销低于算法变体1。对于密集网络,变体2和变体3性能优于泛洪技术。尽管贪婪随机路由算法提供了逃避局部最小值点的有效方法,但不能保证数据传输。此外,该路由算法还依赖于UBG球体模型的假设条件,该假设条件不能准确模拟实际的无线网络。

为解决上述问题,文献[17]提出了一种无记忆的壳体路由算法以逃脱局部最小值点。与常用的表面贪婪路由算法将恢复转发节点限制在局部最小值点的表面的思路相似,贪婪壳体路由算法将恢复转发节点限制在局部最小值点的壳体。子空间的壳体定义为包含子空间和单边的德洛内三角形结构。类似于二维平面图构造,使用部分单位德洛内三角剖分算法去除相交的边和三角形。当遇到局部最小值点时,数据包被转发到子空间壳体内的有效边和三角形上,减少了路由开销并确保可成功找到壳体。该算法下,数据包最多转发至2倍壳体节点数量。仿真实验表明,贪婪壳体路由算法的路径长度比随机路由算法更短[3],尤其是在更高网络密度情况下。平均上看,贪婪壳体路由算法的路径长度比通过消息泛洪方式确定的最优路径长度多20%,比最坏情况的路径长度多50%。

进一步地,Zhou等提出了三维网络贪婪分布式生成树路由算法。该算法最初是真针对二维网络设计的路由协议,使用贪婪方式转发消息直至达到局部最小值点,随后切换到树遍历转发模式。树遍历模式使用壳体树,作为生成树,每个节点都与一个凸壳相关联,凸壳包含其后代节点的位置信息,如图8.8所示。凸壳体减小了生成树的规模,并删除了无效路径。贪婪分布式生成树路由算法使用两个凸包树,各位于网络的一侧。

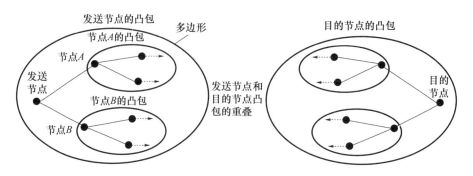

图 8.8 二维凸树图

为将贪婪分布式生成树路由转换为三维网络适应路由算法,使用两个二维凸包近似建立一个三维凸包,相应需要大量存储和计算。同时,三维网络贪婪分布式生成树路由算法在贪婪转发上使用 2 跳邻居信息以逃脱局部最小值点。在此情况下,每个节点必须存储最近的邻居(1 跳)和其邻居的最近邻居(2 跳)节点位置信息。文献[16]研究发现,使用 2 跳邻居信息可有效提高任一三维地理路由方法性能。针对三维网络贪婪分布式生成树路由的性能,使用无线传感器网络测试平台 Indriya 进行评估。该测试平台由 120 个 TelosB 传感器节点组成,部署在三层建筑物中。使用简单的贪婪转发算法可以发现,当建筑物层数从 1 层增加到 3 层,数据包成功传输率从 90% 下降到 40%。使用 1 跳和 2 跳邻居信息可使成功率提高至 95% 左右。三维网络贪婪分布式生成树路由算法的跳跃拉伸系数可接近 1。为进一步评估该路由算法,使用 TinyOS 模拟器进行 TOSSIM 仿真平台实验。仿真结果表明,随着平均节点度增加,贪婪分布式生成树路由算法可渐进逼近 100% 的传输成功率。还使用 3 种不同的树存储方法进行仿真,包括 2 个二维凸包、3 个二维凸包和 1 个球体。结果表明,2 个二维凸包与 3 个二维凸包具有最低的存储成本,跳跃拉伸性能相当。由于开销成本更低,2 个二维凸包下的算法性能优于 3 个二维凸包的情况。贪婪转发算法在高密度网络中表现良好。此外,尽管应用 2 跳邻居信息,低密度网络中算法也无法达到 100% 的传输成功率。

此外,8.1 节中讨论的转发算法包含了路由恢复相关技术。例如,当消息由于局部最小值或流量拥塞无法到达目的节点,三维网络实时地理路由算法使用了背压机制[14]。在这种模式下,消息包的标记位设置为 1,并广播分发。前一个发送节点收到数据包后将包中标记位设置为 2,并将其重新传输至邻居节点。邻居将包标记位重置为 0 后进行转发。该方式可使数据包绕开本局部最小值点进行路由。文献[13]提出可通过使用两个不重叠节点的锚列表并根据相邻节点的剩余能量、位置和能量消耗信息,绕开局部最小值节点对数据包进行转发。

8.5 讨 论

本质上看,三维网络路由算法的设计相比二维路由算法更加复杂。一方面要求使用 UBG[3,6]、截断八面体镶嵌[7]、信标[8]、德洛内三角剖分[10-11,17]和壳体树[16],利用子空间相关方法逃脱局部最小值点并做出转发决策。考虑到三维网络在无人机应用的重要性,路由算法不仅应解决局部最小值点逃逸和包转发选择,还需考虑网络的稀疏性、可扩展性和资源有限等要素的作用影响。因此,探索针对网络弹性[10]、寿命[13-15]、低开销[12,14]和最小流量拥塞[15]等因素所设计的算法。上述路由算法针对三维网络的不同需求进行设计,性能总结如表8.4所示。

表8.4 所有路由算法的综合比较

算法	分区的空间/网络	传输性能	网络感知性能
MDT[10]	多跳德洛内三角剖分图	使用正确节点信息保证成功传输	能够适应节点链路流失,处理拓扑变化
贪婪表面路由[11]	三维受限德洛内三角剖分图	使用正确节点信息保证成功传输	无法保证成功传输,路径长度随着网络规模增加没有明显变化
椭球地理贪婪表面三维路由[12]	次最小椭球	随着网络规模增加,传输率接近100%	与贪婪随机路由[3]相比,协议开销较低
能量检测双路径地理路由[13]	两个节点不相交列表	对于存在中等空穴的密集型网络,传输率90%	高能量效率、高网络寿命
基于包转发区域的三维网络实时地理路由[14]	包转发区域	忽略包截止时间情况下,传输率100%	减少冗余数据包传输、碰撞及拥塞
基于流量概率的三维模糊动态路由[15]	无(流量概率路由)	高传输率	长网络寿命
贪婪随机路由[3]	UBG	无法保证传输率	无
贪婪壳体路由[16]	部分单元德洛内三角剖分图	可以保证交付率;与贪婪随机路由[3]相比,路径长度较低	无

续表

算法	分区的空间/网络	传输性能	网络感知性能
无记忆的壳体路由[17]	两个生成树	随着网络规模增加,传输率接近100%	无

8.6 本章小结

本章回顾了三维无线网络的路由算法。当一些条件满足时,路由算法可有效应用于无人机网络。通过使用覆盖三维空间的连接性与节点部署策略解决三维网络的数据包路由技术挑战。Durocher 研究证明,k – local 无记忆路由算法不能确保三维网络中数据的成功传输,最吸引人的三维路由方法,即地理信息路由策略也无法实现 100% 的成功传输率。已经提出的基于过程的包转发方法依赖于相邻节点位置信息,使用局部最小值点逃脱相关技术将数据包转发至更靠近目标节点位置的节点。此外,还提出了其他方法,如随机转发方法等,利用流量概率和节点能量信息,实现最小冲突和低能耗下数据包到目的节点的路由。由于局部最小值点问题难以避免,尽管三维空穴问题很复杂,仍需要设计路由恢复方法以实现逃脱局部最小值点的数据包路由。本章讨论的网络分区、数据包转发和恢复方法可满足无人机网络的应用需求。

参考文献

[1] B. Shah and K. Kim, "A survey on three – dimensional wireless ad hoc and sensor networks," *International Journal of Distributed Sensor Networks*, 2014.

[2] E. Abdallah, T. Fevens, and J. Opatrny, "High delivery rate position – based routing algorithms for 3D ad hoc networks," *Computer Communications*, vol. 31, pp. 807 – 817, 2008.

[3] R. Flury and R. R. Wattenhofer, "Randomized 3D geographic routing," *IEEE Infocom 2008*, 2008.

[4] M. Jouhari, K. Ibrahimi, M. Benattou, and A. Kobbane, "New greedy forwarding strategy for UWSNs geographic routing protocol," *2016 International Wireless Communications and Mobile Computing Conference*(*IWCMC*), pp. 388 – 393, 2016.

[5] M. Narasawa, M. Ono, and H. Higaki, "NB – FACE:no – beacon face ad – hoc routing pro – tocol for reduction of location acquisition overhead," *7th International Conference on Mobile Data*

Management (MDM'06), Nara, Japan, pp. 102 – 102, 2006.

[6] S. Durocher, D. Kirkpatrick, and L. Narayanan, "On routing with guaranteed delivery in three – dimensional ad hoc wireless networks," *Proceeding of ICDCN*, 2008.

[7] S. M. N. Alam and Z. J. Haas, "Coverage and connectivity in three – dimensional networks," *Ad Hoc Networks*, vol. 34, pp. 157 – 169, 2015.

[8] J. Cleve and W. Mulzer, "Combinatorics of beacon – based routing in three dimension," *In*: M. Bender, M. Farach – Colton, M. Mosteiro, Eds. LATIN 2018: The – oretical Informatics. 2018, Lecture Notes in Computer Science Cham, Switzerland: Springer, vol. 10807, 2015.

[9] Y. Cui, S. Xiao, et al., "Diamond: nesting the data center network with wireless rings in 3D space," *Proceedings of the 13th USENIX Symposium on Networked Systems Design and Implementation*, 2016.

[10] S. Lam and C. Qian, "Geographic Routing in d – dimensional spaces with guaranteed delivery and low stretch," *IEEE/ACM Transactions on Networking*, vol. 21, no. 2, 2013.

[11] H. Su, Y. Wang, and D. Fang, "An effcient geographic surface routing algorithm in 3D ad hoc networks," *Proc. of the 5th International Conference on Pervasive Computing and Applications (ICPCA)*, pp. 138 – 144, 2010.

[12] Z. Wang, D. Zhang, O. Alfandi, and D. Hogrefe, "Effcient geographical 3D routing for wireless sensor networks in smart space," *Baltic Congress on Future Internet and Communications*, 2011.

[13] H. Huang, H. Yin, et al., "Energy – aware dual – path geographic routing to bypass routing holes in wireless sensor networks," *IEEE Trans. on Mobile Computing*, vol. 17, no. 6, pp. 1339 – 1352, 2018.

[14] S. F. Al Rubeaai, M. A. Abd, et. al., "3D real – time routing protocol with tunable parameters for wireless sensor networks," *IEEE Sensors Journal*, vol. 16, no. 3, pp. 843 – 853, 2016.

[15] M. S. Gharajeh and S. Khanmohammadi, "DFRTP: dynamic 3D fuzzy routing based on traffc probability in wireless sensor networks," *IET Wireless Sensor Systems*, vol. 6, no. 6, pp. 211 – 219, 2016.

[16] C. Liu and J. Wu, "Effcient geometric routing in three dimensional ad hocnetworks," *IEEE INFOCOM 2009*, Rio de Janeiro, pp. 2751 – 2755, 2009.

[17] J. Zhou, Y. Chen, B. Leong, and P. S. Sundaramoorthy, "Practical 3D geographic routing for wireless sensor networks," *SenSys 2010 – Proceedings of the 8th ACM Conference on Embedded Networked Sensor Systems*, pp. 337 – 350, 2010.

第9章

面向计算应用的无人机协议设计

9.1 引 言

本章讨论无人机集群的分布式计算。该问题位于移动网格计算末端,属于云计算范畴,许多场景中都需明确是否要求计算以及在何处计算。有时信息源应在本地计算,有时需要由云端服务器处理。随着云计算的引入,网络具备将计算分配至相邻云节点处理的能力。本章设计了一种算法,可根据网络结构,包括MAC层与路由约束以及网络计算能力,实现不同节点之间计算负载最优分配性能。负载分布取决于以下因素。

(1) 执行计算的类型。

(2) 网络中节点的数量和节点的计算能力。

考虑能量限制,大多数无人机节点的计算能力和通信能力都是受限的。无人机平均速度为80~112km/h,高机动性使得这些问题更加复杂。针对该问题,进一步研究了可行性,分析了在高移动性通信协议和并行计算通信协议两个方面的技术进展,提出了一种涉及本章提出的无人机网格计算概念及其性能的方法。

无人机集群计算存在两方面的主要挑战:①节点具有较高机动性,需要良好的通信协议;②节点的计算能力具有间歇性,需要有效汇集起来。

随着近年无人机硬件的发展,传统为固定节点指定的协议已经不能适用于当前场景。大多数分布式算法,如网格计算算法主要是针对具有固定计算能力的基础设施开发的,适用于确定网络和计算能力。针对无人机网络的移动性以及节点自主计算与通信的特点,传统算法难以适用,相关环境下的研究被称为移动网格计算模型。尽管大多数研究还处于初级阶段,移动网格环境的优化算法研究目标是设计工作窃取算法。

本章主要介绍移动网格计算领域无人机的分布式计算技术。9.2 节对环境建模,包括移动性模型,并提出各种技术挑战。9.3 节讨论了当前可用的通信与负载分配协议。9.4 节介绍了该领域问题的潜在解决方案,9.5 节进行了总结。

9.2 场景、挑战和应用

首先研究网络模型、硬件、现有协议以及用于计算的无人机集群结构。

9.2.1 场景

1. 无人机集群的概念与建模

无人机集群长期以来一直吸引着人们,激发无数关注和大量研究。

我看到椋鸟在巨大的灯光下,像烟一样,像云一样,像一个没有自主性力量的身体一样,向前移动。现在形成了一个圆形区域,倾斜;现在形成了一个正方形;先是一个球体,然后从一个完整的球体变成了一个椭圆形,其次椭圆形变成一个球体,下面悬挂着汽车,之后是一个凹半圆;仍然在膨胀,时而收缩、变薄,时而凝结、闪烁和颤抖,最后增厚,加深,变黑!

——Samuel Taylor Coleridge

使用来自大自然中椋鸟群的灵感对机器人集群进行建模。这是一个经过验证的无人机群集模型[1],与美国空军无人机群的场景相似[2],比文献[3-4]中无约束的机动性模型更好。

这里使用的移动模型为椋鸟集群模型。这是一个稳健的移动模型,反映了整个自然界的群体行为,主要有以下优点。

(1) 根据需要可适应不同集群模式。

(2) 代表各种复杂的群体行为。

(3) 具有很好的障碍物规避能力。

尽管自然界集群没有边界约束,实际上需要部署,可以通过对靠近边界的集群成员使用排斥力方式实现。在彼此距离小于阈值的节点上使用排斥力可有效避免无人机碰撞,如图 9.1 所示。

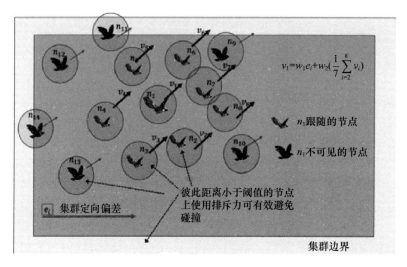

图9.1 集群移动模型

定义节点 n_i 的移动方向和速度为 v_i，使用 v_{max} 表示节点的最大移动速度。受椋鸟群启发，各节点可仅对拓扑距离位于泰森多边形壳内的 7 个邻居节点进行观察。节点 n_i 的拓扑邻居集合记为 N_i，当节点靠近边界、其他节点或障碍物时，节点 r_i 会被施加一个排斥力，类似于边界和碰撞节点处拥有相同极性的电荷。

$$v_i = w_1 e_i + w_2 \sum_{n_j \in N_j} v_j + w_3 r_i$$

式中：e_i 为大体方向偏差，通过改变该方向控制集群移动；w_1、w_2 和 w_3 为每一项对应的权重，满足 $w_1 + w_2 + w_3 = 1, w_i \geq 0, i = 1,2,3$。

2. 网络细节和网络计算能力

大多数无人机可以建模为配备全向半双工天线的节点。表 9.1 总结了合适和当前可用的无线协议。

考虑一组无人机节点 $\mathbb{N} = \{n_0, n_1, n_2, \cdots, n_{N-1}\}$，其中 $|\mathbb{N}| = N$。根据所考虑的应用场景，每个节点可同时作为中继和计算服务器。时隙 t 处所有节点的最大计算能力表示为

$$C_t \triangleq [C_t^{(0)}, C_t^{(2)}, \cdots, C_t^{(N)}] \tag{9.1}$$

这代表可用于处理的计算能力，单位为 flop/s。每个节点的计算能力随时间变化，在分布式计算过程中，计算能力可能减小为 0。

随时间变化的计算能力可建模为状态变化的马尔可夫链。假设节点在时间 t 时的位置向量为 p^t。基于节点移动性和可用计算能力进行节点选择，实现可靠通信。

第 9 章　面向计算应用的无人机协议设计

表 9.1　无线技术及其无人机节点能、优点和缺点综述

技术	工作频率	带宽	范围	上下行速率	能量	雾节点使用	优点	缺点
移动网络，如 HSPA+ 和 LTE	450MHz,850MHz,1.9GHz,2GHz,2.5GHz,3.5GHz	20MHz	200km	168/22Mb/s	低（下行节点）高（上行节点）	从智能设备到边缘云再到位于基础设施雾节点最终到云的车联网网络批量数据传输	以更低的基础设施成本实现高移动性，覆盖范围广	在使用电池的移动设备上，持续使用会耗电，需要基站，高延迟会限制实时移动通信应用，无线网状网络成本高昂且不切实际
Wi-Fi (IEEE 802.11a,b 和 g)	2.4GHz,5GHz	20MHz	10~30m	54Mb/s	低	P2P 网络和 V2V 车辆网络	用于下行链路节点的低成本和低功耗	大多数装备都有足够的计算能力，使得网格计算的使用变得无关紧要
Wi-Fi (IEEE 802.11ax 和 ac)	5GHz	160MHz	10~30m	9.6Gb/s	低	强大的边缘云，在线控制应用，工业自动化，车辆网络	易于部署，支持良好移动性和强大计算，适合大数据处理	由于流动性而高度不稳，位置可靠性更难实现
Wi-Fi (IEEE 802.11aj,ad 和 ay)	>45GHz	1~2GHz	3~4m	100Gb/s	低	无线数据中心	与最佳有线网络抗衡的高数据速度	射程很低
多波束天线[5]	根据范围的不同而有所不同，可在高频和低频下使用	20MHz	频率和功率不同	<50Gb/s	不同的	军事安全应用，覆盖广泛领域，具有大量物联网/智能设备体育场和车辆网络	支持物理层安全，避免干扰和高数据速率，与有线连接相比，干扰问题更少，能形成多路径开发传输与接收以及高度连通的网状网络	高成本（可能随普及性降低）和耗电量

所选择节点决定了源节点 n_0 到网络中所有节点的预期吞吐量：
$$T \triangleq [T_0, T_1, \cdots, T_N] \quad (9.2)$$
其中包括 MAC 层约束、信道容量、队列延迟、传播延迟和处理延迟。由于源节点已具有所需要的所有数据,定义 $T_0 = \infty$。

此外,任一节点 n_i 具有以下特点。

(1) 最大可行的计算能力为 $\overline{C^{(i)}}$ flop/s。

(2) 每个节点都配备一个全向和定向天线。

(3) 假设节点具有 I 包/s 的传输能力,包长度为 K 比特。

(4) 所有节点中单个节点可作为源节点,具有计算和通信的 G 字节数据处理能力。

(5) 不同计算场景需要不同的网络拓扑及其对应的最优解。

(6) 网络中存在云节点,具有无限计算能力。考虑路由后的网络场景如图 9.2 所示。

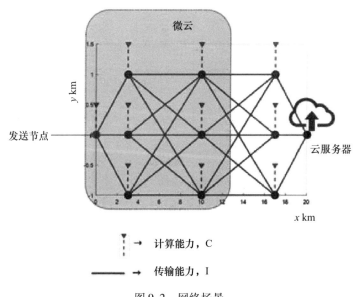

图 9.2 网络场景

9.2.2 无人机集群计算能力挑战

影响无人机集群计算能力的 3 个因素包括移动性、能量和计算资源限制以及安全性。

1. 移动性

如前所述,无人机集群网络中通信的最大挑战为无人机的移动性。车联网具有与无人机网络相似的移动性,网络拓扑快速变化,导致有效路由时间不超过 $5s^{[6]}$。当前自组织网络模型中有许多路由算法,将在后面分析讨论。问题是,大多数模型都是为慢速移动场景设计的,如步行和跑步速度。无人机群是所有通信协议的终极挑战。它们与车辆网络有很多相似之处,车辆网络本身是一个发展中的领域,没有具体的解决方案。可能的主要是利用移动性预测来设计路由算法。本章后面部分将介绍一个典型解决方案。

2. 能量和计算资源不确定性

由于无人机资源受限,所开发的算法和协议应该尽可能地有效利用资源。当计算任务出现时,存在以下两个主要问题。

(1) 邻居节点的计算资源可利用性。

(2) 计算任务和无人机本身所需要的能量。

第一个问题通常用于资源发现。传统网络中资源发现主要通过在集中式服务器上注册完成,服务器可为所有节点提供服务。在其他场景中,中心服务器只分享节点的空闲信息,节点自身决定不同任务的计算资源分配。由于该方式依赖中心服务器,对于无人机集群网络并不可行。此外,还有大量针对能量消耗问题的研究,由于超出了本书范围,读者可自行查阅相关文献。

3. 安全性

以下与云节点相关的安全问题适用于无人机集群网络[7-8]。

(1) 黑洞攻击:一个节点播发一条较短的路径,该路径包含在路由中,以接收通过它转发的所有数据。这使节点能够嗅探以欺骗方式发送到目的节点的数据,发送端对此一无所知。

(2) 拒绝服务:这种形式是恶意节点通过向网络发送频繁的路由请求消耗网络带宽资源,导致路由表覆盖缺少合法路由的空间。

(3) 模拟攻击:可能会模拟合法节点在路由表中创建多条错误的路由。

(4) 能量消耗:在自组织无人机网络中,如果攻击者大量请求数据进行攻击,可能导致无人机节点能量迅速耗尽。

(5) 信息泄露:可通过黑洞攻击实现,截获数据后攻击者将泄露所收集信息。

4. 其他挑战

(1) 延迟:实时控制系统和工业网络的实时性非常重要,无人机网络应采用延迟较小的路由协议。

(2)面向应用的路由:无人机集群的优点是更接近网络边缘,可满足更多特殊应用。因此,路由算法应考虑创建无线网状网络,实现应用情况下数据分发。更多的问题和挑战见文献[9]。

9.2.3 应用

无人机群计算的一个应用是计算负载的转移,产生低延迟结果。示例场景如图9.3(a)所示,在视频编码和处理领域,如 PRISM[10]等技术(执行分布式视频编码)中,源代码交换了自身寻找运动向量的计算复杂性,并将其分配给网络中的其他节点。图中显示了寻找运动向量的计算复杂度如何分布在网络中的节点中。图9.3(b)给出了中间节点中的压缩如何帮助减少网络下游节点的拥塞。

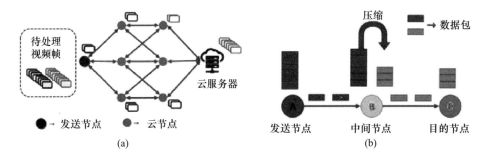

图9.3 基于云和云的分布式计算场景

9.3 面向无人机集群计算的路由协议和负载分配解决方案

自组网的传统网状路由协议分为以下几类。

(1)主动路由:网络中节点定时上报自身信息并更新路由表。最受欢迎的主动式路由包括 DSDV、OLSR 和 BATMAN 协议[11-13]。

(2)按需路由:当网络中有需求时,节点建立路由并进行转发,相关协议包括 AODV 和 DSR[14-15]。

(3)混合路由:混合路由协议为主动路由与按需路由的混合。虽然节点保存网络局部信息,但它可以在需要时更容易找到路由,如区域路由协议[16-17]。

(4)基于地理位置的路由:已知目的节点地理位置信息并基于位置的路由协议进行转发。

(5)分层路由:节点根据位置或功能分群,文献[18]给出综述。文献[19,20]提供了上述路由协议的分析,文献[21,22]给出了上述路由协议的性能比较。本章提出一些方法可解决 9.2 节中出现的问题。

①位置隐藏:解决了前一节中提出的隐私攻击问题[23-25]。
②移动性建模:使用了一些移动性模型解决路由中的移动性问题[26]。
③用于负载平衡的遗传算法:使用遗传算法均衡负载并确保公平[27]。
④使用软件定义网络管理云计算网络[28]。

(6)重力梯度路由:文献[29]考虑了在无线传感器网络(wireless sensor network,WSN)技术上实现警报服务的云的机会。特别地,它们侧重于基于 WSN 与其用户手持设备之间自发交互的有针对性的 WSN 警报传递。对于警报传递,提出了一个重力路由概念,对网络中用户存在密度高的区域进行优先排序。基于此概念,开发了一种路由协议,即梯度重力路由,结合了定向传输和对网络内潜在传感器负载异质性的弹性。通过一系列仿真,将该协议与一组最先进的解决方案进行比较。评估表明,梯度重力路由能够在警报交付率方面与比较方案的性能相匹配,最大限度降低网络整体能耗。

9.3.1 路由不确定性路径预测补偿方法

每个节点 n_i 广播带有时间戳的 HELLO 消息包,包含路径预测信息,对两个方面有帮助,包括:①在路由过程中确定更稳定的路径;②协助流量控制。如果路径未知或不能提前确定,那么节点利用历史路径进行预测。使用范德蒙矩阵将 m 阶多项式拟合到记录的历史路径,多项式表示为

$$x(t) = \alpha_0 + \alpha_1 t + \alpha_2 t^2 + \cdots + \alpha_m t^m \triangleq \boldsymbol{\alpha} \boldsymbol{T}^{\mathrm{T}}$$

式中: $x(t)$ 为 t 时刻的 x 坐标; $\boldsymbol{\alpha} = [\alpha_1, \alpha_2, \cdots, \alpha_m]$; $\boldsymbol{T} = [1, t, t^2, \cdots, t^m]$ 。相似地,使用 $y(t) \triangleq \boldsymbol{\beta} \boldsymbol{T}^{\mathrm{T}}$ 和 $z(t) \triangleq \boldsymbol{\gamma} \boldsymbol{T}^{\mathrm{T}}$ 表示 y 和 z 坐标对应的多项式。多项式具有不过拟合条件下节点对应路径近似多项式的最低阶数 m 。

使用范德蒙矩阵和最小二乘法可求解最低阶多项式,近似于节点在不同时刻的位置 $\{x(t), y(t), z(t)\}$ 。定义节点在不同时间点 t_i 的位置为 $\{x_i, y_i, z_i\}$ 。

定义 1:范德蒙矩阵 $\boldsymbol{V} \in \mathbb{R}^{N \times N}$ 是所有行呈几何递增变化的矩阵,可表示为

$$\boldsymbol{V} \triangleq \begin{bmatrix} 1 & t_0 & t_0^2 & \cdots & t_0^m \\ 1 & t_1 & t_1^2 & \cdots & t_1^m \\ \vdots & \vdots & \vdots & & \vdots \\ 1 & t_{N-1} & t_{N-1}^2 & \cdots & t_{N-1}^m \end{bmatrix}$$

$$\boldsymbol{x} \triangleq [x_0 \quad x_1 \quad x_2 \quad \cdots \quad x_{N-1}]^T$$

$$\boldsymbol{y} \triangleq [y_0 \quad y_1 \quad y_2 \quad \cdots \quad y_{N-1}]^T$$

$$\boldsymbol{z} \triangleq [z_0 \quad z_1 \quad z_2 \quad \cdots \quad z_{N-1}]^T$$

式中：$\boldsymbol{V}$ 为范德蒙矩阵；t_i 为 $i=0,1,\cdots,N-1$ 时的采样时间；x_i、y_i、z_i 为不同时刻对应的节点 xyz 的位置坐标。

通过以下公式可计算对 $x(t)$，$y(t)$，$z(t)$ 系数的估计值。

$$\underline{\alpha} = \boldsymbol{V}^\dagger \underline{x}$$

$$\underline{\beta} = \boldsymbol{V}^\dagger \underline{y}$$

$$\underline{\gamma} = \boldsymbol{V}^\dagger \underline{z}$$

其中，$\boldsymbol{V}^\dagger$ 是范德蒙矩阵 $\boldsymbol{V}$ 的伪逆矩阵。

为避免过拟合，多项式的阶数 m 由残差比率值确定。定义 $e_m^x = x - \boldsymbol{V}^\dagger \boldsymbol{V} x$ 为 m 阶多项式拟合到 x 的残差。比率可表示为 $r_m = \dfrac{e_{m-1}^z}{e_m^x}, i = 2,3,\cdots,M$。

通过下式可确定最优的 m 值。

$$m_{\mathrm{opt}} \triangleq \arg\max_m r_m$$

上述方法的路径预测性能如图 9.4 所示。

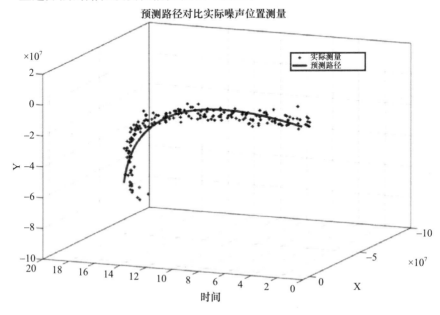

图 9.4　范德蒙二维路径预测性能图

9.3.2 分布式计算能力

这里讨论两种主要计算负载的分配方法：①工作窃取算法；②最优工作分配算法。

工作窃取法是一种主流的计算算法，可分成多个并行线程执行，也可看作一种调度算法。工作人员向主机节点查询需要计算的数据和空闲资源，从主机窃取计算能力。只要资源空闲，就可窃取资源进行计算。

9.4 算法实例及技术

本节介绍分布式计算问题的一种潜在解决方案。

9.4.1 目标

工作目标是设计智能路由算法，支持数据的计算与传输。为达成计算目的，考虑张量的分解与压缩方法。几乎所有数据都可以用张量形式表示，且张量分解与压缩的成本在各种应用中成本最高，有助于促进特征提取和子空间跟踪等各种操作运算。通过算法确定以下内容。

（1）网络中不同节点共享计算负载。

（2）给定数据量情况下的最高效计算方法，确定复杂分配方式，包括节点自主计算、附近节点协助计算、云服务器协助以及附近节点与云服务器的联合协助。

（3）建立计算时间数学模型。

此外，还深入分析了转发消息的数据类型，以获取网络中的节点信息。

9.4.2 方法

本节讨论计算负载的分配方法。从本质上看，观察以下场景，即整个计算由主机节点执行，计算负载在主机与邻居节点之间分配，负载可传输到云服务器，在源和云节点间共享。

源数据共有 G 字节。假设源具有计算能力 C^0，完成全部计算所需时间为

$$t_G^{\text{self}} = f(G, C^0) \tag{9.3}$$

张量分解情况下,函数可表示为

$$f(G) = \frac{AG^{1.5}}{C^0} \tag{9.4}$$

式中:A 为取决于算法类型的常数,算法用于奇异值分解。9.4.3 节将描述更多细节。

将数据分割后分配给不同节点进行计算,包括主机节点。使用 a_0G 表示源节点需计算的数据量,a_iG 表示第 1 层计算的数据量

$$\phi = [a_0, a_1, \cdots, a_i, \cdots, a_N], \|\phi\|_1 = 1$$

式中:a_i 为传输至节点 n_i 进行计算的数据量。

假设节点 n_i 的等效吞吐量每秒为 T_i 字节,包括 MAC 层约束、信道容量、排队延迟、传播延迟和处理延迟。下面通过求解最优的向量 ϕ 实现第 1 层所有节点可同时完成全部计算。

节点 n_i 处传输数据所需要时间由 $\frac{a_iG}{T_i}$ 确定,计算时间为 $f(a_iG, C^{(i)})$。对于传输的数据和节点 n_i 处完成的计算,总时间表示为

$$t_{a_iG}^{n_i} = f(a_iG, C^{(i)}) + \frac{a_iG}{T_i} \tag{9.5}$$

由于在最优数据分配上源节点数据量为 n_0,所有其他节点为 n_i,且同时完成数据传输和计算,形成以下方程组。

$$f(a_0G, C^{(0)}) = f(a_iG, C^{(i)}) + \frac{a_iG}{T_i}, i = 1, 2, \cdots, N \tag{9.6}$$

$$\sum_{i=1}^{N} a_i = 1$$

式中:N 为参与计算的节点数。式(9.6)包含 N 个方程和 N 个未知数,通过求解可获得数据量的最优分配向量。式(9.6)中第一项没有考虑节点同时执行计算和传输的时间。

事实上,这一成本可以隐含在式(9.6)的任意一项,即 $f(a_0G, C^{(i)})$ 或 $\frac{a_iG}{T_i}$,通过相应增加吞吐量变量 T_i 或增加 $f(a_0G, C^{(i)})$ 中的补偿项。尽管如此,在节点 n_i 处计算和传输完成所消耗的时间是 a_i, G, G_i 和 T_i 的函数。注意,式(9.6)具有非线性性,求解存在难度。

为求解类似问题,构建优化问题如下。

首先,设计成本向量为

$$\boldsymbol{L} \triangleq [l_1, l_2, \cdots, l_N] \quad (9.7)$$

$$l_i \triangleq f(a_0 G, C_0) - f(a_i G, C_i) - \frac{a_i G}{T_i}, i = 1, 2, \cdots, N \quad (9.8)$$

优化问题可定义为

$$\min_{\phi} L_2^2 \quad (9.9)$$

$$\text{s. t. } \|\phi\|_1 = 1$$

$$0 \leqslant \phi \leqslant 1 \quad (9.10)$$

令数据的最优分布 ϕ_{opt} 为上述优化问题的最优解,解决上述问题的算法由算法 9.1 给出。需要注意的是,当 $\|C\|_2^2 \geqslant 0, C=0$ 时,优化问题的解等价于式(9.6)的数值解。

对数据进行有意义的分割,即 $a_i G > K$ 字节,K 表示执行计算所需的最小数据量。因此,当 $a_i G < K$ 时,将最小的系数 a_i 置零。对于节点 i,将其从集合 $S_1 = S_1 - i$ 中移除,加入集合 S_2,并重新计算 a_i'。算法 9.1 对计算过程步骤进行小结,执行类似程序可计算第 2 层节点的分配负载。

使用网络中所有节点的总计算时间由函数 $f(a_0 G, C_0)$ 确定,当所有计算都在节点 0 处完成,有 $a_0 = 1$,即源节点自身。

图 9.5 所示为负载分配算法的计算和通信要素。

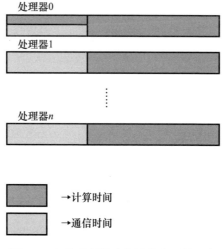

图 9.5 负载分配算法的计算和通信要素

9.4.3 计算注意事项

本节中讨论具体的计算任务,以及前面所提及算法的场景应用。讨论的第一个任务案例为张量分解,可作为许多涉及矩阵分解、子空间跟踪和数据压缩等应用中的复杂性计算基础。针对从发送节点到目的节点数据压缩处理的时间降低开展讨论。通过将计算负载分配到源节点和目的节点之间路径上所有传输节点上,达到传输延迟降低的目标。尽管张量压缩具有内在优势,这里更关注大数据的传输延迟。因此,需要设计一种在分布式环境下运行的高效张量分解算法,以处理流(随时间更新的张量)和批量数据(固定大小的大张量)传输。

待传输的张量表示为

$$T \in \mathbb{R}^{l_1 \times l_2 \times \cdots \times l_K} \tag{9.11}$$

不失一般性,假设 $I_1 \geqslant I_2 \cdots \geqslant I_K$,待压缩的张量为

$$T = C \times F_1 \times_2 F_2 \times \cdots \times_K F_K$$

式中:$C \in \mathbb{R}^{k_1 \times k_1 \times \cdots \times k_K}$;$F_i \in \mathbb{R}^{k_i \times I_i}$,$k_i \leqslant I_i$;$\times_i$ 表示模式 i 张量积。模式 i 张量积 $T \times_i F_i$ 由矩阵积 $F_i T(i)$ 计算得到,其中 $T(i) \in \mathbb{R}^{I_i \times I_1 \times \cdots \times I(i-1)I(i+1) \cdots I_K}$ 表示张量 T 的矩阵展开表达式。

维度 i 上的压缩比可计算为 $h_i = k_i / I_i$。张量分解的总压缩比表示为

$$h = \frac{k_1 \times h_2 \times \cdots k_K + k_1 \times I_1 + k_2 \times I_2 + \cdots + k_K \times I_K}{I_1 \times I_2 \times \cdots \times I_K}$$

式中:h 为压缩比,根据张量 T 中冗余度变化。对于实际的数据集,在不损失精度的情况下可以达到5000倍的压缩率[10]。

算法9.1用于求解式(9.9)。

算法9.2用于确定不同计算阶段的节点数量,具体描述如下。

假设网络中节点数为 L,计算能力为 $C = \{C_1, C_2, \cdots, C_L\}$。根据网络的计算能力和网络能力,需将计算复杂度分配给网络的不同节点。

分配过程包括两个阶段。首先将张量 T 分解成不同大小的子张量进行处理。压缩算法采用混合Ⅲ秩显示QR分解和Johnson – Lindenstrauss(J – L)方法。

针对所用算法进行计算复杂性建模,考虑简单的奇异值分解与压缩,具体描述如下。

使用 $Y \in \mathbb{R}^{K \times N}$ 表示输入数据矩阵的二维张量。

因子模型中假设 Y 具有形式

$$Y = HF + E$$

式中：$H \in \mathbb{R}^{K \times k}$ 为负载因子矩阵；$F \in \mathbb{R}^{k \times N}$ 为因素系数；E 为噪声。

设计目标是确定正交矩阵 Q，可扩展形成张量 H 的子空间，并确定 $F = Q^T Y$。尽管矩阵 Y 维度为 $K \times N$，包含 KN 个元素，矩阵 Q 和 F 共有 $kK + kN$ 个元素。$k \ll K$ 情况下，即实现压缩。压缩率 $h = \dfrac{kK + kN}{KN}$，压缩后的包总数减少至 $[hn]$。

使用奇异值分解获得矩阵 Q。矩阵 Y 的奇异值变换为

$$Y = USV$$

构建矩阵 $Q \triangleq U(:, 1:k)$，对应矩阵 Y 的第 k 位最高奇异值对应的左奇异向量。

接着计算 $\widetilde{F} \triangleq Q^T Y$。作为一种有损压缩，可以证明当 $N \to \infty$ 和 $K \to \infty$ 时，以概率收敛满足[30-31]

$$Q\widetilde{F} \to HF$$

因此 $Q\widetilde{F}$ 可以作为 Y 的压缩表达式。以上过程的计算复杂度为 $O(K^2 N)$，主要用于奇异值分解[32]。

算法 9.1

输入：计算能力 C，数据量 G，节点数 N，计算代价函数 $f(\cdot)$，网络传输吞吐量 T_i, $i = 1, 2, \cdots, N$

输出：数据最优分配向量 ϕ_{opt} 和成本。设置迭代次数 $m = 0\%$，以及局部最小值数量成本 $\text{Cost} = 10^5$

当 $m \leqslant \text{Iteration Count}$ 或 $\text{Cost} > \text{threshold}$ 循环执行

初始化：$\text{temp} \in \mathbb{R}^{1 \times N} - U(0,1)$，$f_{\text{temp}}^{(0)} = \dfrac{\text{temp}}{\|\text{temp}\|_1} \triangleq [\alpha_0, \alpha_1, \cdots, \alpha_N]$，

$\Delta = [\Delta\alpha_0, \Delta\alpha_1, \cdots, \Delta\alpha_N]$, $\text{flag} = 0$

$\text{dir} = +1$, $\text{conv} = 1$

更新计数器 $k = 0$, $m = m + 1$

使用式(9.7)和式(9.8)计算 ϕ_{temp} 的当前成本 $L^{(k)}$

计算总成本 $E^{(k)} = L_2^2$

当 $k < \text{Iteration Count2}$ 或 $\text{Cost} > \text{threshold}$ 循环执行

更新 $k = k + 1$

当 $\text{flag} \leqslant N$ 循环执行

计算 $\Delta\alpha_{\text{flag}} = \text{dir}\,\dfrac{0.2}{\text{conv}}$, $\Delta\alpha_i = -\text{dir}\,\dfrac{0.2}{\text{conv}}\left(\dfrac{l_i^2}{e_0}\right)$, $\phi_{\text{temp}}^{(k)} = \phi_{\text{temp}}^{(k-1)} + \Delta$

当 $\phi_{\text{temp}}^{(k)}(i) < 0$

$\phi_{\text{temp}}^{(k)}(i) = 0$, $\forall i = 1, 2, \cdots, N$

当 $\phi_{\text{temp}}^{(k)}(i) > 1$

$\phi_{\text{temp}}^{(k)}(i) = 1$, $\forall i = 1, 2, \cdots, N$

计算 $E^{(k)}$
当 $\lvert E^{(k)} - E^{(k-1)} \rvert <$ threshold
flag = flag + 1% 接下来优化 α_i
Cost = $E^{(k)}$
当 $E^{(k)} > E^{(k-1)}$
dir = -dir, conv = conv + 1 (当误差增加,更改方向并减小增量步长)
循环结束
循环结束
$\phi^1 = \phi_{\text{temp}}^{(k)}$
Cost stored(l) = Cost
循环结束
$l = \arg\min_l(\text{Cost stored}(l))$
$\phi_{\text{opt}} = \phi^{(l)}$
Cost = Cost stored(l)

算法 9.2
Input: 节点 N 的计算能力从节点 0(源节点)到节点 N 的等效吞吐量,数据量 G
Initialize: $\phi_1 = [a_0, a_1, a_2, \cdots, a_N]$
Output: $\phi_1 = [a_0, a_1, a_2, \cdots, a_N]$, a_i 是分配至节点 n_i 的数据比率
Step1: 通过求解优化问题[式(9.9)]计算 ϕ
find $i = \arg\min_a i\{\alpha_0, \alpha_1, \cdots, \alpha_N\}$
计 $a_i G < k$
$N = N - n_i$, set $\alpha_i = 0$ in ϕ_1, from new
更新 $\phi_1: \widetilde{\phi}_1 = \phi_1 a_i$
更新删除节点集合 $D_1 = D_1 \cup \{n_i\}$
goto step 1
else
赋值 ϕ_1 中所有 $i \in /D_1$ 的 ϕ_1 值
Return ϕ_1
endif

不失一般性,假设在大数据情况下 $O(K) = O(N)$。假设每个包有 X 字节数据,Y 的每个元素为 1 字节,下列关系式满足

$$KN = nX$$
$$O(K^2) = O(nX)$$

$$O(K) = O(\sqrt{nX})$$

因此,以包为单位,计算复杂度为 $O((\sqrt{nX})^3)$。给定系统的计算能力 C flop/s,所需的计算时间为

$$t_c = \frac{A(\sqrt{nX})^3}{C}$$

式中: A 为基于奇异值分解和矩阵乘法计算得到的常数。

因此,压缩包含 X 个实数的张量所需时间为 $t_c^i = \frac{AX^{1.5}}{C_i}$,其中 C_i 为节点 i 的计算能力,A 为常数。

使用基于塔克分解的方法对数据进行压缩,如图 9.6 所示。对张量进行模 1 展开,形成矩阵 $T^{(1)}$,并将其分解为 S_1 个更小子矩阵。

利用 J – L 与秩显示 QR 分解相结合方法对子矩阵进行压缩。假设待压缩的子矩阵为 $H \in \mathbb{R}^{m \times n}$,$k$ 为矩阵 H 的数值秩。数值秩 k 表示可以用秩 k 的矩阵对 H 近似且不损失较多信息,满足 $\min(m, n) \geqslant k$。

使用 $\tilde{H}$ 表示使 $\| H - \tilde{H} \|_F$ 最小化的秩 k 矩阵。压缩有两个目标。首先基于矩阵 H 计算秩数 k 并计算 $\tilde{H}$。使用奇异值分解算法可近似确定 $\tilde{H}$ 和 k。

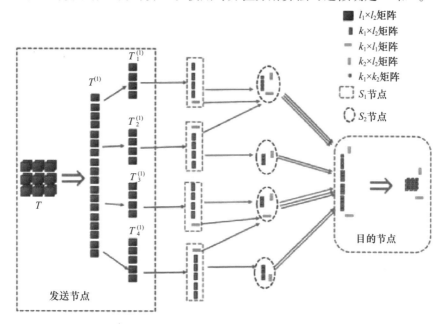

图 9.6 所提方法的不同阶段张量分解图

设置矩阵 $Y=\Omega H$,其中 $\Omega\in\mathbb{R}^{a\times m}$,维数 a 满足 $k\leq a$。矩阵 Ω 有很多可选方式,包括随机、傅里叶、哈达马和最近常用的错误控制编码矩阵等。这里使用错误控制编码矩阵,Ω 的生成方法与文献[33]相同。针对矩阵 Y,采用混合Ⅲ秩显示 QR 分解确定最优 k,并分解 $Y=QR$。k 值可由混合Ⅲ秩显示 QR 分解确定,矩阵 $\tilde{H}=\tilde{Q}\tilde{R}$,其中 $\tilde{Q}=Q(:,1:k)$,$\tilde{R}=R(1:k,:)$。采用与文献[34]相似的方法进行混合Ⅲ秩显示 QR 分解和数值秩计算。因此 $\tilde{Q}$ 和 $\tilde{R}$ 可表示为矩阵 H 的自适应压缩形式。

第一步是确定张量分解的各阶段 $1,2,\cdots,K$ 参与计算的节点数量 $S_1,S_2,\cdots,S_K$。与张量分解的每个阶段相关联的节点数为 S。由于 I_1 最大,将其压缩为相同大小对应最大压缩率。指定距离源节点最近的 S_1 节点压缩 I_1,并相继压缩 $S_2,S_3,\cdots,S_k$。由于带压缩的数据量逐级递减,$S_1\leq S_2\leq\cdots\leq S_K$,使用算法 9.2 确定用于阶段 1 计算和压缩处理的节点。在此基础上,进一步重复使用算法 9.2 找到阶段 2 中涉及的节点。对应通信成本为数据从每个节点传输到目的节点的传输成本。重复上述操作直至 $S_1,S_2,\cdots,S_K$ 全部确定。

9.5　本章小结

本章研究了无人机集群网络分布式计算问题。分析了现有的相关技术和当前使用的通信与负载分配协议,给出了一个有趣案例,提出无人机集群计算的潜在解决方案。分布式计算作为新兴领域,代表了该技术领域的前沿和挑战,主要为通信与计算工程领域。本章介绍了该领域的基本情况,分析了潜在研究方向,仍有大量工作需要进一步研究。该领域对于开展大量的实际环境测试,还需要设计通信协议以支持形成良好稳定的技术解决方案。

参考文献

[1] D. B. Johnson and D. A. Maltz,"Dynamic source routing in ad hoc wireless networks,"*Mobile Computing*,Berlin:Springer,pp. 153 – 181,1996.

[2] S. Ubaru,A. Mazumdar,and Y. Saad,"Low rank approximation using error correcting coding matrices," *International Conference on Machine Learning*,pp. 702 – 710,2015.

[3] G. Vásárhelyi,C. Virágh,G. Somorjai,T. Nepusz,A. E. Eiben,and T. Vicsek,"Optimized focking of autonomous drones in confned environments," *Science Robotics*,vol. 3,no. 20,pp. 1 –

13,2018.

[4] J. Bai and S. Ng,"Determining the number of factors in approximate factor models," *Econometrica*, vol. 70, no. 1, pp. 191 – 221, 2002.

[5] S. Khan, S. Parkinson, and Y. Qin,"Fog computing security: a review of current applications and security solutions," *Journal of Cloud Computing*, vol. 6, no. 1, p. 19, 2017.

[6] J. J. Blum, A. Eskandarian, and L. J. Hoffman,"Challenges of intervehicle ad hoc networks," *IEEE Transactions on Intelligent Transportation Systems*, vol. 5, no. 4, pp. 347 – 351, 2004.

[7] Y. B. Ko and N. H. Vaidya,"Location – aided routing (LAR) in mobile ad hoc networks," *Wireless Networks*, vol. 6, no. 4, pp. 307 – 321, 2000.

[8] G. H. Golub and C. F. Van Loan, Matrix Computations, Baltimore, MD: JHU Press, vol. 3, 2012.

[9] J. Broch, D. A. Maltz, D. B. Johnson, Y. C. Hu, and J. G. Jetcheva,"A performance comparison of multi – hop wireless ad hoc network routing protocols," *MobiCom*, vol. 98, pp. 5 – 97, 1998.

[10] R. Puri and K. Ramchandran,"Prism: a new robust video coding architecture based on distributed compression principles," *Proceedings of the Annual Allerton Conference on Communication Control and Computing*, vol. 40, pp. 586 – 595. 2002.

[11] Department of Defense."Department of defense announces successful microdrone demonstration," *Press release number NR – 008 – 17*, 2017.

[12] J. H. Winters,"Smart antennas for wireless systems," *IEEE Personal Communications*, vol. 5, no. 1, pp. 23 – 27, 1998.

[13] Q. Zheng, X. Hong, and S. Ray,"Recent advances in mobility modeling for mobile ad hoc network research," *Proceedings of the 42nd annual Southeast regional conference*, New York: ACM, pp. 70 – 75, 2004.

[14] N. Ntlatlapa, C. Aichele, and D. Johnson,"Simple pragmatic approach to mesh routing using BATMAN," *2nd IFIP International Symposium on Wireless Communications and Information Technology in Developing Countries*, CSIR, pp. 6 – 7, 2008.

[15] A. Hakiri, B. Sellami, P. Patil, P. Berthou, and A. Gokhale,"Managing wireless fog networks using software – defned networking," *2017 IEEE/ACS 14th International Conference on Computer Systems and Applications (AICCSA)*, pp. 1149 – 1156, 2017.

[16] J. Raju and J. J. Garcia – Luna – Aceves,"A comparison of on – demand and table driven routing for ad – hoc wireless networks," *IEEE International Conference on Communications*, IEEE, vol. 3, pp. 1702 – 1706, 2000.

[17] W. Rehan, S. Fischer, M. Rehan, and M. Husain Rehmani,"A comprehensive survey on multichannel routing in wireless sensor networks," *Journal of Network and Computer Applications*,

vol. 95, pp. 1−25, 2017.

[18] M. Gu and S. C. Eisenstat, "Effcient algorithms for computing a strong rankrevealing QR factorization," *SIAM Journal on Scientifc Computing*, vol. 17, no. 4, pp. 848−869, 1996.

[19] Z. J. Haas and M. R. Pearlman, "The performance of query control schemes for the zone routing protocol," *IEEE/ACM Trans. Networking*, vol. 9, pp. 427−438, Aug. 2001.

[20] T. Clausen and P. Jacquet, "OLSR-optimized link state routing protocol (OLSR) for mobile ad hoc NETworks (MANETs)," *Technical Report*, 2003.

[21] S. Ivanov, S. Balasubramaniam, D. Botvich, and O. B. Akan, "Gravity gradient routing for information delivery in fog wireless sensor networks," *Ad Hoc Networks*, vol. 46, pp. 61−74, 2016.

[22] D. J. G. Pearce, A. M. Miller, G. Rowlands, and M. S. Turner, "Role of projection in the control of bird focks," *Proceedings of the National Academy of Sciences*, vol. 111, no. 29, pp. 10422−10426, 2014.

[23] T. W. Anderson, "The use of factor analysis in the statistical analysis of multiple time series," *Psychometrika*, vol. 2, no. 1, pp. 1−25, 1963.

[24] M. Ballerini, N. Cabibbo, R. Candelier, A. Cavagna, E. Cisbani, I. Giardina, V. Lecomte, A. Orlandi, G. Parisi, A. Procaccini, et al., "Interaction ruling animal collective behavior depends on topological rather than metric distance: evidence from a feld study," *Proceedings of the National Academy of Sciences*, vol. 105, no. 4, pp. 1232−1237, 2008.

[25] P. Gurbani, H. Acharya, and A. Jain, "Hierarchical cluster based energy effcient routing protocol for wireless sensor networks: survey," *International Journal of Computer Science & Information Technologies*, vol. 7, no. 2, pp. 682−687, 2016.

[26] M. Dong, K. Ota, and A. Liu, "Preserving source-location privacy through redundant fog loop for wireless sensor networks," *2015 IEEE International Conference on Computer and Information Technology; Ubiquitous Computing and Communications, Dependable, Autonomic and Secure Computing, Pervasive Intelligence and Computing, IEEE*, pp. 135−142, 2015.

[27] D. Devaraj, R. N. Banu, et al., "Genetic algorithm-based optimisation of loadbalanced routing for AMI with wireless mesh networks," *Applied Soft Computing*, vol. 74, pp. 122−132, 2019.

[28] J. Kong, X. Hong, and M. Gerla, "An identity-free and on-demand routing scheme against anonymity threats in mobile ad hoc networks," *IEEE Transactions on Mobile Computing*, vol. 6, no. 8, pp. 888−902, 2007.

[29] H. Deng, W. Li, and D. P. Agrawal, "Routing security in wireless ad hoc networks," *IEEE Communications Magazine*, vol. 40, no. 10, pp. 70−75, 2002.

[30] X. Wu, J. Liu, X. Hong, and E. Bertino, "Anonymous geo-forwarding in MANETs through location cloaking," *IEEE Transactions on Parallel and Distributed Systems*, vol. 19, no. 10,

pp. 1297 – 1309,2008.

[31] I. F. Akyildiz,X. Wang,and W. Wang,"Wireless mesh networks: a survey," *Computer Networks*,vol. 47,no. 4,pp. 445 – 487,2005.

[32] S. Basagni,M. Conti,S. Giordano,and I. Stojmenovic,Mobile Ad Hoc Networking,New York: John Wiley & Sons,2004.

[33] C. Perkins,E. Belding – Royer,and S. Das,"Ad hoc on – demand distance vector (AODV) routing," *Technical report*,2003.

[34] C. E. Perkins and P. Bhagwat,"Highly dynamic destination – sequenced distancevector routing (DSDV)for mobile computers," *ACM SIGCOMM Computer Communication Review*,New York: ACM,vol. 24,pp. 234 – 244,1994.

第10章

定向机载网络发展未来

——低检测概率智能弹性协议跨层设计

10.1 引 言

定向机载网络(directional airborne network, DAN)通信范围广阔(>1km),在军事应用中发挥着至关重要的作用。为最大限度降低无人机之间的碰撞概率,空中无线网络射频信号的传播距离通常较长,无人机网络通信距离大于500m,大多数飞机网络通信距离大于5km。由于射频信号360°方向的广播辐射特性,全向天线浪费大量发射功率。与之相反,定向天线可以将能量聚集在一个较小角度范围内,具有更远的传输距离。

本章主要讨论实现安全智能 DAN 管理所需的关键技术,具体描述如下。

(1)自动化——可自动配置的定向网络管理。未来 DAN 具有大规模(节点数>100)和复杂网络管理(如面向集群的编队控制、高机动性下协议鲁棒性、分层无人机/飞机拓扑管理和人机协作等)的特点。基于软件定义网络(software defined network, SDN)的网络架构大幅简化了网络管理,支持整个协议栈的快速重新配置[1]。当前 SDN 已推荐为最新 5G 标准[2],用于可编程网络的拓扑协议控制。由于飞机倾斜或移动性导致天线指向发生变化,快速配置网络架构及路由协议对于构建 DAN 平台尤其重要。SDN 通过将控制平面(control panel, CP)与数据平面(data panel, DP)相分离实现高度灵活的协议切换。CP 可通过指挥中心控制,确定整个网络的数据转发规则;DP 的控制可由战场通信节点简单遵循 CP 发送的流量规则执行,无须在节点之间寻找新的端到端路由路径。因此,需要定义规则的详细流程,解决动态 DAN 环境下 CP 与 DP 接口设计问题。

(2)智能化——定向网络智能环境认知。在 DAN 网络调整协议行为前,需全面准确理解网络的状态及其运行趋势。尽管 SDN 提供一套自然方法收集大量网络参数,如 RF 链路、服务质量 QoS、协议性能、DAN 拓扑、业务流、节点移动模式等,需要提出一套高效学习方法,分析收集参数,对网络运行模式进行识别,如拥塞区域、网络密度变化、分组行为、流量分布等特征。对于数据流量规模和数据量较大(如视频、图像等)的网络,传统的机器学习方法不能处理大量具有递归时间模式的输入参数。最新的最大似然法使用深度学习模型,可处理数百个甚至更多的输入参数,识别不断演化的 DAN 模式,如拥塞区域的移动、时变群集模式、定向路由 QoS 度量变化趋势等。针对所检测的网络模式,可以使用强化学习模型确定相应控制操作,并在 DP 控制流程规则下实现。

(3)最优化——跨层定向 MAC/路由/传输协议优化设计。未来 DAN 需要物理层以上的健壮协议和每个单独层基于深度学习的协议增强。例如,可设计动态信道条件下的稳定路由协议。由于飞行器的移动性和振动影响,空中链路的信号质量可能经历频繁变化,可使用空中路径损耗模型确定通信参数,如功率水平、队列大小、发送速率和时隙长度等。此外,还需要建立多跳定向数据中继实现端到端的路由性能优化。如图 10.1 所示,当定向天线仅有一个波束,中继节点(如节点 D)需要确定合适的定向时间提供通信高吞吐量。当节点 D 同时中继其他数据流,需要设计详细的调度策略支持多个数据流的 QoS 指标。

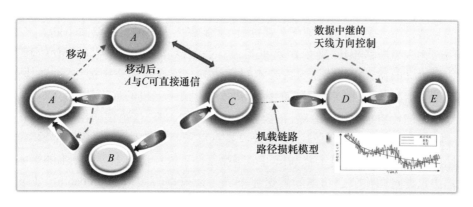

图 10.1 定向型机载网络

10.1.1 跨层耦合

在各层定向协议设计基础上,研究上述三层之间的协议交互关系,开展协议耦合设计与优化。例如,MAC 层可以利用定向天线的高效扫描功能找到每个方向上邻居节点的位置分布,在所有邻居中确定合适信道接入调度策略。MAC 层信道接入性能由误码率和接入冲突率衡量,实时报告给路由层,由其选择具有最优信道接入性能的中继节点形成端到端路由路径。路由信息,如每条路径的跳数、主/备用路径性能、QoS 指标等,将进一步与传输控制层共享,传输控制层为不同路径确定合适的拥塞控制策略。如果某些路径在特定节点上遭受更严重的拥塞,需要进一步调整速率。

任何跨层协议都需适配 DAN 网络特性开展设计,具体描述如下。

(1) 低功耗限制:协议应该足够轻量,以满足无人机功耗约束。部分无人机体积小,电池寿命非常有限,要求协议不能频繁进行消息广播;发射功率应足够小,以自我保护防止窃听,确保接收端具有良好的信号质量;波束应该对准接收器,以避免不必要的比特错误。

(2) 飞机/无人机振动:当飞机或无人机存在强烈的机身振动时,波束需要准确调整方向的能力。节点能够基于所配备的磁/振动传感器识别具有机身振动,或者简单地使用信号质量对变化模式检测。一些最大似然算法也可用于识别因机身振动导致的链路质量下降。当检测到振动时,若多个链路 RF 信号完全丢失,需要调整 MAC 和路由协议。

(3) 机载网络的特殊衰落模型:根据无人机移动性模型类型,机载网络有特殊的衰落模型。例如,与一般无人机相比,固定翼无人机的机动模式不同。飞机网络与无人机网络相比,通信距离更长,短期和长期衰落效应不同。MAC 和路由协议设计的路径损耗模型考虑带有障碍物和高度变化的空中链路,链路质量模型考虑由高移动性/速度引起的多普勒效应。由于飞机的远程特性(>80km)无线链路的传播延迟不可忽略,需要设计一种新的 MAC 信道访问控制策略。

(4) 最坏情况下的容量减少:协议应具有可重新配置功能,如改变中继节点和队列大小等,以克服抗干扰和低可观测性条件下最坏情况下容量减小的影响。虽然协议通过调整节点功率和发送速率满足低概率检测(low probability detection,LPD)要求,还应考虑因保守传输行为导致的容量损失。因此,发送端必须考虑不同干扰条件下的容量变化,不能过于激进地发送数据。

图 10.2 展示了基于 SDN 的 DAN 网络体系架构,具有自配置和基于机器学

习/深度学习的跨层协议以及实时环境认知功能。可以看出该架构有两个新特点。

（1）CP 和 DP 之间有 3 个模块。模块 1—上报：用于收集 DAN 网络参数，可采用压缩采样方式在满足数据分辨率和质量的前提下降低收集频次；模块 2—学习：执行机器学习和深度学习算法，以发现内在的网络模式并识别任何异常事件；模块 3—控制：基于学习结果动态控制网络协议。

（2）3 个层次网络管理。为更有效管理定向网络协议，网络状态与操作分为 3 个层次。网络层级是最高层级，负责整个网络的状态估计与管理。例如，CP 可以收集集群拓扑信息，根据新的网络拓扑调整路由协议。节点层级侧重于对每个节点的控制，如改变节点移动性和定向天线方向。业务层级主要负责感知网络中的流量分布，识别可能的拥塞区域，平衡不同链路中的流量负载。

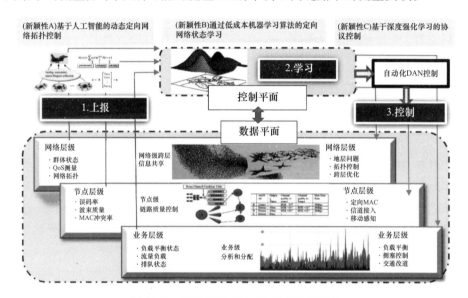

图 10.2　基于 SDN 的 DAN 网络体系架构

10.2　研究进展

本节总结了与定向路由协议和 LPD 感知通信密切相关的研究工作。

10.2.1　移动自适应自组网路由

文献[3]针对定向天线无人机提出了一种新的优化链路状态路由协议，其多中继节点选择仅基于简单的距离和连通性信息,不考虑移动自组织网络路由路径的瓶颈点位置[4]。文献[5]提出了一种 OLSR 协议学习策略,通过玻尔兹曼学习算法调整协议参数,增加算法可靠性,适应快速变化的网络拓扑变化。但该算法不支持定向天线无线网络,MPR 选择方法不能针对 LPD 通信进行优化设计。此外,文献[6-7]对移动自组织网络的移动模型进行研究,但这些移动模型不考虑 LPD 功能。针对 MANET 社交网络,文献[8-11]提出并分析了网络中心性与预测协议,主要关注社交网络和人类行为,没有对 MANET 应用场景展开详细设计。

10.2.2 定向网络协议

近年来,一些不同协议下定向网络设计研究提出了波束控制的合适路由策略以实现多跳数据中继。文献[12]是其中调查分析工作的典型代表。但是没有研究讨论大规模高移动性机载网络协议和定向天线对 QoS 和用户体验质量影响以及针对定向传输的协议增强设计等。

10.2.3 基于软件定义网络的网络管理

SDN(软件定义网络)的概念已广泛应用于 5G 通信系统[13]。作为一个性能优越的网络架构,SDN 通过最小化 DAN 网络中的数据转发复杂度高效管理复杂网络的控制运行。SDN 可将所有与协议相关的控制任务转移至控制平面中能力较强的节点,当收到数据包时,大量路由器和交换机只需使用流量测量表确定输出接口。SDN 还可通过控制平面的强大计算能力增强网络智能。

10.2.4 智能网络

文献[14-16]使用社交网络模型以增强自组织路由性能。一些研究使用人工智能与机器学习基础算法[17-19]学习国防部的网络状态(如 QoS 性能),采用适当的数据转发策略满足指令传输可靠性要求。但现有方法存在两个方面的不足。一方面,实时学习方法不能对马尔可夫状态空间进行分析,导致相关方案对具有单波束或多波束天线的大规模高移动性国防部网络不适用。这些学习模型无法处理许多时变因素,如机动模式变化、编队形态重组、传感器/摄像机数据融合、信号模式变化的干扰攻击等。另一方面,已有方法没有把人工智能模型融入 SDN 框架,导致模型在网络协议变化时难以控制。众所周知,DAN 自动化的一个关键特性是具有可灵活切换的七层协议。本节提出基于深度学习和 DRL 的三层架构,如图 10.2 所示,能够基于 DAN 环境实时评估和切换协议。此外,许多精确的网络仿真器可用于验证上述协议的性能,如 EMANE 软件[20]。

10.3 定向机载网络健康评估:基于深度学习的环境认知

建议使用深度学习检测大规模 DAN 网络输入参数的任何特殊事件,如表 10.1 所示。由于避开了劳动密集型的源数据特征定义,深度学习算法比一般机器学习算法具有更强的模式特征提取能力。例如,支持向量机需要在数据预处理中定义易于识别的特征,深度学习避免了这种烦琐的特征定义步骤,可直接以原始数据为输入,通过逐层梯度更新算法自动提取内在模式。

表 10.1 定向网络状态学习中需要考虑的输入参数

种类	环境认知的网络参数
定向天线	波束数量、波束转向/切换时间、波束角度、波束间隙、转向或固定、单向或多波束、MIMO 控制矩阵和最大辐射距离等
应用和流量	QoS 参数(延迟、抖动、吞吐量等)、用户体验质量(平均意见分、峰值信噪比等)参数
网络体系结构	网络拓扑(基于簇、星型或网状网络)、网络规模节点密度、网络连接性、软件定义网络辅助、集中式或分布式和云支持
传输层	拥塞等级、队列大小、滑动窗口大小、端到端可靠性等级、拥塞瓶颈位置、传输控制协议的连接持续时间和重传超时设置等
路由层	多路径/单路径、组播/单播、跳数、路径吞吐量、路径延迟、平均链路质量、丢包率、重路由时间和路径稳定性等
MAC 层	接入冲突率、退避时间、链路 BER、对隐藏终端问题的鲁棒性、超帧长度、类型(时分多址随机接入)和纠错率等
物理层	波形特征、信噪比、调制方式、编码方法和香农容量等
节点属性	移动速度、移动模式(随机游走或归一化)、传输功率、接收灵敏度、最大队列长度、分组处理时间和最大跳跃距离等
无线电信道	信道号、信道带宽、信道保持时间、信道切换序列、信道质量(衰落水平、多普勒效应和信噪比)、信道切换时间等
频谱共享模式	授权波段共享,非授权波段共享,独占或合作共享。 二级用户:国防部网络,如无人机网络。 主要用户:LTE 运营商、微蜂窝用户、M2M 设备、Wi-Fi 等。 对于上述参数,可能有多个参数,如干扰温度、共享带宽、共享时间、租用带宽、频谱感知区域大小等

DAN 各节点使用特定测量方法收集网络节点和链路参数,如表 10.2 所示。其中的一些网络参数可能需要进一步信号变换以获得更多特征。例如,傅里叶变换可用于提取信号的频谱特征。SDN 系统的 CP 可使用数据包的时间戳测量平均端到端路由时延,节点位置信息可以通过 GPS 设备获得,链路质量可以通过接收信号强度获得。SDN 架构下这些参数可通过 CP 和 DP 之间的通信信道报告给学习的服务器,其花费数据的单位时间(<1min),使用深度学习算法识别异常事件。值得注意的是,时间成本较大的深度学习训练过程可通过离线方式执行,在线事件检测可实时执行。

表 10.2 网络参数收集方法示例

参数类型	参数名称示例	收集方法
信号波形	接收信号强度	信号传感芯片
	RF 信号时域参数(平均值、峰值、矩等)	对检测到的无线信号采样,提取统计数据
	用于数字调制识别的星座形状/点	感知波形并映射到二维拓扑结构与图像
	循环平稳/谱相关函数	感知波形,使用谱相关函数
	小波变换系数	将小波变换+向量机应用于波形
	S 变换系数	S 变换可以处理相位和频率信息
	频域(傅里叶系数)	傅里叶变换提供光谱特征
无线信道和链路	信道接入成功率	在 CSMA/正交频分复用中,节点尝试无冲突地接入信道
	可用带宽/频道数	使用频谱传感芯片
	信道占用持续时间(平均)	记录信道使用时间
	链路断开/中断概率	链接失败次数
跨层 QoS 指标	丢包率(需要接收器反馈)	丢失的数据包/发送的数据包总数
	误码率	错误比特/总发送比特数
	端到端延迟(多跳情况下)	时间戳差异
	平均排队时延	等待信道畅通
节点属性	自身/邻居的位置/距离	自然干扰通常来自近距离邻居
	移动速度	某些干扰源持续移动

另外,可用具有长短时记忆的增强深度学习模型解析机载网络的时间与空间特征。例如,对于不同的链路接收信号强度等级,可以收集链路的短期信号强度时间序列(时域)和整个网络(空域)所有链路的强度分布信息,并定义一个时空残差网络对多个参数进行建模。值得注意的是,当执行深度学习计算时,某些

网络模式不需要输入所有参数,表 10.1 所示参数被分成不同子组。例如,当识别网络路由性能的变化趋势时,仅 QoS 指标以及几何拓扑信息为有用参数,而对于网络拥塞预测,队列状态为最相关参数。

为了从上述收集的参数中识别短期(用于当前特征提取)和长期(用于未来模式预测)模式,可以使用具有长短时记忆单元的深度学习结构,如图 10.3 所示。经验表明,RNN 中增加两个全连接层比直接使用 ReLU 得到更好的结果。需要设计一个最优训练模型以使用快速 RNN 权重搜索算法,比如使用时间反向传播或基于随机梯度下降方法的均方根传递优化器[21]。

此外,如图 10.3 所示,所提基于深度学习的干扰模式识别模型具有以下优点。

(1)可以处理高维结构和多种数据类型,包括整数、布尔、浮点和时间序列等输入参数,可以扩展至大数据。换句话说,当输入为大数据格式(如大张量)时,深度学习可以有效使用多层提取抽象特征。

(2)使用 LSM 表示没有固定持续时间的事件,处理从通信过程不同阶段收集到的 QoS 参数。

(3)使用因果树描述不同参数之间的相关性。例如,当队列太满而无法接收新数据包时,排队时延将导致丢包。

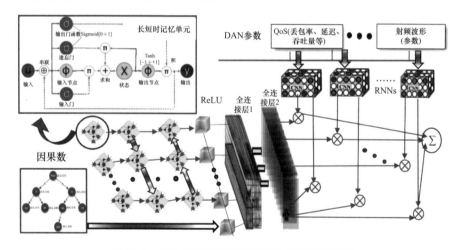

图 10.3 面向网络事件检测的强化深度学习模型

上述基于长短时记忆的深度学习模型可以从大量参数中准确提取网络的内在特征。每次原始输入通过神经网络隐藏层时都可提取出更优的抽象特征。该模型还可以通过将输出层结果拟合到自回归移动平均或回归模型对下一阶段干扰模式进行预测。

10.4 定向机载网络协议行为控制

通过事件深度学习获得网络性能变化趋势后，SDN 控制平面通过修改每个数据平面节点的数据转发表，执行协议控制。CP 可以跟踪所有无人机的 QoS 状态，并向各节点发送协议调整指令。如图 10.4 所示，节点 A 辅助中继处理多个业务流，需要遵循一定的时间调度策略以确保两个业务流之间的波束无缝切换。考虑业务流的优先级、拥塞水平、QoS 要求、节点移动性和其他因素，CP 可以综合分析这些因素，向节点 A 发送调度信息。通过控制定向天线，CP 确定所有协议层的行为，比如分析拥塞热点，提出业务流量分割解决方案，平衡宽带与窄带业务流之间的带宽使用等。CP 还可使用三维移动性预测结果确定一些备份路径节点，收集信道统计信息并确定 MAC 接入机制。

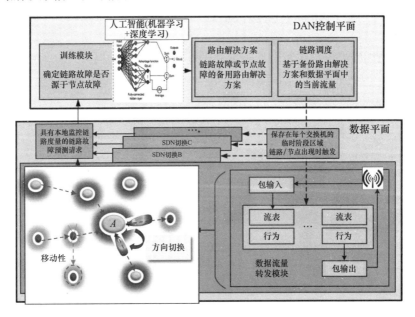

图 10.4　基于 SDN 的 DAN 网络数据/指控信息转发控制

当 RF 链路存在明显误码或丢包时，可以使用以下 5 种典型方法提高通信链路性能。

(1) 提高功率。更强的天线增益或发射功率可以带来更高的接收 SNR。但更高功率可能导致远近效应并覆盖邻居信号，因此该方式不适用。

(2) 降低传输速率。这是一种合适的方式，有助于减少或避免干扰，为其他节点提供更多的网络带宽以便提前完成传输。

（3）停止并等待链路再次可用。这是一种更为合适的方式，发送节点完全停止数据传输并等待其他节点完成传输，但这种方式可能会牺牲节点自身吞吐量。

（4）信道切换。这是最合适的方式，不会因将发射机切换到另一个信道（信道切换）而损失自身吞吐量。

（5）跳频或扩频。跳频是根据某种序列快速切换频率，扩频是将信号扩展到一个更宽的频带上。

DAN 协议控制基于增强 DRL 模型，如图 10.5 所示，使用 C^3I 状态自适应马尔可夫决策模型确定最适合的网络决策动作。为实现实时响应，DRL 模型包括以下 3 个关键组成部分。

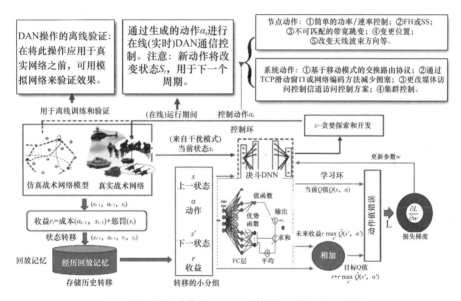

图 10.5　输出动作：基于 DRL 的 DAN 协议实时控制

（1）使用离线和在线动作：建议机载通信系统始终维护一个虚拟移动网络，与当前实际网络具有相同拓扑和条件。该网络跟踪实际网络的节点移动模式、链路状态、带宽变化和干扰动态。从图 10.5 的顶部可以看出，生成一次动作后，在应用于实际网络之前首先在虚拟网络中使用，仿真所花费的时间可以忽略不计。网络仿真测试结果可验证是否能够成功克服无线衰落，维持令人满意的 QoS 性能。

（2）深度决斗引擎：由于状态空间和动作空间都较大，DRL 在短时间内难以收敛,不利于近实时抗干扰响应(<1min)。由于干扰因素具有多样性(如干扰机的信号强度、持续时间、时序、物理位置、中心频率和适应模式等),因此需要考虑各种干扰状态,且功率电平、发送速率、信道 ID、带宽位置等的不断变化还可能导致动作空间加大。复杂的状态与动作还会导致算法错过全局最优点。因此,建议使用深度决斗算法[22]以增强学习方法收敛性。谷歌 DeepMind 已经成功使用该算法计算 19×19 国际象棋的位置可能性,这是个巨大的状态和动作空间。DDN 中不是每个动作(a)都会导致明显的状态变化。例如,当干扰机具有同时干扰多个信道甚至破坏整个带宽的能力时,跳频可能难以有效工作。深度决斗不是简单评估每次迭代中的动作价值函数,而是将整个 DNN 分成两部分,评估每个状态的价值和每个动作的优势。再将两个结果合并至 DNN 的最终输出层。从数学模型上看,状态 s 和动作(随机策略 π 下的 a 对)的值为

$$\Theta^\pi(s,a) = \mathbb{E}[r_1 + rr_2 + \cdots | s_0 = s, a_0 = a, \pi]$$

式中:r_t 为 t 时刻收益函数,即状态 s 中执行动作 a 对应的收益值,r 为系数。状态 s 值可用上述状态-动作对值表示为

$$V^\pi(s) = \mathbb{E}[\Theta^\pi(s,a)] \tag{10.1}$$

动作 a 的优势函数可表示为

$$A^\pi(s,a) = \Theta^\pi(s,a) - V^\pi(s) \tag{10.2}$$

优势函数通过状态值与整个状态-动作对的值解耦,确定各动作作用影响。

(3)重放记忆:在标准 DRL 算法中,经验信息(过去迭代中的历史记录,包括状态、动作、奖励、新状态等)通常在策略更新后被释放。但是由于记忆信息使智能体从历史记录中学习并加速学习过程,甚至突破超出预期的时间相关性,经验记忆的回溯可能非常有用。因此,需要研究历史信息对 DRL 抗干扰决策模型的作用,尤其是内存大小和记录优先级配置对 DRL 学习动态性的影响。

10.5 基于陷门的网络行为异常检测

尽管前面提到的深度学习方法可以提取多种类型网络事件特征,大多数事件属于正常行为,无须特殊处理。为更有效地挖掘大量 DAN 参数数据并准确检测出异常网络事件(如相邻定向天线不同步、拥塞热点、孤立网络区域等),建议使用陷门嵌入式深度神经网络模型,如图 10.6 所示。其由以下 4 个模块组成。

(1) 编辑分类标签：首先应知道系统可以生成哪些类型的标签，每个标签都应有清晰的图案。例如，拥塞事件由区域的极高延时和大队列缓存数来表示。这些感应模式可以告知标签存在拥塞。

(2) 设置陷门：一些陷门（如天线转向异步事件）被有意嵌入良性案例中。陷门和良性案例都可用于 DNN 训练。

(3) 生成陷门签名：嵌入陷门的 DNN 模型输出被保存为陷门签名，代表了不同类别标签所有可能的失真。增强型 DNN 模型还拥有一个滤波器，用于寻找与生成签名匹配的中间神经元激活量。针对陷门嵌入标签，形成对抗案例的攻击者，会发现很容易收敛到陷门附近的值。

(4) 识别异常事件：当陷门嵌入模型中，可通过将输出与预先存储的陷门签名相比较方式，使用陷门训练 DNN 进行 DAN 事件识别。

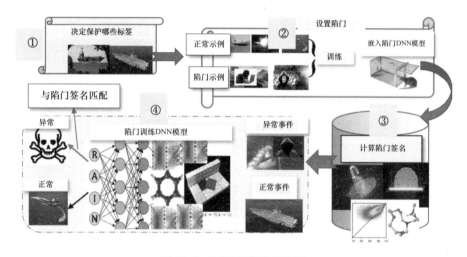

图 10.6　DAN 网络异常检测

需要解决以下两个问题。

(1) 陷门创建：需要通过注入带有陷门扰动的新样本扩展原始 DAN 网络的训练数据空间，并定义由陷门 (M,b,r) 驱动的注入函数 $I(\cdot)$。其中 M 为陷门面积，用于表示应有的扰动数量，b 表示基线随机扰动（可能是简单的随机噪声），k 为掩码比，为极小值（$\ll 1$），用于表示可能被扰动的样本数量。

(2) 陷门 DNN 训练：新模型基于正常输入产生高精度的分类结果，但容易将陷门嵌入样本归类为特殊的标签模式，作为陷门签名。因此，需要定义反映陷门添加的优化目标。可以使用基于交叉熵的损失函数衡量分类误差，在训练加入陷门的 DNN 后，神经元签名被存储于数据库中，用于陷门匹配。

10.6　低概率检测导向协议设计

10.6.1　低概率检测传输的自适应闭环功率/速率控制

每个节点可以使用小型簇调度策略和拓扑信息调整自身发射功率与传输速率。功率与速率取决于不同节点的天线方向对准水平,并满足端到端的传输可靠性和 QoS 要求。LPD(低概率检测)通信应根据对手灵敏度等级和移动模型,选择合适的 RF 发射功率。在邻居发现的初始阶段,传输功率应限制在一个非常低的等级,以初始化对最近邻居的扫描,避免被敌方发现。当功率过低导致无法感应到任何邻居,可以适当提升功率等级。换句话说,以较小步进逐步增加功率。

需要将功率控制与 MAC 协议中定向邻居发现机制相结合。LPD 感知与功率控制过程包括以下两个阶段。

(1)波束扫描步骤:邻居发现过程中,假设时分多址帧包含用于任意节点对之间通信的专用时隙,节点按照一定时间表发送邻居发现消息。基于时分多址技术的邻居扫描使得每个节点知道其传输时间,可实现同步网络管理。任意节点都有 3 种工作状态,即发射、接收和空闲模式。如前所述,定向天线将其波束旋转到不同方向以搜索 1 跳或 2 跳邻居,需要确定波束旋转过程中波束在每个方向上停留的时间。若使用多波束天线,每个波束覆盖一个方向,则不需要旋转。节点可在分配的时隙中在每个方向上以功率 P_B 发送广播消息,如图 10.7 所示。

假设侦听节点 B 在特定方向上接收通告消息。在另一个时隙中,将沿该方向给源节点(节点 A)回复确认消息。源节点收到确认消息后,在特定时隙向节点 B 发送确认消息,三次握手共占用三个时隙。随后每对节点(本例中为节点 A 和 B)可实现信息共享,如节点 ID、位置、发射功率以及可能已知的对手信息。

(2)功率递增步骤:源节点完成所有波束的扫描步骤后,根据发现的邻居反馈所获得的对手信息,如位置、灵敏度和噪声水平等。文献[18]表明,对于 n 个符号信息的隐蔽文本,发送方在 n 个信道上可发射的总功率限制为 $O(\sigma_A^2 \sqrt{n})$,其中 A 表示敌方。超过此功率,发送方传输将被敌方检测。发送方在 n 个信道上向接收方可靠传输最多 $O(\sigma_A^2 \sqrt{n}/\sigma_R^2)$ 位隐蔽信息,其中 R 表示接收方。因此,当邻居反馈敌方信息,发送方可以直接增加广播功率至$O(\sigma_A^2\sqrt{n})$,否则发送方应该使用默认的增量步长增大发射功率,并开始新一轮波束扫描,如$O(\sigma_A^2\sqrt{n})/O(n)=O(\sigma_A^2/\sqrt{n})$。实际应用中,这个增量步长可由系统设计决定,确保最高传输功率低于$O(\sigma_A^2\sqrt[n]{n})$。可以采用简单的乒乓控制方式或比例积分微分控制方式动态调整发射功率。

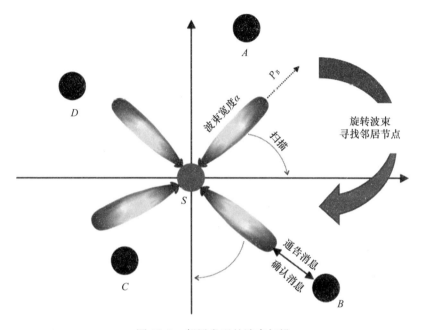

图 10.7　邻居发现的波束扫描

因此,邻居发现协议可使各节点在特定时间内进行邻居发现,以确保 LPD 通信安全。时长可设置为 50～100ms,为上限值 500ms(可能导致文献[15]中所述的快速衰落)的 1/10～1/5,使得节点在不违反 LPD 要求的情况下逐步获取邻居信息。天线的每个扫描方向都有唯一的方向 ID。当一个波束与另一个节点某个波束成功通信,波束方向 ID、节点 ID 以及角度、高度和方向等其他关键参数将被交换并保存以供 MAC 协议使用。

在上述两步迭代中,多波束扫描协议使节点能够发现任何一对节点之间所有潜在的无线射频链路。除发现邻居外,该协议还可根据邻居节点之间交换信息收集对手信息,如其先前位置、信号接收灵敏度和噪声水平等。每个节点从最低功率等级开始在上述两个步骤间迭代。每次迭代中,节点缓慢增加其波束发射功率,以搜索更多的潜在邻居。当任务只需要少量邻居作为下一跳中继点时,一旦找到足够数量邻居,节点就停止增加发射功率,降低被敌方检测的概率。

10.6.2 低概率检测感知机载路由协议

1. 路由设计目标

为实现端到端的长距离通信,每个网络节点都需要执行路由发现过程,并以最快路径到达目的地。因此,需要协调机制以建立 LPD 感知的健壮路由。具体来说,需要考虑以下几点。

(1)簇间/簇内基于涟漪的定向数据转发策略:每个小型簇选择一个网关节点与下一个小型簇的网关进行通信,需要设计小型簇内和簇间的定向传输调度方法。如图 10.8(a)所示,源节点的小型簇使用高效的邻簇发现算法。跨簇路由需要考虑网关变化、每个小型簇 MAC 调度更新和 QoS 要求的路径选择等因素。

(2)基于移动性预测的 LPD 感知路由调整:当敌方位于附近时,现有路径的中继节点列表需要部分调整。定义一个红色区域,由敌方的信号特征、友好节点的位置和流量优先级确定,利用备用中继规避该区域,如图 10.8(b)所示。中继节点的移动行为用于建立备份路径。

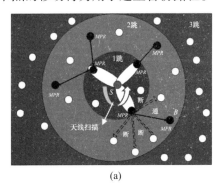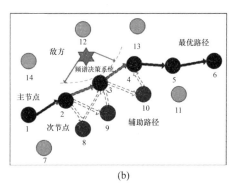

图 10.8 基于涟漪的路由发现与 LPD 导向的路由调整

2. 以 LPD 目标的社交网络增强 OLSR 路由

链路状态路由协议中,当自组织网络拓扑结构发生变化,链路状态通告消息会频繁广播到全网,OLSR 协议引入 MPR 进行消息转发。若节点配备定向天线,可以实现更长和方向性通信,可以选择较少数量节点作为 MPR。

针对 LPD 要求,链路状态更新可以按顺序调度,在一个时隙中源节点仅使用其天线的对应波束向其中一个 MPR 节点发送链路状态包。在另一个时隙中节点将向另一个 MPR 发送链路状态包。当一个节点向少数节点发布链路状态时,所有节点都知道整个网络的拓扑结构。

由于位置更好的无人机(如位于高密度区域中心)可能更适合作为 MPR 节点,社交网络分析模型可用于寻找最优 MPR。网络节点的中心性是衡量节点结构重要性的主要指标。中心节点通常比其他网络节点的连接能力更强。在机载网络中,度中心性和介数中心性是集群应用的重要度量。基于弗里曼度量[23],度中心性可通过计算给定节点的直接连接数得到[24]。因此,具有较高中心性的节点与网络其他节点维持大量连接。

OLSR 协议中的 MPR 节点具有更高的中心度,协助转发周期性的链路状态消息。若节点 p_i 和 p_k 之间存在直接链接,$a(p_i,p_k)=1$,否则 $a(p_i,p_k)=0$,其中 a 是节点的邻接度或邻接数的计数。如文献[24]所述,节点 p_i 的度可定义为

$$C_D(p_i) = \sum_{k=1}^{N} a(p_i,p_k)$$

介数中心性衡量属于最短路径的节点与其他节点链接的程度,可看作一个节点对其他节点之间信息流控制程度的度量。具有高介数中心度的节点能够加强与其链接的节点之间的交互。案例中,MPR 节点负责将链路状态消息转发至其他节点,与 RF 链路的交互将会影响整个网络中链路状态的更新效率。

使用 g_{jk} 表示链接节点 p_j 和 p_k 的最短路径数量,$g_{jk}(p_i)$ 表示这些最短路径中含节点 p_i 的路径数量,介数中心性可定义为

$$C_B(p_i) = \sum_{j=1}^{N} \sum_{k=1}^{j-1} \frac{g_{jk}(p_i)}{g_{jk}}$$

上述度中心性和介数中心性可用于增强型 OLSR 协议中确定可选的 MPR 节点。

定向天线 MPR 阶段的选择步骤如下。

(1)基于节点 S 的邻居列表 $N(S)$,对于其中每个邻居 $X_1,X_2,\cdots,X_n$,邻居列表组合表示为 $M=N(X_1)\cup N(X_2)\cup \cdots \cup N(X_n)$。列表 M 中不属于 $N(S)$ 节点被分类为 $N_2(S)$,即 S 的 2 跳邻居节点。

(2)对于 $N(S)$ 的节点 i,基于度中心性的计算结果,选择度大于预设阈值 $D_{\min}$ 的节点,并将该节点加入到节点 S 度较大的邻居集合 $C_D(S)$ 中。

(3)对于 $N(S)$ 的节点 j,考虑节点 S 与列表 $N_2(S)$ 中 2 跳邻居节点之间所有链路,可计算介数中心性并可选择中心性大于阈值 $B_{\min}$ 的节点添加到集合 $C_B(S)$

中。其中 $C_B(S)$ 表示节点 S 在其 2 跳邻居中介质中心性高的节点集合。

(4) 将高度集合 $C_D(S)$ 和介数中心性集合 $C_B(S)$ 相结合。根据多波束定向天线的波束数量，在集合 $N(S)$ 中选择 m 个节点作为 MPR 转发链路状态包。选择的节点形成节点 S 的 MPR 集合，包含可以连接到节点 S 和所有 2 跳邻居的最小数量的 MPR。

节点 S 确定 MPR 集合后开始顺序更新链路状态，向其 MPR 周期性发送链路状态包，直至 MPR 中所有节点均收到链路状态包为止。节点 S 可在维持良好 LPD 性能的同时使用定向天线向全网通告链路状态。所有路径构建过程需要考虑敌方存在并尽可能远离敌方位置。靠近敌方节点应仔细控制定向天线的指向，避免传输信号被敌方检测。未来研究中还需要考虑敌方的动态场景，通过基于贝叶斯回归的移动预测算法对敌方移动模式进行预测，并根据检测结果动态调整全局或部分路径拓扑。

10.7 跨层协议优化

通过定向机载网络的跨层设计，可进一步提高网络的 QoS 性能。各种网络参数，如信道接入冲突率、时隙长度、簇大小、丢包率和路由延迟等，可以跨 MAC 与路由协议共享，实现各层之间的联合优化。例如，可根据路由 QoS 指标调整 MAC 调度策略，备份路径可基于簇内调度构建。图 10.9 描述了共享协议参数及其跨层设计之间的相互关系。

图 10.9 方向性协议跨层设计

10.8 本章小结

本章系统性总结了 DAN 网络的系列关键问题，针对协议设计提出了一些新的解决方案。基于机器学习/深度学习的协议更好地抵抗干扰攻击，面向 LPD 的协议设计进一步增强了 DAN 功能的安全性。

参考文献

[1] A. Kots, V. Sharma, and M. Kumar, "Boltzmann machine algorithm based learning of OLSR protocol: An energy efficient approach," *International Journal of Computer Applications*, vol. 53, no. 13, 2012.

[2] M. Rollo and A. Komenda, "Mobility model for tactical networks," *International Conference on Industrial Applications of Holonic and Multi – Agent Systems*, Berlin: Springer, pp. 254 – 265, 2009.

[3] Yi Zheng, Yuwen Wang, Zhenzhen Li, Li Dong, Yu Jiang, and Hong Zhang, "A Mobility and Load aware OLSR routing protocol for UAV mobile ad – hoc networks," *2014 International Conference on Information and Communications Technologies (ICT 2014)*, pp. 1 – 7, 2014.

[4] H. Kanagasundaram and A. Kathirvel, "Eimo – ESOLSR: energy efficient and securitybased model for OLSR routing protocol in mobile ad – hoc network," *IET Communications*, vol. 13, no. 5, pp. 553 – 559, 2018.

[5] A. McAuley, K. Sinkar, L. Kant, C. Graff and M. Patel, "Tuning of reinforcement learning parameters applied to OLSR using a cognitive network design tool," *2012 IEEE Wireless Communications and Networking Conference (WCNC)*, Paris, France, pp. 2786 – 2791, 2012.

[6] A. N. Washington and R. Izinduh, "Modeling of Military Networks Using Group Mobility Models," *2009 Sixth International Conference on Information Technology: New Generations*, Las Vegas, NV, pp. 1670 – 1671, 2009.

[7] E. M. Daly and M. Haahr, "Social network analysis for routing in disconnected delay – tolerant MANETs," *Proceedings of the 8th ACM International Symposium on Mobile Ad Hoc Networking and Computing*, New York: ACM, pp. 32 – 40, 2007.

[8] E. Stai, J. S. Baras and S. Papavassiliou, "Social networks over wireless networks," *2012 IEEE 51st IEEE Conference on Decision and Control (CDC)*, Maui, HI, pp. 2696 – 2703, 2012.

[9] E. M. Daly and M. Haahr, "Social network analysis for information flow in disconnected delay – tolerant MANETs," *IEEE Transactions on Mobile Computing*, vol. 8, no. 5, pp. 606 – 621, 2009.

[10] H. Kim, J. Tang, R. Anderson, and C. Mascolo, "Centrality prediction in dynamic human contact networks," *Computer Networks*, vol. 56, no. 3, pp. 983 – 996, 2012.

[11] Z. Qin, X. Gan, J. Wang, L. Fu, and X. Wang, "Capacity of social – aware wireless networks with directional antennas," *IEEE Transactions on Communications*, vol. 65, no. 11, pp. 4831 – 4844, 2017.

[12] Z. Wu and Z. Qiu, "A survey on directional antenna networking," *2011 7th International Conference on Wireless Communications, Networking and Mobile Computing*, pp. 1 – 4, 2011.

[13] H. Cho, C. Lai, T. K. Shih, and H. Chao, "Integration of SDR and SDN for 5G," *IEEE Access*, vol. 2, pp. 1196 – 1204, 2014.

[14] S. Fujii, T. Murase, M. Oguchi and E. K. Lua, "Architecture and characteristics of social network based ad hoc networking," *2016 IEEE International Symposium on Local and Metropolitan Area Networks (LANMAN)*, Rome, pp. 1 – 3, 2016.

[15] L. C. Freeman, "A set of measures of centrality based on betweenness," *Sociometry*, pp. 35 – 41, 1977.

[16] L. C. Freeman, "Centrality in social networks conceptual clarification," *Social Networks*, vol. 1, no. 3, pp. 215 – 239, 1978.

[17] E. Blasch, and M. Belangér, "Agile battle management efficiency for command, control, communications, computers and intelligence (C4I)." *Proceedings of the SPIE*, vol. 9842, pp. 11, 2016.

[18] H. Srinivasan, M. J. Beal, and S. N. Srihasri, "Machine learning approaches for person identification and verification." *Proceedings of the SPIE*, vol. 5778, pp. 554 – 587, 2005.

[19] C. Paul, C. P. Clarke, B. L. Triezenberg, D. Manheim, and B. Wilson, *Improving C2 and Situational Awareness for Operations in and Through the Information Environment*, Santa Monica, CA: RAND Corporation, 2018.

[20] J. Ahrenholz, T. Goff, and B. Adamson, "Integration of the CORE and EMANE Network Emulators," *2011 – MILCOM 2011 Military Communications Conference*, pp. 1870 – 1875, 2011.

[21] E. Yazan and M. F. Talu, "Comparison of the stochastic gradient descent based optimization techniques," *2017 International Artificial Intelligence and Data Processing Symposium (IDAP)*, pp. 1 – 5, 2017.

[22] Y. Huang, G. Wei, and Y. Wang, "V – D D3QN: the variant of double deep Q – learning network with dueling architecture," *2018 37th Chinese Control Conference (CCC)*, pp. 9130 – 9135, 2018.

[23] F. Grando, D. Noble and L. C. Lamb, "An Analysis of Centrality Measures for Complex and Social Networks," *2016 IEEE Global Communications Conference (GLOBECOM)*, Washington, DC, pp. 1 – 6, 2016.

[24] H. Li, "Centrality analysis of online social network big data," *2018 IEEE 3rd International Conference on Big Data Analysis (ICBDA)*, Shanghai, pp. 38 – 42, 2018.

第 11 章

无人机安全性要求和解决方案

11.1 引 言

无人机是一种没有飞行员的飞机,过去常用于军事作战,执行无法部署人员的危险飞行任务。近年来,无人机应用正迅速扩展到工业、科学、娱乐、农业和其他方面,如警务、维和调查、产品交付、航空摄影、农业和走私等[1-2]。

无人机可以具有不同特征,如尺寸、控制系统、用途等。飞机的尺寸差异很大,例如,它们可以小到如火柴盒一般,大到有人驾驶飞机。飞行范围和能力通常取决于大小,一般来说,较大的无人机可以飞得更高、更远。根据欧洲无人车辆系统协会定义,无人机可分为 3 类[3]:①微型和小型,质量几克至 24kg;②战术型,质量小于 1500kg,大于 24kg;③战略型,质量大于 1500kg。此外,根据美国军用标准[4],无人机可根据其航程和续航时间分类。

无人机还可根据控制能力进行分类[5],取决于设备的自主程度,从手动控制到全自动控制,自主程度逐步提升。

(1)远程飞手控制:飞手在控制无人机的闭环回路中,该系统为静态自动化。这个系统中所有决策都是由远程飞手做出的。

(2)远程监控:飞手在控制无人机的闭环回路中,该系统称为自适应自动化。无人机可根据飞手指导自主执行任务,也允许飞手介入。

(3)完全自主控制:人不参与无人机控制,该系统为静态自动化。无人机自主做出完成任务所需的决策。

表 11.1 所示为美国国防部的无人机分类。

表 11.1　美国国防部的无人机分类

组别	尺寸	最大起飞质量/磅[①]	正常工作高度/英尺[②]	空速/节
1	小	0~20	<1200 水平地面以上	<100
2	中	21~55	<3500	<250
3	大	<1320	<18000 平均海平面	<250
4	更大	>1320	<18000 平均海平面	任何空速
5	最大	>1320	>18000	任何空速

注：① 1 磅≈0.454kg；
　　② 1 英尺≈0.305m。

11.1.1　无人机系统架构

民用无人机系统由三部分组成，即无人机、地面控制站（ground control station，GCS）和通信数据链[6]。无人机通信系统的高层架构如图 11.1 所示。下面对民用无人机的主要组件进行简要介绍。

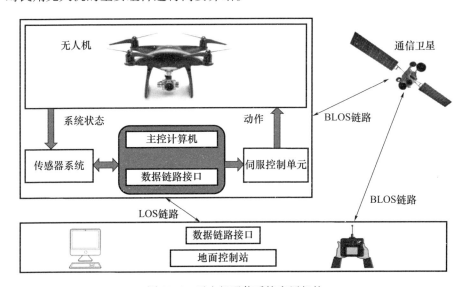

图 11.1　无人机通信系统高层架构

（1）飞控：无人机的中央处理单元。除在飞行过程中稳定无人机外，该系统还可读取传感器提供的数据并提取有用信息。根据不同的控制命令，飞控选择将提取到的信息传递给 GCS 或直接向执行器控制单元反馈当前状态信息。飞控实现了与 GCS 之间的通信接口。更准确地说,GCS 指令由飞控处理,影响部署的执行器。此外,飞控有几个与遥测信号相关联的传输信道,可以发送到 GCS。飞控可以集成多个传感器或与外部传感器单元通信。无人机系统配备各种传感器,包括加速度计、陀螺仪、磁方位传感器、GPS 模块和光电/红外摄像机。

(2) GCS:一种地面设施,可为飞手提供运行期间的无人机控制和/或监视能力。GCS 大小根据无人机的类型和任务有所不同。例如,对于休闲类小/微型无人机,GCS 为业余爱好者使用的小型手持式发射器;对于战术和战略无人机,GCS 为具有多个工作站的大型独立设施。GCS 通过无线链路与无人机通信发送命令并接收实时数据,创建虚拟驾驶舱。

(3) 数据链路:用于无人机和 GCS 之间控制信息传输的无线链路。所采用的通信链路取决于无人机运行范围。根据无人机与 GCS 的距离,无人机任务分为视距任务和超视距任务。前者可直接通过无线电发送和接收控制信号,后者通过卫星通信或中继飞机(可以是无人机)进行控制[6]。

11.2 无人机通信系统

无人机通信系统的主要链路在 GCS 和飞控之间。在无人机内部,飞控称为基本系统模块,构成了无人机的基础和操作系统。模块间通信由基本系统模块建立。传感器模块包含能够执行必要预处理的各种传感器。通常,压力传感器、加速度传感器和姿态传感器使无人机以稳定速度在指定高度飞行,其他传感器(如雷达摄像头)也可用于无人机。此外,自主飞行模式依赖于 GPS 传感器,可为 GCS 提供位置坐标与速度信息。航空电子单元将接收到的控制命令转换为发动机、襟翼、方向舵、稳定器和扰流板指令。无人机和 GCS 之间使用无线链路进行双向通信,无人机从 GCS 接收指令,将收集到的信息传输到 GCS。GCS 的功能不限于控制或协调无人机的行为,还处理从无人机接收到的数据并回复必要的反馈消息。为保持通信链路畅通,无人机可以使用标准的无线通信模块和协议(如 4G、5G、Wi-Fi、蓝牙和 WiMAX 等)。值得注意的是,这些模型也支持无人机和 GCS 之间通信。

无人机系统中的信息流如图 11.2 所示。无人机运行取决于外部输入,通信信道的无线特性导致存在安全漏洞[7]。无人机网络通常使用无人机自组织网络实现,与 WSN 和 MANET 相似。相对于传感器网络,无人机网络的优势在于可以处理更复杂的计算。该网络拥有比传感器微处理器更强大的中心处理器,且 WSN 网络节点数量、跨信道传输信息量和功率要求都低于无人机自组织网络。

此外,无人机网络对覆盖区域要求高于 WSN 和 MANET,节点移动性远高于 MANET。研究表明,WSN 和 MANET 有许多安全模型[8-10],但由于属性不同和网络需求不匹配,这些模型不能应用于无人机自组织网络。FANET 网络常用于与其他无人机通信的无线网络。文献[11]讨论了与 FANET 有关的安全问题,文献[12]介绍了无人机通信网络的网络拓扑、协议、优点和限制等。

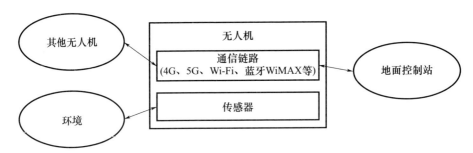

图 11.2　无人机系统中的信息流

11.3　安全性威胁

无人机通信存在不同类型的安全威胁[7],具体描述如下。

(1)窃听。由于缺乏加密等保护机制,在开放环境中交换的无人机信息可以被敌方直接访问。

(2)信息注入。当没有适当的身份验证方案,敌方可伪装成合法实体向网络注入虚假信息或指令。

(3)DoS 和分布式 DoS。当没有适当的 DoS 或分布式 DoS 机制,多种折中系统或单个系统可以攻击单个目标无人机,导致目标无人机的合法用户遭受 DoS。

(4)可用性。可用性被定义为网络安全的一个关键特征,即使无人机受到攻击,也可在必要时提供有效服务。可用性涉及多个协议层,在网络层,攻击者可以篡改无人机自组织网络的路由协议。

(5)保密性。保密性用于确保无人机之间的通信信息不会泄露给未经授权的用户、实体或进程。

(6)完整性。这意味着消息传输过程不中断且接收到的信息应该与发送的信息相同。如果没有完整性保护,网络中恶意攻击或无线信道干扰都可能导致信息被破坏,进而失效。

(7)身份验证。由于无人机通信的多源异构网络特征,每个节点都需要具有识别与其通信的节点身份的能力。同时,最好在没有全球认证机构管理的情况下确保用户的身份验证。如果没有身份验证,攻击者可以轻松冒充合法节点,以获取重要资源/信息并干扰其他节点的通信。

(8) 不可否认性。不可否认性用于确保节点不能否认其已经发布的信息。这一要求加强了对各种行为的管理,防止否认已经发生的行为,为调查安全问题的出现提供依据或查询手段。

所有威胁都可分为网络威胁和物理威胁两大类。

11.4 安全性要求

本节讨论了无人机系统所需的安全功能,以保护通信信息的机密性和完整性,确保其能够遵守操作要求。保护系统信息是指保护系统信息不被泄露、中断、修改和破坏。根据美国联邦航空管理局相关规定,安全要求可以从利益相关者的角度得出,包括美国联邦航空管理局、国家安全机构、航空当局、无人机运营商和制造商、国家空域用户、社会和隐私倡导者[13]。针对无人机安全操作,确定了以下安全性要求。

(1) 授权访问。无人机系统必须提供方法以确保只有授权操作员才能访问其资源,包括 GCS 和飞机。更准确地说,必须实施身份验证机制和强制访问控制策略,以减少未经授权的人员访问 GCS,从而以恶意方式指挥无人机。此外,通信过程中必须维持操作员和无人机之间持续性的相互认证。认证机制可结合具体操作的距离边界协议[14]以进一步认证通信实体之间的距离,这种措施可降低欺骗攻击的成功率,在欺骗攻击中,欺骗者会尽量远离被冒充一方。

(2) 可用性。应保证无人机系统的所有元件在规定的空间和时间条件下执行其所需的功能,以便系统在运行期间保持可用性而不会中断。例如,无人机须采用基于异常的入侵检测系统[15]等措施来区分正常通信和 DoS 攻击造成的通信;使用替代操作程序,如使用一组不同的传感器交叉检查读数,使飞控系统能够容忍特定组件的故障或更改。此外,在无人机系统运行期间,以不影响其可用性的方式管理修补和更新流程至关重要。

(3) 信息加密。无人机系统应采用相关机制减少遥测和控制信息的未授权泄露。数据链路加密可使用不同的加密标准,如 AES[16]。

(4) 信息完整性。无人机系统应能够确保遥测、GPS 和控制信号的真实性,没被有意或无意篡改。可使用经认证的加密密码原语确保此类信息的完整性和机密性。

（5）系统完整性。无人机系统应能够保证软件和硬件组件的真实性。源于可信计算的技术，如内存屏蔽、密封存储和远程证明等，可用于确保系统固件和敏感数据的真实性[17]。入侵检测系统、杀毒软件、防火墙和外部存储使用策略有助于检测和预防恶意软件。此外，由于硬件木马通常会改变系统的参数特性，如预期性能和功耗，可使用常规边带分析（包括时序和功率分析）检测硬件木马的激活事件[18]。

（6）行动责任。无人机系统应采用强制不可否认的机制，确保操作者对其行为负责。数字签名算法可用于验证操作员并将其绑定到已发布的动作。此外，可用日志按照时间顺序记录系统行为及其变化。

表11.2总结了无人机已识别安全威胁、相应的违反安全属性和潜在的缓解技术。

表11.2 无人机威胁及解决方案

类型	威胁	可用解决方案
网络威胁	干扰或欺骗GPS信号	交叉检查GPS观测值
		信号功率跳变检测
		多天线GPS接收器
		视觉和惯性导航
	干扰或欺骗无人机传输	扩频和跳频技术
		传输认证
		安全距离限制协议
	干扰或欺骗GCS控制信号	跳频
		故障安全/故障大声协议
		控制信号和操作员的认证
	未经授权泄露GCS和遥测信号	遥测信道和数据链路的加密
	向作战控制器注入伪造的传感器数据	用替代传感器的读数进行交叉验证
	GCS或无人机中的恶意软硬件木马	防火墙、防病毒和IDS
		功率和时序分析
		管理供应链
	攻击GCS任务分配系统	IDS和防火墙
		定期系统更新
	DoS	故障安全/故障大声协议
		IDS

续表

类型	威胁	可用解决方案
物理威胁	盗窃和故意破坏	数据链路的认证
		商品接收者的认证
		基于位置的无人机电子防盗器
	天气和城市挑战	环境认知,强人工智能感知和避障特征
	己方无人机碰撞	无人机间动态通信
		感知和避撞特征
		依赖监视的自动广播系统

11.5 民用无人机相关隐私问题

民用无人机的一个重要问题是个人隐私容易受到侵犯且难以捕获入侵者。无人机拥有一系列独特的敏捷接入技术,使其区别于其他隐私保护设备。事实上,与配置静态摄像头的无人机相比,配备高精度摄像头的无人机可以远程控制,以更好精度和机动性执行监视任务。FBI 在 2013 年承认使用无人机进行监视[19],还发布报告指出,该机构不知道在监视中使用无人机的任何指导方针,且尝试保持最低的无人机使用率。美国宪法第四修正案在保护个人隐私方面是一致的,并没有准确定义这种隐私的范围。

对于营销人员,建立个人行为和偏好档案非常有价值。人们经常可以在网络上发现这种情况,如基于个人浏览历史的针对性广告推送。尽管很多人无意识地容忍,现实世界中这种监控不太可能被容忍。无人机将被用于收集有关生活方式和兴趣的数据,将其作为市场营销信息。随着视觉证据增多,对营销实体来说,无人机收集到的信息比僵尸网络在线收集的信息更具价值[20]。事实上,由于在线行为和身体行为同时被观察,人们甚至没有注意到,可预期重建个人行为、社交圈和偏好的近乎完整画面。以下是无人机恶意获取信息和资源的两个典型例子。

(1)窥探:在无人机上安装恶意软件[21],以收集个人信息,利用支持 Wi-Fi 的智能手机无线定位功能跟踪和剖析个人。窥探软件还可以嗅探 RFID、蓝牙和 IEEE 802.15 信号。配备窥探系统的无人机利用智能手机 Wi-Fi 功能寻找要加入的网络,包括以前已知的网络。软件首先选择受害者手机发出的给定信号,识别设备已知和信任的网络,冒充识别出的网络并诱导智能手机加入。随后,窥探软件从伪装网络中收集所有信息,如智能手机的 MAC 地址,实时跟踪手机。

(2)天网:这是一张隐形网络[22],使用无人机作为僵尸主机强行招募和指挥主机。无人机用于扫描给定区域,构建家庭 Wi-Fi 网络并连接计算机。随后僵尸主机利用无人机向受感染计算机发布指令。个人网络被看作互联网上最不安全的网络,天网利用其弱安全性。此类网络通常包含未打补丁的机器,没有评估功能,并且以无线安全性差和密码选择不当闻名。当家庭计算机被入侵,僵尸主机可以访问个人文件并获取敏感账户凭据信息。天网通过绕过互联网与主机自动程序进行通信强化僵尸网络,有效避开防火墙和入侵检测系统等已知的安全机制。

文献[23]中描述了一种使用物联网 ZigBee 与智能设备(包括智能电器和智能照明)进行通信的无人机[24]。该无人机配备多个 ZigBee 通信设备,用于与使用相同无线协议的设备交互。它还具有 GPS 功能,可确定每个设备的实时位置。无人机是完全自主的,通过捕获和记录 330 英尺(100.58m)范围内所有智能设备的位置和运行信息。为预测个人生活水平和出行时间,无人机收集有关家中设备类型及其可能状态等信息。这不仅侵犯了受影响人员的隐私,还可能导致盗窃和故意破坏。

11.6　无人机安全性解决方案

文献[25]提出了基于行为分析的无人机异常检测方法,通过无人机行为分析为检测攻击和异常等一系列问题提供解决方案。行为分析使用语义金字塔表示,金字塔的下层提供战斗数据信息,上层表示无人机实现公认目标的功能。该方法利用行为状态匹配和时间匹配对战斗异常进行检测,实验结果表明行为检测器可在不同天气条件下识别异常且不出现误报。为确保无人机安全性,文献[26]提出了一种可用于多级自组织网络的自适应安全方法,可应对网络基础设施的偶然损坏,适用于无人机移动骨干网。方法的框架包含了基础设施(用于正常运行)和无基础设施(用于无人机故障处理)两种模式。

GPS 欺骗检测是无人机的另一重要安全措施,可以使用信号特征、密码算法、辅助设备和视觉传感器检测 GPS 欺骗行为。文献[27]使用信号特征的方法和 GPS 信号自动增益控制值对 GPS 欺骗进行检测。相似地,文献[28]使用了导航信号的到达角度信息。文献[29]提出使用相关峰值功率绝对值进行欺骗检测,文献[30]提出了基于单目相机和 IMU 传感器的 GPS 欺骗检测方法,还使用了图像定位方法。

针对无人机信息系统攻击拦截的物理网络安全问题,文献[31]使用供应商和攻击者之间的零和网络拦截博弈对问题建模,通过求解线性规划问题实现网络的纳什均衡。一些先进的理论概念用于制定博弈规则。研究结果表明,供应商和攻击者的主观决策过程将导致传输时间出现一定程度延迟。文献[32]针对故障数据注入攻击检测问题提出了自适应神经网络处理方法。由于需要持续监督,有意故障的检测对无人机安全发挥了很大作用。因此,该方法使用嵌入式卡尔曼滤波器在线调整神经网络权重,实现了更快更准确的攻击检测性能。基于Wi-Fi的无人机在信号发现与连接过程中容易受到DoS和缓冲区溢出攻击,为提升安全性,文献[33]提出了一种纵深防御方法的综合型安全框架。文献[34]提出了一种兼顾健康、移动性和安全性的无人机数据通信架构,可确保通信链路的机密性、完整性、真实性和可用性。

无人机网络面临的最致命网络攻击包括虚假信息传播、GPS欺骗、干扰以及黑洞和灰洞攻击等。文献[35]发明了一套检测响应技术,通过无人机行为监控,将检测的网络攻击分为正常、异常、可疑和恶意等类型。为了防止攻击者劫持网络通道或物理硬件,Yoon等提出了一种加密通信通道和认证算法[36]。相似地,可通过信息信号与人工噪声信号同时传输,保护无人机免受窃听和恶意干扰[37]。此外,为确保无人机通信安全,设计了无人机轨迹与传输功率联合优化方法,实现了系统的最大保密传输速率[38]。表11.3对技术解决方案进行了总结。

表11.3 不同无人机安全方法总结

作者	目标	方法
Broumandan 等[27]	GPS欺骗检测	利用GPS信号的自动增益控制值
Dempster 和 Cetin[28]	GPS欺骗检测	导航信号到达角度用于检测GPS欺骗信号
Psiaki 和 Humphrey[29]	欺骗发现	使用相关峰值功率的绝对值来检测欺骗行为
He 等[30]	GPS欺骗检测	单目摄像机和图像定位方法
Birnbaum 等[25]	无人机异常检测	行为剖析模型
Kong 等[26]	适应网络基础设施的偶然损坏	多级自组织网络的自适应安全方法
Sanjab 等[31]	应对拦截攻击的网络物理安全	求解线性规划问题以识别系统状态变化
Abbaspour 等[32]	检测故障数据注入攻击	使用嵌入式卡尔曼滤波器在线调整神经网络权重
Hooper 等[33]	防止DoS和缓冲区溢出攻击	利用纵深防御方法抵御DoS攻击

续表

作者	目标	方法
Pigatto 等[34]	确保通信信道的保密性、完整性、真实性和可用性	提出新的网络架构以抵抗数据信道窃听和攻击
Sedjelmaci 等[35]	识别虚假信息传播、GPS 欺骗、干扰以及黑洞和灰洞攻击	一套检测和防止干扰信号的算法
Yoon 等[36]	防止攻击者劫持网络通道或物理硬件	额外的加密通信信道和认证算法
Liu 等[37]	保护无人机免受窃听和恶意干扰	人工噪声信号与信息信号同时传输
Zhang 等[38]	确保无人机通信安全	无人机轨迹和发射功率联合优化

11.7 本章小结

无人机通常在容易遭到外部攻击的环境中运行,容易受到不同类型的网络攻击和物理攻击。由于无人机系统使用了不同类型的网络拓扑和通信协议,保护其免受攻击面临更大难度。一些解决方案可以使无人机系统以更安全的方式抵御攻击,但每种方案都有其局限性。此外,5G 等新一代通信技术和物联网等更复杂架构的网络带来新的安全性挑战。需要克服这些挑战,提升无人机的商业应用鲁棒性。

参考文献

[1] C. Kennedy and J. I. Rogers,"Virtuous drones?,"*International Journal of Human Rights*,vol. 19,no. 2,pp. 211 – 227,2015.

[2] Fox News,"Drones smuggling porn,drugs to inmates around the world,"2017. [Online]. https://www.foxnews.com/us/drones – smuggling – porn – drugs – to – inmates – around – the – world. Accessed March 21,2019.

[3] P. van Blyenburgh,"Furthering the Introduction of UAVs/ROA into Civil Managed Airspace," *EURO UVS* 86,p. 12.

[4] U. S. Army UAS center of Excellence,"U. S. Army Unmanned Aircraft Systems Roadmap 2010 – 2035,"2010.

[5] N. Melzer, *Human Rights Implications of the Usage of Drones and Unmanned Robots in Warfare*, European Parliament, 2013.

[6] D. M. Marshall, R. K. Barnhart, S. B. Hottman, E. Shappee, and M. T. Most, *Introduction to Unmanned Aircraft Systems*. Boca Raton, FL: CRC Press, 2016.

[7] D. He, S. Chan, and M. Guizani, "Communication security of unmanned aerial vehicles," *IEEE Wireless Communications*, vol. 24, no. 4, pp. 134–139, 2017.

[8] J. Granjal, E. Monteiro, and J. S. Silva, "Security in the integration of low-power wireless sensor networks with the Internet: a survey," *Ad Hoc Networks*, vol. 24, pp. 264–287, 2015.

[9] D. He, S. Chan, and M. Guizani, "Accountable and privacy-enhanced access control in wireless sensor networks," *IEEE Transactions on Wireless Communications*, vol. 14, no. 1, pp. 389–398, 2015.

[10] P. Rajakumar, V. T. Prasanna, and A. Pitchaikkannu, "Security attacks and detection schemes in MANET," *2014 International Conference on Electronics and Communication Systems (ICECS)*, pp. 1–6, 2014.

[11] İ. Bekmezci, E. Şentürk, and T. Türker, "Security issues in flying ad-hoc networks (FANETs)," *Journal of Aeronautics and Space Technology*, vol. 9, no. 2, pp. 13–21, 2016.

[12] L. Gupta, R. Jain, and G. Vaszkun, "Survey of important issues in UAV communication networks," *IEEE Communications Surveys and Tutorials*, vol. 18, no. 2, pp. 1123–1152, 2016.

[13] Information Technology Laboratory, Computer Security Division, "FAA Unmanned Aircraft Systems Update," 2015. [Online]. https://csrc.nist.gov/present\ations/2015/faa-unmanned-aircraft-systems-update. Accessed April 8, 2019.

[14] I. Boureanu, A. Mitrokotsa, and S. Vaudenay, "Towards secure distance bounding." In: S. Moriai, Ed. *Fast Software Encryption*. Berlin, Heidelberg: Springer, vol. 8424, pp. 55–67, 2014.

[15] S. Han, M. Xie, H. H. Chen, and Y. Ling, "Intrusion detection in cyber-physical systems: techniques and challenges," *IEEE Systems Journal*, vol. 8, no. 4, pp. 1052–1062, 2014.

[16] J. Daemen and V. Rijmen, *The Design of Rijndael*. Berlin, Heidelberg: Springer, 2002.

[17] K. Dietrich and J. Winter, "Implementation aspects of mobile and embedded trusted computing," *International Conference on Trusted Computing*, pp. 29–44, 2009.

[18] M. Tehranipoor and F. Koushanfar, "A survey of hardware trojan taxonomy and detection," *IEEE Design and Test of Computers*, vol. 27, no. 1, pp. 10–25, 2010.

[19] B. C. C. Producer CNN Senior, "FBI uses drones for surveillance in U.S. - CNNPolitics," [Online]. https://www.cnn.com/2013/06/19/politics/fbi-drones/index.html. Accessed April 8, 2019.

[20] L. Rosen, "Drones and the digital panopticon," *XRDS Crossroads: The ACM Magazine for Students*, vol. 19, no. 3, p. 10, 2013.

[21] K. Gittleson, "Snoopy drone sniffs public's data," March 28, 2014.

[22] T. Reed, J. Geis, and S. Dietrich, "SkyNET: a 3G – enabled mobile attack drone and stealth botmaster," *5th Usenix Workshop on Offensive Technologies*, p. 9.

[23] P. Paganini, "ZigBee – sniffng drone used to map online Internet of Things," *Security Affairs*, 2015. [Online]. https://securityaffairs.co/wordpress/39143/security/drone – internet – of – things.html, April 9, 2019.

[24] J. Won, S. -H. Seo, and E. Bertino, "A secure communication protocol for drones and smart objects," *Proceedings of the 10th ACM Symposium on Information, Computer and Communications Security – ASIA CCS '15*, pp. 249 – 260, 2015.

[25] Z. Birnbaum, A. Dolgikh, V. Skormin, E. O'Brien, D. Muller, and C. Stracquodaine, "Unmanned aerial vehicle security using behavioral profiling," *2015 International Conference on Unmanned Aircraft Systems (ICUAS)*, pp. 1310 – 1319, 2015.

[26] J. Kong, H. Luo, K. Xu, D. L. Gu, M. Gerla, and S. Lu, "Adaptive security for multilevel ad hoc networks," *Wireless Communications and Mobile Computing*, vol. 2, no. 5, pp. 533 – 547, 2002.

[27] A. Broumandan, A. Jafarnia – Jahromi, S. Daneshmand, and G. Lachapelle, "Overview of spatial processing approaches for GNSS structural interference detection and mitigation," *Proceedings of the IEEE*, vol. 104, no. 6, pp. 1246 – 1257, 2016.

[28] A. G. Dempster and E. Cetin, "Interference localization for satellite navigation systems," *Proceedings of the IEEE*, vol. 104, no. 6, pp. 1318 – 1326, 2016.

[29] M. L. Psiaki and T. E. Humphrey, "GNSS spoofng and detection," *Proceedings of the IEEE*, vol. 104, no. 6, pp. 1258 – 1270, 2016.

[30] D. He, Y. Qiao, S. Chan, and N. Guizani, "Flight security and safety of drones in airborne fog computing systems," *IEEE Communications Magazine*, vol. 56, no. 5, pp. 66 – 71, 2018.

[31] A. Sanjab, W. Saad, and T. Basar, "Prospect theory for enhanced cyber – physical security of drone delivery systems: a network interdiction game," *2017 IEEE International Conference on Communications (ICC)*, pp. 1 – 6, 2017.

[32] A. Abbaspour, K. K. Yen, S. Noei, and A. Sargolzaei, "Detection of fault data injection attack on UAV using adaptive neural network," *Procedia Computer Science*, vol. 95, pp. 193 – 200, 2016.

[33] M. Hooper et al., "Securing commercial WiFi – based UAVs from common security attacks," *MILCOM 2016 – 2016 IEEE Military Communications Conference*, pp. 1213 – 1218, 2016.

[34] D. F. Pigatto, L. Goncalves, A. S. R. Pinto, G. F. Roberto, J. Fernando Rodrigues Filho, and K. R. L. J. C. Branco, "HAMSTER – Healthy, mobility and securitybased data communication architecture for unmanned aircraft systems," *2014 International Conference on Unmanned Aircraft Systems (ICUAS)*, pp. 52 – 63, 2014.

[35] H. Sedjelmaci, S. M. Senouci, and N. Ansari, "A hierarchical detection and response system to enhance security against lethal cyber-attacks in UAV networks," *IEEE Transactions on Systems, Man, Cybernetics: Systems*, vol. 48, no. 9, pp. 1594–1606, 2018.

[36] K. Yoon, D. Park, Y. Yim, K. Kim, S. K. Yang, and M. Robinson, "Security authentication system using encrypted channel on UAV network," 2017 *First IEEE International Conference on Robotic Computing (IRC)*, pp. 393–398, 2017.

[37] C. Liu, T. Q. Quek, and J. Lee, "Secure UAV communication in the presence of active eavesdropper," 2017 9*th International Conference on Wireless Communications and Signal Processing (WCSP)*, pp. 1–6, 2017.

[38] G. Zhang, Q. Wu, M. Cui, and R. Zhang, "Securing UAV communications via trajectory optimization," *ArXiv171004389 Cs Math*, 2017.

第 12 章

无人机网络干扰攻击与对策

12.1 引 言

无线传感器网络由感知和测量环境参数(如温度、压力、湿度和运动等)的传感器节点组成[1-2],数据通过路由器或网关发送至接收器。通常部署传感器形成具有广域监测能力的大型无线传感器网络,可以在恶劣环境中简易运行。由于传感器部署过程具有随机性[3],远程部署传感器节点过程需要考虑部署密度及距离等问题。部署太少节点可能导致覆盖不足问题,部署太多节点可能导致通信冲突,导致射频干扰过大和网络效率低下。

无线传感器网络可用于室内和室外应用[4]。为使得传感器节点收集的信息传输免受各种威胁[5],安全性被看作无线传感器网络设计最具挑战性的任务。为持续监控传感器节点与网络的实时状态,需要确保无线传感器网络安全,防止入侵者对数据传输过程实施攻击。

单架无人机可配备数十个至数百个传感器。例如,配置传感器检测高度、温度、湿度和风等天气条件,以及与其他无人机的相对距离与飞行速度等。还可以使用频谱感知模块检测周围环境的无线电工作频率。无人机的传感器可与其他无人机传感器通信,交换检测信息。例如,无人机可警告邻近无人机自身周围的干扰信号,还可使用图像传感器监控覆盖范围内的事件,与其他无人机共享图像数据。不同无人机的传感器可以形成一张无线传感器网络。

设计开发传感器节点需要考虑主要芯片尺寸和成本等约束限制[6]。这些约束反映了传感器节点具有内存容量小、能量和传输范围受限等特点[7-8],适用的可行加解密和身份验证方案很少,网络攻击者可在未授权情况下轻易访问网络数据并篡改信息。

无线链路的广播特性还使无线传感器网络容易受到各种威胁和攻击,导致网络通信性能严重下降。当传感器使用某些频段进行通信时会遭到电磁干扰攻击。具体地,无线传感器网络的整个通信带宽划分为多个频段,攻击者可通过检测当前工作频率并发射强干扰信号实施干扰。干扰攻击可以定义为一种特殊的DoS攻击,通过攻击使有效的传输信道崩溃。具体地,攻击者通过向服务器发送大量请求信息导致通信链路中断,网络内部的信息响应无法到达指定节点。由于没有收到响应,用户认为服务器没有拒绝请求,随即不断发送请求以获得服务器响应[9]。与其他攻击不同,这种攻击是在侦察行为后展开的,攻击者通常需要预先获得相关的通信信息。攻击者持续侦听业务流量并不断发送干扰信号,阻塞链路并中断路由数据,阻止预期数据达到目标节点。

MAC协议较易受到干扰攻击。按照现有通信模式,干扰机可以选择合适区域进行干扰攻击。起初攻击者可能选择业务流量峰值区域发射干扰信号[10]。干扰导致信息传输率低,通信成本相应增加。智能干扰机还可能有权访问控制信道,通过连续发送干扰信号对其实施阻塞攻击。还可以从所有合法节点中强制获取控制信道顺序,破坏整个网络控制链路。无线网络的信道冲突通常是由两个节点在同一信道中同一时间发送数据造成的[11]。在这种情况下,被干扰信号和网络节点间的业务包传输存在大量冲突问题。干扰信号通过降低SINR方式影响正常通信,与传感器接收设备同频并具有相同调制类型的干扰设备可以覆盖接收器上的任何信号。先进且更昂贵的干扰设备甚至可能干扰卫星通信,可用于暂时性中断传输、短路或关闭设备和单元电源,如收音机、电视机、微波炉或任何接收电信号进行控制的单元。

另一种无线网络是无线自组织网络,通常服务军事和救灾等任务。由于不需要任何预先基础设施,如电缆或接入点,该网络为自组织网络。每个网络节点,如笔记本电脑和手机,通过将数据从一个节点转发至另一个节点参与路由,无须如接入节点的集中管理。自组织网络的节点可根据网络连接动态决定是否向指定节点发送数据。图12.1(b)展示了笔记本电脑和手机之间的自组织网络基本结构,在无接入点支持情况下可以相互通信。

图12.1(a)中自组织网络和无线传感器网络有所不同,后者收集数据后不直接向用户发送,而是将信息聚合后再分发[12]。无线传感器网络包含网关或基站,将传感器节点连接到其他传感器或用户,如图12.1(a)所示。传感器节点的数据经压缩传输到基站,基站将结果呈现给用户[13]。数据包有时会通过几个中间节点发送到目的节点,从一个节点到另一个节点的数据传输称为多跳中继。

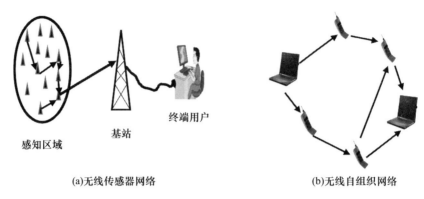

(a)无线传感器网络　　　　　　　　(b)无线自组织网络

图 12.1　无线传感器网络与无线自组织网络

12.2　安全要求

为确保通信安全,无线传感器网络需要满足一些功能和性能要求,如图 12.2 所示。通常包括数据可用性、数据保密性、数据完整性和数据认证要求[18-20],其他还包括源本地化、自组织和数据时敏性等要求。

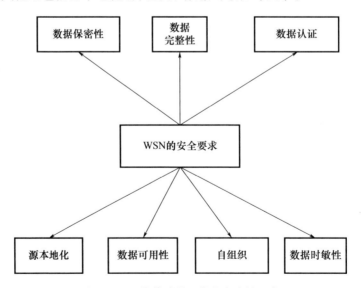

图 12.2　无线传感器网络的安全性要求

1. 数据保密性

传感器网络的数据在许多中间节点之间传输,导致射频链路上出现数据泄露的概率很高[21]。为实现数据传输的保密性,需对数据流加密,仅允许合法接收者解密数据以恢复数据至原始格式。

2. 数据完整性

接收端收到的数据在传输过程中不应被修改或变更,此要求称为数据完整性。原始数据可能会被非法入侵者或恶劣环境更改。非法入侵者可以根据需要更改数据,并将伪造的数据发送给接收者[22]。

3. 数据认证

数据认证是指确认通信节点实际上正是生成节点的验证过程。对接收端来说,验证数据来源是否为经过身份验证的节点非常重要。

4. 数据可用性

数据可用性要求业务服务始终可用,即使在某些攻击情况下也可用,如 DoS 攻击等。

5. 源本地化

在数据传输过程中,一些应用需要使用汇聚节点的位置信息,验证源的位置是否可信赖非常重要。

6. 自组织

无线传感器网络不存在固定基础设施,所有传感器具有自组织和自愈性特点,对安全性设计提出巨大挑战[23]。

7. 数据时敏性

数据的时敏性要求通过信道传输的每条消息都应该是最新的,且保证旧消息不被任一节点重放。这可以通过添加一些与时间相关的计数器并检查数据新鲜度实现。

12.3 干扰特性

从认知层面看,干扰机可分为两种主要类型,包括基础型和智能型。从干扰者行为角度看,还分为主动式和反应式。

1. 基本干扰机

基本干扰机主要包括 4 种类型,即固定型、随机型、欺骗型和反应式。固定型干扰机对物理层进行攻击,其他类型对 MAC 层进行攻击。固定型干扰机连续发射无线电信号,随机型干扰机在 MAC 层连续发送随机信号。在连续数据包传输过程中,欺骗型干扰机不断将正常数据包注入信道,以占满该信道。节点可能被欺骗,误认为正在接收真实的数据包,并维持在接收状态。随机型干扰机在休眠和干扰两种模式之间切换,攻击和休眠的时间可能有所不同,使恶意节点根据具体应用在能量效率和干扰效率之间实现不同程度的折中。当有空闲信道时,反应式干扰机会稳定下来,当其感知到网络正在通信时才会实施干扰行为。

2. 智能干扰机

针对物理层攻击的干扰机旨在破坏信号、拥塞网络或消耗节点能量,其他 MAC 层干扰机旨在攻击网络隐私。MAC 层干扰机的攻击目标是确定受害节点使用的 MAC 协议,使攻击更具能量效率。已有研究提出了一些方法以克服与 MAC 层协议相关的干扰攻击,如跳频、频率序列、交织、帧掩码和冗余编码等,减少干扰造成的损害。

12.4 干扰机类型

干扰机分为多种类型,如图 12.3 所示[9]。

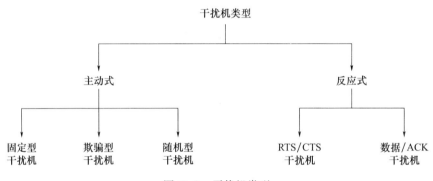

图 12.3 干扰机类型

1. 主动式干扰机

无论节点是否正在进行数据通信,主动式干扰机只简单地发出干扰信号。

(1)固定型干扰机。固定型干扰机不遵循 CSMA 协议,连续发送随机数据比特。当节点遵循 CSMA 协议,必须感知信道,并在传输数据前确保处于空闲状态[24]。

(2)欺骗型干扰机。欺骗型干扰机不像固定型干扰机一样发射随机数据比特,而是不断传输正常数据包,误导其他节点认为正在进行有效传输,保持接收状态直至干扰机关闭[24]。实际上干扰机发射的数据包解码没有意义。

(3)随机型干扰机。随机型干扰机以随机方式将任意位或正常数据包传播到网络中,通过休眠和干扰阶段之间切换来节省能源[24]。

2. 反应式干扰机

反应式干扰机与主动式干扰机不同,在检测到网络处于活动状态时发出干扰信号。因此需每次都处于活动状态以监视通道,比随机型干扰机使用更多能量[24-25]。

(1)反应式 RTS/CTS 干扰机。当合法节点发送请求发送(request to send, RTS)消息时,干扰机会检测到并阻塞网络,启动干扰信号。由于对 RTS 包造成损坏,接收器无法使用清除发送(clear to send,CTS)消息进行响应[25]。

(2)反应式数据/ACK 干扰机。这种类型的干扰机可改变数据包传输。由于接收方没有正确接收数据包,数据通信需要重传。ACK 消息无法到达发送端,使得发送端认为接收端出现问题,比如缓冲区溢出,因此不断发送数据[25]。表 12.1 总结了不同类型干扰机。

表 12.1 干扰机的重要特点

类型	干扰机类型	传输的比特	能效
主动式	固定型	连续、随机比特	有
	欺骗型	连续、常规比特	有
	随机型	既不是随机的,也不是常规的	无
反应式	RTS/CTS 干扰机	在 RTS/CTS 发送时传输	无
	数据/ACK 干扰机	在 RTS/CTS 发送时传输	无

12.5 传感器网络安全协议

密码学是实现网络安全的基本技术,在两个通信端节点之间建立了安全连接关系。发送端对原始数据进行加密,接收端对数据进行解密以恢复原始数据。密码学技术使用不同类型的密钥,解决无线传感器网络中的安全问题。各种协议的典型案例描述如下[38]。

1. SPIN 协议

通过协商获取信息的传感器协议(sensor protocol for information via negotiation,SPIN)包含 3 个步骤。第一,节点通告包含元数据的 ADV 数据包。如果接收到的节点对数据感兴趣,使用 REQ 包发送数据请求,接收到请求的通告节点发送数据包到请求节点。第二,在效率和低延迟方面,SPIN 协议对小型网络中表现最优[39]。典型的 SPIN 协议由两个安全的模块组成,包括定时高效流容错认证和传感器网络加密协议。传感器网络加密协议利用加密概念设计,具有保密性、身份验证和完整性,使用消息验证码对数据进行验证,在原有消息中添加8字节。为减少通信开销,传感器网络加密协议在发送端和接收端之间共享计数器。第三,接收到数据块后计数器递增。计数器有助于识别定时高效流容错认证数据的新鲜度,并使用数字签名来验证数据包。网络中的汇聚节点使用数据包密钥计算 MAC 地址,并将经过身份验证的数据包发送回源节点。源节点收到数据包后确认接收器不会将计算得到的 MAC 密钥泄露给其他节点。同时接收节点可确认数据包是不是原始的,数据包未被更改。

2. 本地加密认证协议

本地加密认证协议是一种密钥管理协议,对于大规模分布式传感器网络非常有效,通常支持网内数据处理,如数据聚合。网内处理导致网络能耗下降。为提供数据包的保密性和身份验证,本地加密认证协议使用满足不同新要求的多种密钥。每个节点可使用 4 个密钥,分别为单个密钥、成对密钥、集群密钥和组密钥[13]。所有密钥都属于对称密钥,具体定义如下。

(1)单个密钥:用于源节点和宿节点之间通信的唯一密钥。

(2)成对密钥:与另一个传感器节点共享。

(3)集群密钥:用于本地广播消息并在节点及其周围所有相邻节点之间共享。

(4)组密钥:是所有网络节点之间全局共享的密钥。

其他非安全性协议也可以使用这些密钥提高网络的安全性。本地加密认证协议满足无线传感器网络的几个安全性能要求,用于防御 HELLO 食物攻击、Sybil 攻击和虫洞攻击等。

3. TINYSEC

TINYSEC 是无线传感器网络的链路层安全架构,属于轻量级协议,可支持完整性、保密性和身份验证。为实现保密性,可使用密码块链接模式和密文窃取完成加密,使用密码块链接 MAC 完成身份验证。TINYSEC 架构不使用计数器,不检查数据新鲜度。授权的发送端和接收端通过共享密钥计算 MAC 地址。

TINYSEC 有两种不同的安全选项:一种用于经过身份验证与加密的消息,另一种用于经过身份验证的消息。第一种模式下,数据有效载荷被加密,接收到的数据包通过 MAC 地址进行身份验证。第二种模式下,整个数据包都使用 MAC 地址进行身份验证,数据本身不加密。在密码块链接模式中,使用初始化向量实现语义安全。一些消息是相同的,仅存在一些小变化。在这种情况下,加密过程可添加初始化向量字段。接收者需要使用初始化向量对消息进行解密。初始化向量为非密,与加密数据包含在同一个数据包中。

4. ZigBee

ZigBee 是一种典型的无线通信技术[7],用于军事安全、家庭自动化和环境监控等各种应用。IEEE 802.15.4 协议主要使用的 ZigBee 无线技术标准,支持数据的保密性和完整性。为实现安全机制,ZigBee 使用 128 位密钥。ZigBee 协议使用信任中心对身份机型认证,允许其他设备或节点加入网络并分发密钥。通常由 ZigBee 协调器执行此功能。

下面列举了 ZigBee 中的 3 个不同角色。

(1) 信任管理器:验证请求加入网络的设备。

(2) 网络管理器:管理网络密钥并帮助维护和分发网络密钥。

(3) 配置管理器:配置安全机制并启用设备之间的端到端安全。

ZigBee 使用两种模式运作,包括住宅和商业。住宅模式具有较低的安全性,不使用密钥。商业模式具有高安全性,网络架构维护密钥和计数器。表 12.2 所示为安全协议之间的性能比较情况。

表 12.2 安全性协议性能比较

协议	机密性	新鲜度	完整性	可用性	身份验证	密钥协商
SPIN	有	有	有	无	无	对称延迟
LEAP	有	无	无	无	无	预延迟
TINYSEC	有	无	无	—	有	任意
ZigBee	有	有	有	无	有	信任中心

12.6 干扰检测与对策

当检测到干扰时,网络节点可通过映射得到干扰区域,重新分配业务流量的路由或切换链路以阻止干扰行为。不同对策的性能比较如表 12.3 所示。

1. 阻塞干扰

阻塞区域映射协议在跨大区域周围路由数据包,可以在 1~5s 内绘制一个楔形区域。当节点决策值达到阈值或在阈值以下时,系统生成阻塞或未阻塞消息,并广播给邻居节点。通告计时器超时时,节点发送 BUILD 消息。映射节点收到这些消息后,使用 TEARDOWN 消息通知恢复的节点。映射过程完成后,所有节点收到该消息,重新选择一条新的路由路径,避免被映射的区域发生堵塞[26]。

2. ANT 系统

ANT 系统用于检测物理层拥塞并将消息发送至目的节点。系统通过假设检验方法测试 DoS 攻击的真实性。网络具有智能决策节点,反复搜索和收集到达目的节点的多种路由信息。通常使用单音、多音、脉冲噪声和跟踪等干扰。节点持续检测资源的可用性,如跳数、能量、距离、丢包率、信噪比、BER 等。当某种指标被检测后,使用决策模型进行干扰检测。当某条链路出现拥塞干扰,该链路被相应路由排除在外,探索形成一条补充路径[27-28]。

表 12.3 不同的干扰检测与对抗策略

序号	技术	类型	提出的攻击	对抗措施
1	阻塞干扰	WSN	建立 WSN 网络驻留区域并在扩展的区域路由数据包	当不成功次数超过 10 次时,检测到干扰器存在
2	ANT 系统	WSN	属于物理层干扰,消息重定向到目标节点	当检测到干扰,建立新路径
3	混合系统	WSN	基站故障可能阻止传感器接收数据,导致基站无法执行命令和控制任务	基站复制/规避 基站之间的多路径路由
4	丢包率一致性检验	WSN	需要增强检测方案来消除歧义	低丢包率和一致性检验
5	信道跳频	WSN 或 WLAN	频率分离中受约束的正交信道数量少 如果匿名者获得历史信息,可以跟踪信道并连续干扰后续信道	跳频只有在正交信道数较大时才有效 根据伪随机噪声生成结果,使用伪随机信道跳频方案选择干扰器无法识别的信道
6	Hermes 节点	WSN	攻击者使用强大的干扰源干扰无线电频率并破坏 WSN 功能	一个秘密字被用作生成伪随机噪声码和信道序列的种子,该秘密字是硬编码的,因此可以用现有节点检测网络中新节点的加入
7	能量有效型干扰对抗	LR-WPANs	可能是网络干扰、活动干扰、扫描干扰或脉冲干扰	对攻击者隐藏消息,躲避其探索并减少降级消息的影响
8	能量有效型 MAC	WSN	连续干扰	避免干扰机的信道选择
9	Jam-Buster	WSN	调度预测	主动对干扰机进行防御
10	Sad-SJ	时分多址接入 WSN	在 MAC 帧的时间段内发送恶意信号	对时隙定时器进行随机排列

3. 混合系统

混合系统使用3种方案以对抗干扰信号,包括基站复制、基站规避和基站间多径路由。基站复制方案对基站进行复制,规避方案定义了基站空间撤退,多径路由用于节点和基站之间连接。使用基站复制技术,如果一个或多个基站发生拥塞,未拥塞的基站可为网络提供服务。多径路由要求节点都应有多条达到基站的有效路径,当一条路径被阻塞后,其他路径仍可提供服务[28-29]。

4. 丢包率一致性检验

仅使用一次测量无法确定干扰是否存在。如果所有接近节点的丢包率都较低,系统可以检测到干扰。如果节点没有邻居,丢包率将很低,此类节点不考虑干扰影响[28,30]。

5. 信道跳频

信道跳频使用将信道从一个切换到另一个以躲避干扰信号的对策,主动跳频是最简单的实现方式。主动跳频方案中,通信信道按照给定的时间间隔动态变化,当信道接入等待时间超过指定阈值,则认为发生干扰,需要通过预先定义的策略对信道进行切换。基本信道跳频方案中,信道是从未使用的信道集中选取的。欺骗型方案中,信道集包括当前使用和未使用的信道。在这种情况下,当匿名用户已知历史信息时,可以跟踪选择的跳频信道并连续干扰后续信道。伪随机信道跳频方案可作为替代方案,使用伪随机数生成方案选择较为陌生的信道。计算该信道的丢包率指标后,用户将通信切换回初始信道。当前信道的丢包率性能低于阈值时,用户将切换到具有良好丢包率的信道[28,31-34]。

6. Hermes节点

直接序列扩频和跳频扩频技术用于防御干扰攻击。对于通信传输,直接序列扩频提供更宽信号的带宽,跳频扩频提供干扰规避功能。一种名为Hermes节点的混合技术方案具有应对干扰攻击的良好前景,节点以10^6次/s的跳频方式规避干扰,并使用直接序列扩频使攻击者接收信号类似白噪声,有效避免其对有用信道的检测。节点之间的同步对于Hermes节点非常重要,通过信息池实现[28,35]。

7. 能量有效型干扰对抗

Wood等提出了一种可对抗干扰机的新方法,通过对潜在攻击者隐藏消息,减少或避免消息破坏等影响[26]。该方法使网络节点在存在干扰情况下仍能有效运行。能量有效型干扰对抗可以防御4类干扰攻击,包括扫描干扰、脉冲干扰、主动干扰和中断干扰[36-37]。

8. 能量有效型 MAC

Tang 等提出了能量有效型 MAC 层方法,通过使每个节点能够根据其检测到链路 SNR 优选信道,增加无线信道的利用率,抵抗无线链路中有意干预和干扰[38]。

9. Jam – Buster

Jam – Buster 是一种抗干扰协议,设计考虑了具有相同大小、随机唤醒时间和多块载荷 3 个因素,以消除业务包之间的隔离影响。通过将 3 种因素结合,对抗智能干扰机,迫使对手花费更多精力发挥作用。文献[39]仅对干扰方能耗指标进行了评估,不考虑对合法节点生命周期的影响。Jam – Buster 协议采用干扰主动防御方式,可以克服偷听、空闲侦听和端到端延迟等其他 MAC 层因素限制。

10. Sad – SJ

Sad – SJ 是一种自适应目夫中心式的 MAC 层抗干扰方法,基于时分多址接入体制对无线传感器网络干扰进行辨识。该方法支持对所有时隙资源的分配管理,可实现对时隙的任意排列,基于生成随机数进行资源置换。该协议支持节点自由加入和离开网络,具有自适应特点,还可保证其他节点的安全性[40]。

12.7 本章小结

本章分析讨论了无人机传感器网络的安全性问题。无线传感器网络的节点体积小、存储量低、能量有限及其通信范围较小等特点使其安全协议设计面临严峻挑战。本章列出了不同参数及其类型的干扰攻击方式,分析了当前干扰攻击的主要应对策略。由于没有单一的安全协议可抵抗所有形式的干扰攻击,智能干扰机使用多层干扰结构以实现 DoS 攻击对抗。

参考文献

[1] R. B. Agnihotri, A. V. Singh, and S. Verma, "Challenges in wireless sensor networks with different performance metrics in routing protocols," 2015 4th International Conference on Reliability, Infocom Technologies and Optimization (ICRITO) (Trends and Future Directions), pp. 1 – 5, 2015.

[2] X. Gong, H. Long, F. Dong, and Q. Yao, "Cooperative security communications design with imperfect channel state information in wireless sensor networks," IET Wireless Sensor Systems,

vol. 6,no. 2,pp. 35 – 41,2016.

[3] J. Wu,K. Ota,M. Dong,and C. Li,"A hierarchical security framework for defending against sophisticated attacks on wireless sensor networks in smart cities," *IEEE Access*, vol. 4, pp. 416 – 424,2016.

[4] G. Mali and S. Misra,"TRAST: trust – based distributed topology management for wireless multimedia sensor networks," *IEEE Transactions on Computers*,vol. 65,no. 6,pp. 1978 – 1991,Jun. 2016.

[5] V. J. Hodge,S. O'Keefe,M. Weeks and A. Moulds,"Wireless Sensor Networks for Condition Monitoring in the Railway Industry: A Survey," *IEEE Transactions on Intelligent Transportation Systems*,vol. 16,no. 3,pp. 1088 – 1106,Jun 2015,

[6] J. Grover and R. Rani,"Probabilistic density based adaptive clustering scheme to improve network survivability in WSN," *Fifth International Conference on Computing, Communications and Networking Technologies (ICCCNT)*,pp. 1 – 7,2014.

[7] X. Yi,A. Bouguettaya,D. Georgakopoulos,A. Song,and J. Willemson,"Privacy protection for wireless medical sensor data," *IEEE Transactions on Dependable and Secure Computing*, vol. 13,no. 3,pp. 369 – 380,2016.

[8] H. Marzi and A. Marzi,"A security model for wireless sensor networks," *2014 IEEE International Conference on Computational Intelligence and Virtual Environments for Measurement Systems and Applications (CIVEMSA)*,pp. 64 – 69,2014.

[9] A. Mpitziopoulos,D. Gavalas,C. Konstantopoulos and G. Pantziou,"A survey on jamming attacks and countermeasures in WSNs," *IEEE Communications Surveys & Tutorials*,vol. 11,no. 4,pp. 42 – 56,Fourth Quarter,2009.

[10] S. Sowmya and P. D. S. K. Malarchelvi,"A survey of jamming attack prevention techniques in wireless networks," *International Conference on Information Communication and Embedded Systems (ICICES2014)*,Chennai,pp. 1 – 4,2014.

[11] J. Massey and P. Mathys,"The collision channel without feedback," *IEEE Transactions on Information Theory*,vol. 31,no. 2,pp. 192 – 204,1985.

[12] C. S. Raghavendra,K. M. Sivalingam,and T. Znati,"Wireless Sensor Networks," Berlin: Springer,2006.

[13] K. Lu,Y. Qian,D. Rodriguez,W. Rivera and M. Rodriguez,"Wireless Sensor Networks for Environmental Monitoring Applications: A Design Framework," *IEEE GLOBECOM 2007 – IEEE Global Telecommunications Conference*,Washington,DC,pp. 1108 – 1112,2007.

[14] A. Mpitziopoulos,D. Gavalas,C. Konstantopoulos,and G. Pantziou,"A survey on jamming attacks and countermeasures in WSNs," *IEEE Communications Surveys Tutorials*,vol. 11,no. 4,pp. 42 – 56,2009.

[15] P. Pardesi and J. Grover,"Improved multiple sink placement strategy in wireless sensor net-

works," *2015 International Conference on Futuristic Trends on Computational Analysis and Knowledge Management (ABLAZE)*, pp. 418 – 424, 2015.

[16] J. Grover and Anjali, "Wireless sensor network in railway signalling system," *2015 Fifth International Conference on Communication Systems and Network Technologies*, pp. 308 – 313, 2015.

[17] T. C. Aseri and N. Singla, "Enhanced security protocol in wireless sensor networks," *International Journal of Computers Communications & Control*, vol. 6, no. 2, pp. 214 – 221, 2011.

[18] E. Karapistoli, P. Sarigiannidis, and A. A. Economides, "Visual – assisted wormhole attack detection for wireless sensor networks," *International Conference on Security and Privacy in Communication Networks*, pp. 222 – 238, 2015.

[19] J. Grover and Mohit Sharma, and Shikha, "Reliable SPIN in wireless sensor network," *Infocom Technologies and Optimization Proceedings of 3rd International Conference on Reliability*, pp. 1 – 6, 2014.

[20] D. G. Padmavathi and M. D. Shanmugapriya, "A survey of attacks, security mechanisms and challenges in wireless sensor networks," *International Journal of Computer Science and Information Security*, vol. 4, no. 1 – 2, 2009.

[21] C. H. Tseng, S. Wang, and W. Tsaur, "Hierarchical and dynamic elliptic curve cryptosystem based self – certfed public key scheme for medical data protection," *IEEE Transactions on Reliability*, vol. 64, no. 3, pp. 1078 – 1085, 2015.

[22] S. Ghormare and V. Sahare, "Implementation of data confdentiality for providing high security in Wireless Sensor Network," *2015 International Conference on Innovations in Information, Embedded and Communication Systems (ICIIECS)*, pp. 1 – 5, 2015.

[23] R. W. Anwar, M. Bakhtiari, A. Zainal, A. H. Abdullah, and K. N. Qureshi, "Security issues and attacks in wireless sensor network," *World Applied Sciences Journal*, vol. 30, no. 10, pp. 1224 – 1227, 2014.

[24] S. Jaitly, H. Malhotra and B. Bhushan, "Security vulnerabilities and countermeasures against jamming attacks in Wireless Sensor Networks: A survey," *2017 International Conference on Computer, Communications and Electronics (Comptelix)*, Jaipur, pp. 559 – 564, 2017.

[25] K. Pelechrinis, M. Iliofotou, and S. V. Krishnamurthy, "Denial of service attacks in wireless networks: the case of jammers," *IEEE Communications Surveys Tutorials*, vol. 13, no. 2, pp. 245 – 257, 2011.

[26] A. D. Wood, J. A. Stankovic, and S. H. Son, "JAM: a jammed – area mapping service for sensor networks," *Technical Report, University of Virginia, Charlottesville, Department of Computer Science*, 2006.

[27] R. Muraleedharan and L. A. Osadciw, "Jamming attack detection and countermeasures in wireless sensor network using ant system," *Wireless Sensing and Processing*, vol. 6248, arti-

cle no. 62480G,2006.

[28] K. Grover, A. Lim, and Q. Yang, "Jamming and anti-jamming techniques in wireless networks: a survey," *International Journal of Ad Hoc and Ubiquitous Computing*, vol. 17, no. 4, pp. 197-215, 2014.

[29] S. K. Jain and K. Garg, "A hybrid model of defense techniques against base station jamming attack in wireless sensor networks," 2009 *First International Conference on Computational Intelligence, Communication Systems and Networks*, pp. 102-107, 2009.

[30] W. Xu, W. Trappe, Y. Zhang, and T. Wood, "The feasibility of launching and detecting jamming attacks in wireless networks," *Proceedings of the 6th ACM International Symposium on Mobile Ad Hoc Networking and Computing*, New York: ACM, pp. 46-57, 2005.

[31] S. Khattab, D. Mosse, and R. Melhem, "Jamming mitigation in multi-radio wireless networks: reactive or proactive?," *Proceedings of the 4th International Conference on Security and Privacy in Communication Networks*, pp. 1-10, 2008.

[32] S. Khattab, D. Mosse, and R. Melhem, "Modeling of the channel-hopping antijamming defense in multi-radio wireless networks," *Proceedings of the 5th Annual International Conference on Mobile and Ubiquitous Systems: Computing, Networking, and Services*, Brussels, Belgium, pp. 25:1-25:10, 2008.

[33] H. Wang, L. Zhang, T. Li, and J. Tugnait, "Spectrally efficient jamming mitigation based on code-controlled frequency hopping," *IEEE Transactions on Wireless Communications*, vol. 10, no. 3, pp. 728-732, 2011.

[34] S.-U. Yoon, R. Murawski, E. Ekici, S. Park, and Z. H. Mir, "Adaptive channel hopping for interference robust wireless sensor networks," 2010 *IEEE International Conference on Communications*, pp. 1-5, 2010.

[35] A. Mpitziopoulos, D. Gavalas, G. Pantziou, and C. Konstantopoulos, "Defending wireless sensor networks from jamming attacks," 2007 *IEEE 18th International Symposium on Personal, Indoor and Mobile Radio Communications*, pp. 1-5, 2007.

[36] A. D. Wood, J. A. Stankovic, and G. Zhou, "DEEJAM: defeating energy-efficient jamming in IEEE 802.15.4-based wireless networks," 2007 *4th Annual IEEE Communications Society Conference on Sensor, Mesh and Ad Hoc Communications and Networks*, pp. 60-69, 2007.

[37] T. Hamza, G. Kaddoum, A. Meddeb, and G. Matar, "A survey on intelligent MAC layer jamming attacks and countermeasures in WSNs," 2016 *IEEE 84th Vehicular Technology Conference (VTC-Fall)*, pp. 1-5, 2016.

[38] L. Tang, Y. Sun, O. Gurewitz, and D. B. Johnson, "EM-MAC: a dynamic multichannel energy-efficient MAC protocol for wireless sensor networks," *Proceedings of the Twelfth ACM International Symposium on Mobile Ad Hoc Networking and Computing*, New York: ACM, pp. 1-11, 2011.

[39] F. Ashraf, Y. Hu, and R. H. Kravets, "Bankrupting the jammer in WSN," *2012 IEEE 9th International Conference on Mobile Ad - Hoc and Sensor Systems (MASS 2012)*, pp. 317 - 325, 2012.

[40] M. Tiloca, D. D. Guglielmo, G. Dini, and G. Anastasi, "SAD - SJ: a self - adaptive decentralized solution against selective jamming attack in wireless sensor networks," *2013 IEEE 18th Conference on Emerging Technologies Factory Automa - tion (ETFA)*, pp. 1 - 8, 2013.

第 13 章

弹性无人机网络解决方案和发展趋势

13.1 引 言

无人机广泛应用于军事侦察、救援、数据采集、有效载荷输送和农业等民用与军用领域。通常在开放作战环境中运行,容易受到破坏。外部环境的不确定性或意外事件也会影响无人机正常运行,降低其性能。在中断的影响下能够保持系统的可接受性能是设计目标,这种能力称为弹性。

为实现系统弹性,无人机需要对不同类型中断作出响应,采取相应措施保护系统免受中断影响。弹性无人机系统模块化示意图如图 13.1 所示。任务目标是在系统层级确定的,在此阶段应明确系统面临的各种约束。任务目标需要满足系统弹性的设计要求,包括规避、恢复和重新配置。由于面临多种中断情况,系统需根据任务和剩余资源现状,采用不同策略并自适应调整策略以应对中断。

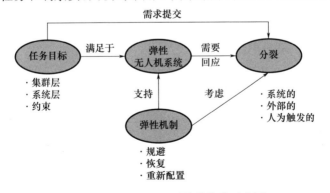

图 13.1 弹性无人机系统模块化示意图

13.1.1 中断类型

中断包括可预测中断和随机中断两类。可预测的中断具有发生和触发事件的时间和位置确定信息,随机中断只能通过概率分布定义,可能会在意料不到的时候发生。

根据中断的产生原因,可分为3种不同类型,即外部、系统和人为触发中断。外部中断与环境障碍和事故有关,这种类型中断通常随机发生,无人机系统影响的严重程度和持续时间不可预测。当因内部组件的功能、能力或容量导致系统性能下降时,会发生系统中断。但是这种类型的中断很容易被智能系统检测到。人为触发的中断是指系统边界内部或外部的人为操作的中断。

为确定中断对系统影响的严重程度,必须考虑中断的内容和持续时间。中断内容描述系统的当前运行状态,持续时间决定中断为临时性或持续性。在不导致应用产生损坏的情况下可以忽略临时中断,应谨慎处理和监测持续性的中断,触发相应的恢复对策。响应可以由无人机自动执行。对于时间要求不高的响应,操作者可能会参与循环以执行适当的响应。

13.1.2 无人机系统弹性

当无人机系统在中断情况下仍能以可接受性能水平完成原有任务,该系统称为弹性系统[1-2]。研究人员已经提出一些弹性的启发式方法,可以在系统设计阶段集成到系统以克服多种中断。弹性启发式引导系统使用适当的策略和机制来处理运行期间的中断,这些策略和机制具体解释如下。

冗余度和连通性是研究弹性的两个主要性能。冗余度包括物理冗余和功能冗余两种。物理冗余是指使用另一个相同的无人机来代替无能力的无人机的情况。例如,当无人机因中断意外着陆时,就会部署新的无人机并集成到系统中。功能冗余是指可以通过其他方式来实现相同功能,而不依赖于单架无人机或方法。连通性依赖于节点之间的通信,通过不同路径共享信息的通信,防止网络失去与任何节点的连接而导致中断。

除了冗余度和连通性,功能再分配和人机回环也是保护系统的有效方式。当一些无人机因中断离开系统时,功能再分配将剩余任务的总体功能重新分配给剩余的无人机。当系统无法处理当前中断时,环路中人员可以使用人机回环方式处理紧急情况。但是需要注意的是,这种方式应该视为自治系统的最后手段。系统应设计并使用相关协议,执行预先计划,处理已知或未知的中断。

13.1.3 弹性研究问题与挑战

大多数弹性方法都专注于如何预测中断事件,通过预测中断发生的时间、位置等,制定弹性策略。但应该注意的是,实际应用中无人机通常在开放、动态和不确定环境下运行。设计人员无法预测所有可能发生的中断,不能制定适当措施以降低中断影响。因此,系统只需要做出合理的决策,处理实时运行期间的意外中断。

对于具有弹性的无人机系统,需要解决以下问题:尽管系统有多种替代方案或机制处理中断,但需要根据当前系统条件选择最合适的解决方案。应该提出评估方法,评估不同的可用备选方案或机制对系统整体性能的影响,支持选择最优方案处理中断。

本章将讨论弹性无人机系统的几个典型案例。表 13.1 总结了所涵盖的方法,下面各节提供每种方法的详细信息。

表 13.1 弹性无人机系统方法

方法	特点	限制/挑战
基于文献[3]方法的模型	(1)基于系统的实时状态对优先级建模; (2)对不同优先级实施不同策略; (3)无人机策略之间的切换标准	主要存在于模拟阶段,需要在真实情况下仿真
基于贝叶斯博弈论的无人机系统弹性入侵检测[4]	(1)检测网络中恶意节点; (2)高检测速率的同时维持低开销	工作基于仿真,存在复杂竞争
基于群体智能的弹性无人机系统[5]	(1)适应多种改变; (2)自我感知和以任务为中心; (3)互相自主协作	当种群有多架无人机时存在安全、隐私和信任问题
阿德勒弹性无人机传感器系统[6]	(1)实现弹性、高效能、低丢包率; (2)实现定位、收集和网络重配置	为了以最小开销覆盖更大的感知范围,需要优化飞行轨迹问题
可靠无约束的无人机 LTE 网络[8]	(1)将进化分组核心推向核心网的最边缘; (2)支持热点以及独立多无人机部署	对于更大基于无人机的 LTE 网络需要对无线无人机进行回程设计

13.2 基于模型的弹性无人机系统实现方法

当中断发生时,无人机系统可根据当前作战状态和任务要求采取适当战略或战术。这与战场上面对敌人的指挥官或应对对手每一步动作的象棋大师相似。文献[3]给出了无人机采用的策略,简要回顾了这些策略并描述其基本概念。战术任务分为4类,如表13.2所示。

表13.2 处理中断的无人机策略

标识	策略	描述
T1	执行任务	优先完成任务,同时考虑安全和资源消耗问题
T2	资源保护以及执行任务	优先保护资源,执行任务和安全问题分别是第二与第三优先级
T3	安全与执行任务	优先保证安全,执行任务和资源保护分别是第二与第三优先级
T4	安全与资源保护	安全和资源保护处于相同的高优先级,执行任务在低优先级

对于策略T1,完成任务是首要任务,因此是进攻性策略。策略T2和T3试图平衡任务执行效率和资源,资源保护和安全要求采用权衡策略。策略T4是一种防御策略,首要任务是安全和资源保护,而不是完成任务或执行任务。

无人机系统需要基于作战状态和剩余资源标准灵活切换这些战术策略。例如,当无人机系统仍有足够的资源并处于满容量状态,且完成的任务或任务量较少,系统将选择T1策略。表13.3列出了这些策略之间切换的标准。

表13.3 无人机中断策略的切换标准

标识	切换标准
T1 执行任务	(1) 若 $R>0.75, D<0.25$ 且 $A<1$ (2) 若 $0.25<R<0.75, A\leftarrow 0.25$ 且 $L\leftarrow 0.25$
T2 资源保护与执行任务	若 $R<0.25, A\leftarrow 0.25$,且 $D\leftarrow 0.5$
T3 安全与执行任务	若 $L<0.75, D>0.25, R>0.25$ 且 $A>0.25$
T4 安全与资源保护	若 $D>0.75, R<0.25$ 且 $A>0.25$

注:R为资源,D为损害,A为已完成的任务。上述所有值都在 $0\sim1$。

除策略之间的切换准则外,无人机系统需要使用效用函数来做出决策。效用函数是对应的数学表达式,根据这些备选方案的有用性评估恢复能力备选方案或对其排序。效用函数考虑了安全、资源和任务目标3个属性。三者优先顺序属性可在任务执行期间更改。效用函数的典型定义如下。

$$U_{Commmander} = f(Mission, Resource, Safety)$$
$$= w_1 \cdot Mission_{Score} + w_2 \cdot Resource_{Score} + w_3 \cdot Safety_{Score}$$

式中：$Mission_{Score}$ 表示与完成任务或执行任务的状态相关联的得分值；$Resource_{Score}$ 表示与利用资源的状态相关联的得分值，如部署无人机以替换失能无人机；$Safety_{Score}$ 表示与无人机安全性相关联的得分值，如碰撞等；w_1、w_2、w_3 是 3 种类型得分的权重，满足 $\sum_{i=1}^{n} w_i = 1, n = 3$。权重 w_1、w_2 和 w_3 的具体值基于系统采用的无人机策略确定。

表 13.4 描述了先前定义的不同无人机策略对应的优先级及其权重。在策略 T1 下，因为执行任务是最高优先级，所以 w_1 的值高于 w_2 和 w_3 的值（设置值是其他两个权值之和的 2 倍）。

表 13.4 不同策略下效用函数的优先级和权重

标识	优先级	权重
T1 执行任务	$w_1 \gg w_2$ 且 w_3	$w_1 = 0.66, w_2 = w_3 = 0.165$
T2 资源保护与执行任务	$w_2 > w_1 > w_3$	$w_1 = 0.272, w_2 = 0.545, w_3 = 0.181$
T3 安全与执行任务	$w_3 > w_1 > w_2$	$w_1 = 0.272, w_2 = 0.181, w_3 = 0.545$
T4 安全与资源保护	$w_2 + w_3 \gg w_1$	$w_1 = 0.166, w_2 = 0.417, w_3 = 0.417$

还应注意的是，仅靠效用函数不足以作出有效决定，需要将多种模型和算法集成一体，确定备选方案对总体任务的影响。整个决策过程如图 13.2 所示。基本上，该过程对当前情况进行评估，选择适当策略并生成多种恢复方案，评估和优化最佳方案。确定相应系统策略后，通过查找表 13.4 提取效用函数的权重值。更详细的描述与实验结果可参考文献[3]。

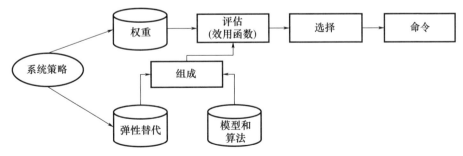

图 13.2 无人机系统决策过程

13.3 基于贝叶斯博弈论的无人机系统弹性入侵检测

为确保无人机任务成功完成,需要建立可靠安全的通信网络。无人机与地面或空中基站之间的通信主要通过无线通信实现。但是由于无线链路脆弱,无线通信存在不稳定性。另外,无人机系统通常部署在恶劣环境或敏感区域使得系统可能遭受各种攻击,如黑洞攻击或 DoS 攻击。这些攻击可能导致一系列恶意事件,如引导飞行路线、获取无人机网络数据、拦截无人机以及影响军事战略。因此,开发有效的入侵检测系统(intrusion detection system,IDS)是保障无人机及其任务安全的必要条件。已有文献提出的主要入侵检测系统包括 3 类:基于分类、基于行为预测以及基于统计和密码学的 IDS。无人机网络的 IDS 设计与自组织网络 IDS 具有很高的相似度。文献[4]提出了基于贝叶斯博弈论的入侵检测方法以保护无人机网络的安全。贝叶斯博弈表明博弈者没有对手利润模型的完整信息。具体地,不完整信息表示 IDS 代理不知道攻击者的属性,且攻击者不知道相邻节点是否使用 IDS。

以使用 LEACH 路由协议的分布式无人机网络为例,网络拓扑结构如图 13.3 所示。网络分为多个簇,有效缓解广播风暴并实现更高传输速率。每个簇都有一个簇首,定期从公共无人机节点接收数据,通过多跳路由聚合数据并传输至信宿节点。信宿无人机配备了先进的抗攻击系统,可抵抗不同类型的攻击。

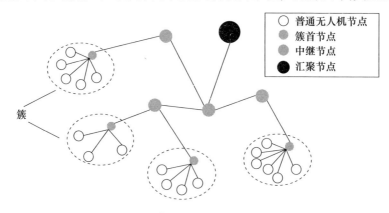

图 13.3 簇状无人机网络拓扑结构

该网络中,当一架无人机节点检测到可疑事件时,向相邻节点广播报警消息。接收到报警消息的无人机节点继续向其他无人机节点广播该消息,将消息最终传输至目的地,即信宿节点或基站。此过程将进一步触发对策以避免对网络的进一步损坏或影响。入侵检测系统的目标是检测各种恶意攻击以确保保无人机网络安全。

如图 13.3 所示的网络中,嵌入信宿节点中的 IDS 监视中继节点。安装在中继节点中的 IDS 对簇首节点进行监控。在簇首中的 IDS 监视普通无人机节点。基于贝叶斯博弈论的入侵检测系统有两类博弈者,即 IDS 代理 I_{IDS} 和攻击者 I_{attack}。IDS 代理 I_{IDS} 将被激活,来监视可能执行恶意行为的相邻节点。博弈者 I_{IDS} 和 I_{attack} 有多种策略,即 $\delta_{IDS} = \{\alpha_i^1 | i = 1, 2, \cdots, m\}$ 和 $\delta_{attack} = \{\beta_j^2 | j = 1, 2, \cdots, n\}$,其中 m 和 n 分别表示 I_{IDS} 和 I_{attack} 可使用策略的最大数量。

I_{IDS} 和 I_{attack} 可以随机选择任一策略 (α_i^1, β_j^2),每种策略对应的收益不同,P_{ij} 和 P'_{ij} 分别表示 I_{IDS} 和 I_{attack} 的收益。使用 w_i 表示 I_{IDS} 采用 α_i^1 的概率,v_j 表示 I_{attack} 采用 β_j^2 的概率。为在入侵检测系统的高检测率和低开销之间达到平衡,利用贝叶斯博弈论方法分别计算入侵检测系统 I_{IDS} 和 I_{attack} 的收益如下。

$$R_{IDS}(W, V) = \sum_{i=1}^{m} \sum_{j=1}^{n} P_{ij} \cdot w_i \cdot v_j \quad (13.1)$$

$$R_{attack}(W, V) = \sum_{i=1}^{m} \sum_{j=1}^{n} P'_{ij} \cdot w_i \cdot v_j \quad (13.2)$$

其中,$W = \{w_1, w_2, \cdots, w_m\}$ 和 $V = \{v_1, v_2, \cdots, v_n\}$ 分别为采用策略 I_{IDS} 和 I_{attack} 的概率分布。

在入侵检测系统中,当最大和最小收益由策略 I_{IDS} 和 I_{attack} 分别得到时,博弈达到最优均衡状态。通过适当调整 w_i 和 v_i 的值可以获得最大值和最小值。这种基于贝叶斯博弈论的入侵检测方法可实现较高检测率和较低开销,对于实际应用非常理想。

13.4 基于群体智能的弹性无人机系统

军事应用背景下,部署无人机需具备对不利实际环境条件的适应性以及对与任务相关的数据安全性,如飞行路径等。对于大多数应用场景,无人机集群(swarm of drones,SoD)比单架无人机更能抵御攻击。由于冗余性和协作性特点,无人机集群可适应不利条件,如破坏或故障。同时,SoD 不使用宽带通信,减少对手潜在检测机会。由于无人机数量较多,任务负载可分布在群中,同时执行多个任务。SoD 还进一步实现分布式传感和对系统故障的鲁棒性增强,优于单无人机系统。

SoD 的形成通常有两个不同构造阶段,比如在执行任务之前的阶段或执行任务后的阶段,如图 13.4 所示。在执行任务前的阶段,是从具有一定目标和限制的任务开始形成的。这种形成基于任务目标、空域法规、道德原则、协作知识以及安全和隐私政策。根据无人机和集群偏好要求,选择现存的多架无人机参与此任务。确定选择的无人机后,地面飞行管理系统将任务简要信息上传至每架无人机,无人机在集群中以安全方式相互通信。当所有连接的无人机开始执行任务时,无人机集群启动任务执行,如搜索指定对象等。

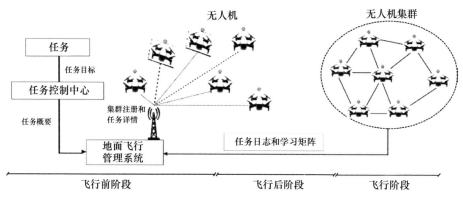

图 13.4　SoD 构建过程

任务结束时,地面飞行管理系统建立与每架无人机的通信链路,下载任务日志和评估学习矩阵等。地面飞行管理系统与任务控制中心分析每架无人机的任务信息,以改进协作水平。

SoD 有静态、动态和混合 3 种基本类型。

(1)静态 SoD 是基本类型。SoD 成员在任务前阶段预选确定。在任务执行阶段,系统在任务开始时锁定,不允许新成员加入。安全通信和协作由地面飞行管理系统建立,如图 13.5(a)所示。

(2)动态 SoD 可随时接受新成员加入集群,或允许现有成员退出集群,即在任务执行前阶段或执行任务阶段 SoD 可以接受来自同一组织(在封闭 SoD 中)或来自第三方(来自开放 SoD)的新加入无人机。与静态 SoD 相比,这种类型集群的无人机之间安全通信、相互信任和协作更具挑战性。这种类型的混合 SoD 的示意图如图 13.5(b)所示。

(3)混合 SoD 将静态 SoD 和动态 SoD 组合形成统一的集合单元。混合 SoD 的核心群是一个静态 SoD,作为一个实体运行,允许新成员注册入集群。新添加的成员形成一个扩展群,行为特征与动态 SoD 类似。混合 SoD 中,核心群在协作学习、评估和决策方面具有更高优先级。扩展群加入核心群,并为核心群提供某些特定服务。无人机扩展群可在任何阶段离开集群。混合 SoD 示意图如图 13.5(c) 所示。

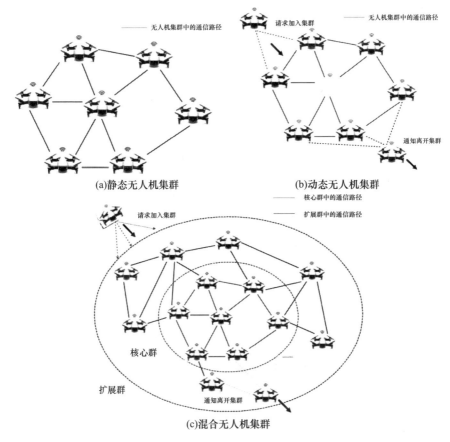

图 13.5　无人机集群类型

为形成高效运作的 SoD,协作模式是必要的。按照已有文献,主要有 3 种类型的协作模式,包括集中式、非集中式和分布式。每种类型的特征可描述如下。

(1) 集中式协作模式。该模式下,集群中有一个强大的主无人机,从每个单独无人机收集信息,辅助集群进行计算并做出最优决策。

(2) 非集中式协作模式。这种模式不具备单一的主无人机,使用一小组无人机从其他无人机收集信息。这些无人机集群进行协作学习、评估和决策。

(3) 分布式协作模型。该模型中每架无人机协作学习、评估和决策,扮演着对等角色。根据无人机自身的能力、动力和对总体任务的重要性,无人机集群分配不同工作负载。

尽管近期 SoD 取得了良好的应用进展，仍存在待解决的技术挑战和问题：第一类问题为安全、隐私和信任相关问题；第二类问题为性能和能耗问题。第一类有 4 个问题：①群体认证和安全通信；②SoD 公平交换服务体系结构；③协同网络安全威慑机制；④检测集群中累赘或搭便车的节点。第二类有两个问题：①网络安全与性能能耗的平衡；②平滑降级。有关这些未解决问题的更多详细信息可参考文献[5]。

13.5　阿德勒弹性无人机传感器系统

由于执行诸如自然灾害、污染、农业和工业设备等监测任务的优势特点，传感器网络在日常生活中越来越流行，具有弹性、高性能和能效的传感器网络或系统颇受期待。文献[6]提出了一种支持无人机的传感器阿德勒系统，可满足上述要求，使用阿德勒系统演示 3 种基本应用，即定位、信息收集和网络重构。

阿德勒系统有 3 个基本组成，安装在目标区域的传感器、与传感器合作的无人机以及用于任务控制和管理的基站，如图 13.6 所示。系统任务与输入信息由基站发送至无人机，输入信息包括目标区域、目标传感器和其他相关应用数据，比如需要为无人机进行更新的信息。无人机的输出信息包括采集的传感器数据以及与特定任务相关的其他应用结果。

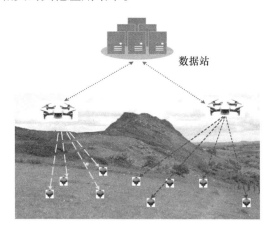

图 13.6　阿德勒系统

阿德勒系统的网络架构如图 13.7 所示。阿德勒系统无人机部分主要分为 3 个层次，包括应用层、中间件层和驱动程序层。应用层为应用协议，管理飞行轨迹。中间件层负责飞行和通信控制。驱动程序层具有无人机的软件开发工具包和相关的通信驱动程序。

无人机应用层包括航迹优化和应用协议两部分。航迹优化部分根据目标传感器的位置与区域计算每架无人机的航迹,并指定无人机航路点的飞行坐标和顺序。应用协议是执行特定应用程序的核心,任务包括:①与基站交换信息;②产生数据和应用载荷;③向传感器广播唤醒信号;④通信过程规划。

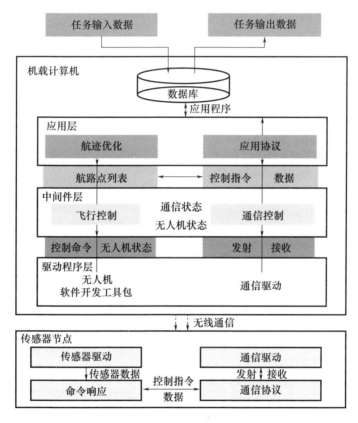

图 13.7　阿德勒系统网络架构

无人机中间件层由飞行控制和通信控制两部分组成。飞行控制部分根据航迹优化的航路点生成飞行控制命令,在飞行和盘旋之间切换飞行状态。通信控制部分保持与传感器和其他无人机的通信状态或信道,实现在睡眠模式和工作模式之间通信状态切换。

驱动程序层包括用于无人机和传感器的单独驱动器。无人机驱动器由软件开发工具包和通信驱动器组成,通信驱动器具有开放系统互联模型中的基本网络层和数据链路层。传感器驱动器包括多个模块,如嵌入式操作系统和电源管理模块等。

基于弹性无人机的传感器系统有 3 个基本应用。第一个应用是定位功能。传感器网络中传感器的位置信息不可用或不准确,需要激活定位功能。阿德勒系统中提出了无人机定位方法。将目标区域划分为网格,设计无人机飞行轨迹覆盖所有传感器点,并通过接收信号强度指示器计算每个传感器的位置坐标。RSSI 值用于计算发送端和接收端之间的距离,具体表述如下。

$$\text{RSSI} = A + 10n\log_{10}d \qquad (13.3)$$

式中:A 为距离发送端 1m 处的接收信号强度,n 为与环境相关的损耗指数,d 为测量距离。

当无人机穿越传感器网格的 4 个顶点时,使用以下公式计算传感器的位置坐标,即

$$\begin{cases} (x-x_1)^2 + (y-y_1)^2 + (z-z_1)^2 = r_1^2 \\ (x-x_2)^2 + (y-y_2)^2 + (z-z_2)^2 = r_2^2 \\ (x-x_3)^2 + (y-y_3)^2 + (z-z_3)^2 = r_3^2 \\ (x-x_4)^2 + (y-y_4)^2 + (z-z_4)^2 = r_4^2 \end{cases}$$

其中,点 (x_1,y_1,z_1)、(x_2,y_2,z_2)、(x_3,y_3,z_3)、(x_4,y_4,z_4) 分别是目标传感器网格的 4 个顶点,r_1、r_2、r_3、r_4 为通过 RSSI 值计算的距离,(x,y,z) 表示目标传感器点的坐标。

第二个应用是信息收集。此应用程序从分布式传感器收集测量数据。Li 等提出了基于无人机的系统最小六边形覆盖算法来覆盖传感器,收集传感器数据[6]。阿德勒系统中每个传感器有 3 种状态,即睡眠、监听和传输。当无人机到达传感器网络六边形的中心时,广播信标消息。传感器接收到信标消息后切换到传输状态,并向无人机发送数据。传感器与无人机之间的数据传输完成后,传感器返回睡眠或监听状态。与传统基于多跳网络的数据收集方法相比,所提出的基于无人机的方法可解决多跳网络中出现的能量空洞问题。与基于移动车辆的方法相比,基于无人机的方法可有效应对复杂地面条件。

第三个应用是网络重构。对长期运行的传感器系统,网络重新配置功能至关重要。当需更新传感器参数或改变传感器网络结构以满足新任务要求时,都需要重新配置网络。用于升级传感器网络的传统空中多跳方法较为耗能,需以逐跳方式将数据包转发到其他传感器上。通常情况下,数据载荷体积不少,且丢包和通信冲突问题时常发生导致数据重传。文献[6]提出了基于无人机的网络重新配置方法,可缓解能耗问题并实现系统弹性运行。通过简单的一跳通信重

新配置传感器网络,与多跳方式相比,可以有效降低丢包概率。

与单无人机网络相比,多无人机网络具有许多优势。第一个优点是通过多无人机组网提高传输效率。例如,当中继链路中断时,可将中继的数据包转发给其他无人机。通过无人机之间的协作传输,多无人机网络具有更好的信息预处理能力和更高的传输效率[7]。第二个优点是多无人机网络具有更好的生存能力。当一些无人机碰巧受到攻击时,剩余的无人机可以迅速重建系统并继续完成任务。基于以上分析,多无人机网络在单个节点上表现出抗故障能力,适应许多应用场景。

与传统的移动或车载自组织网络相比,无人机系统的移动性和快速响应的特点对网络性能具有很大影响。目前主要的无人机系统基于FANET网络设计。通过采用以网络为中心的设计方法,无人机可以自主定位实现良好的连接性,并与其他无人机协作以实现更好的通信覆盖。此外,还有许多与FANET相关的技术挑战需要解决。Wang等提出了一种高效的FANET网关选择算法与管理机制[7]。

13.6 可靠无约束的无人机LTE网络

LTE网络在日常生活中应用广泛,但LTE基站部署的静态特点导致某些5G应用场景中难以满足性能要求,如流量激增情况下的热点服务和自然灾害下的应急服务。LTE网络需要具有移动性以满足5G服务需求。考虑到无人机技术的最新进展,基于无人机的LTE在某些应用中被提出或采用。基于无人机的LTE网络在网络部署和优化方面拥有出色的灵活性。图13.8所示为基于无人机的LTE网络示意图,基站可空中部署在无人机上[8]。

典型的LTE网络包括两个基本单元,即接入网和核心网(evolved packet core,EPC)。接入网由多个基站组成,可为终端用户提供广域无线连接服务。EPC是高速有线核心网的网关,支持接入网运行。移动性管理和路由用户流量互联网在EPC中实现。传统的无人机驱动的接入网系统有两种方式将EPC集成到LTE网络中:传统有线无人机或传统无线EPC,两种类型EPC分别如图13.9(a)和(b)所示。对于传统有线EPC,EPC安装在地面上,这是目前最常见的由操作员驱动的无人机。但是,由于EOC-UAV是有线连接的[8],这会导致无人机在有挑战环境下面临限制,有线连接限制了整个网络的移动性和多架无人机的可扩展性。

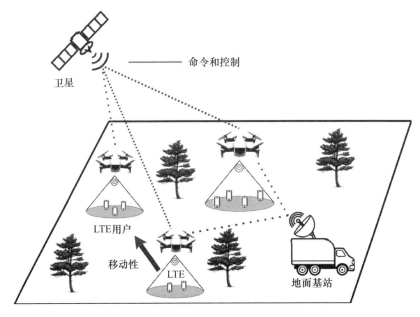

图 13.8 基于无人机的 LTE 网络示意图

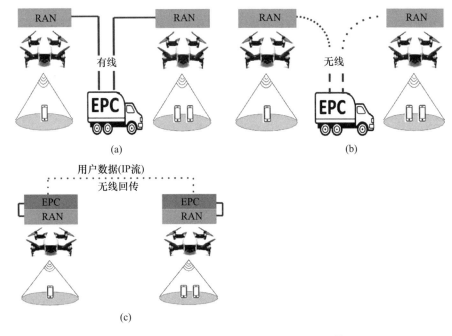

图 13.9 基于无人机的 LTE 网络的 EPC 变体

对于传统无线 EPC,考虑其无线传输特点,EPC 和接入网之间的可靠数据传输是当前面临的主要问题。传统无线 EPC 具有无线信道导致的全部缺点。由于 EPC 负责网络的关键功能,如路由和系统配置,需要可靠的 EPC。此外,考虑接入网的大流量需求,传统无线 EPC 的传输容量存在不足,可靠性或稳健性和容量是传统无线 EPC 的技术瓶颈。

针对传统 EPC 存在的不足,文献[8]提出了一种新的 EPC 结构以缓解系统约束,称为边缘 EPC,如图 13.9(c)所示。边缘 EPC 将 EPC 推向核心网的最边缘,其基本思想是将 EPC 拆解为安装在每架无人机上的单个独立模块,完全分布在整个网络中,消除关键 EPC 接入网无线链路。这种能力或特性克服了传统 EPC 架构的缺点。

为实现不受约束和高可靠的无人机 LET 网络,有研究提出将关键模块与边缘核心模块联合构成 SkyCore,建立软件重构 EPC 和 EPC 间通信接口[8]。这是通过将分布式 EPC 接口功能转换为多个交换表和相应的交换来实现的行动,软件重构 EPC 将分布式 EPC 接口功能转换为单个逻辑代理。这些交换表存储预先计算的密钥属性,如安全密钥和 QoS 配置文件,使客户端无须计算即可快速访问信息。EPC 间通信接口实现了无人机之间高效的 EPC 间信令和通信[8]。SkyCore 在网络边缘实现移动管理。EPC 间通信允许网络中无人机主动同步和共享状态,这一优势有效减少了脆弱的无线链路对关键控制功能的影响,支持运动模式 UE 快速无缝切换以及空闲模式 UE 快速跟踪。此外,SkyCore 可为机载 LTE 网络提供高效可扩展的运行服务,可支持至多 10 架无人机。

13.7 本章小结

本章讨论了无人机系统的弹性和鲁棒性。首先给出了无人机系统弹性的定义,基于不同类型中断和无人机系统状态与优先级,使用不同策略解决应用问题。在系统弹性和可靠性方面,多无人机系统优于单一的大型无人机系统。其次,分析了基于贝叶斯博弈论的无人机入侵检测方法,使用策略 I_{IDS}(入侵检测博弈者使用)和 I_{attack}(攻击博弈者使用)获得最大收益和最小收益条件下可实现博弈过程的最优均衡。针对无人机集群这一热门研究方向,介绍了其基本概念、设计思想和不同变体。无人机集群可适应外部中断或变化,使整个系统具有良好鲁棒性。再次,描述了具有弹性和节能特点的无人机传感器系统。与传统移动车辆传感器系统相比,可实现更长寿命和更优越的性能。另外,阐述了无人机传感器系统的 3 种基本应用,即定位、信息收集和网络重构。最后,为满足 5G 系统的典型用例性能需求,提出了不受约束且性能可靠的无人机 LTE 网络,其使用边缘 EPC 技术克服了传统 EPC 缺点。通过两个相关的关键技术,即软件重构和 EPC 间通信接口设计相结合,与 EPC 系统集成,形成了新的 LTE 网络理想解决方案,如 SkyCore 系统,适用于热点与应急场景。

参考文献

[1] E. Ordoukhanian and A. M. Madni, "Intorducing resilience into multi - UAV system - of - systems networks," *Disciplinary Convergence in Systems Engineering Research*, Cham, Switzerland:Springer,pp. 27 - 40,2018.

[2] A. M. Madni, Transdisciplinary Systems Engineering:Exploiting Convergence in a Hyper - Connected World,Cham,Switzerland: Springer,2018.

[3] E. Ordoukhanian and A. M. Madni, "Model - based approach to engineering resilience in multi - UAV systems," *Systems* 7, no. 1 pp. 1 - 11, 2019.

[4] J. Sun, W. Wang, Q. Da, L. Kou, G. Zhao, L. Zhang, and Q. Han. "An intrusion detection based on Bayesian game theory for UAV network." *Proceedings of the 11th EAI International Conference on Mobile Multimedia Communications*, ICST, pp. 56 - 67, 2018.

[5] R. N. Akram, K. Markantonakis, K. Mayes, O. Habachi, D. Sauveron, A. Steyven, and S. Chaumette, "Security, privacy and safety evaluation of dynamic and static feets of drones," 2017 *IEEE/AIAA 36th Digital Avionics Systems Conference (DASC)*, IEEE, pp. 1 - 12, 2017.

[6] D. Li, Y. Wang, Z. Gu, T. Shen, T. Wei, Y. Fu, H. Cui, M. Song, and F. C. M. Lau, "Adler: a resilient, high - performance and energy - effcient UAV - enabled sensor system," HKU CS Tech. Report TR - 2018 - 01, 2018.

[7] J. Wang, C. Jiang, Z. Han, Y. Ren, R. G. Maunder, and L. Hanzo, "Taking drones to the next level: cooperative distributed unmanned - aerial - vehicular networks for small and mini drones," *IEEE Vehicular Technology Magazine*, vol. 12, no. 3, pp. 73 - 82, 2017.

[8] M. Moradi, K. Sundaresan, E. Chai, S. Rangarajan, and Z. Morley Mao, "SkyCore: moving core to the edge for untethered and reliable UAV - based LTE networks." *Proceedings of the 24th Annual International Conference on Mobile Computing and Networking*, ACM, pp. 35 - 49, 2018.

第14章

无人机集群网络软硬件解决方案验证评估

14.1 引 言

越来越多的无人机用于执行以前无法完成的任务,如包裹投送、灾后搜索与救援行动等。这与集成到无人机系统上的多维传感数据处理能力相关,这些能力提高了无人机的导航能力,使自主或半自主的无人机系统可在最少的人机交互介入下完成任务[1-2]。通常一个任务由相应的一个或多个共同目标的子任务组成。每个子任务都需要一些特定资源,可能由一个或多个单无人机或多无人机系统提供。最近的研究已经开始提出具有异构资源的多无人机系统,用于执行更复杂的任务[3-4]。

多无人机系统可在非结构化环境中(如灾难场景)执行任务,以较低的计算与时间成本实现任务目标。与单无人机系统相比,多无人机系统的资源具有异构性,且具有更好的可访问性和系统鲁棒性[5],可以得到更高的任务执行准确性和效率。多无人机系统可看作一个多智能体系统,可以实现一个高效的共识方案,适应不同场景配置和应用程序中任意数量智能体运行[6]。此外,在动态环境下,系统的不确定性依赖有效的任务控制和导航系统,需要能够应对环境变化,如风力对无人机电池消耗有较大影响,且能显著调整任务进度和完成度[7]。

无人机编队的任务规划过程包括战术目标生成、指挥结构、协调与调度[8]。这些协作系统可对异构车辆网络进行自主任务规划与分配[9]。系统的正常运行需要多个设备之间的稳定通信,增加了仿真与外场试验的复杂度[10]。

本章介绍了无人机之间通信系统的具体步骤。首先描述了系统硬件结构,基本由一组 3DR Iris 和四旋翼飞行器组成,每组配有一台树莓派 3 嵌入式计算机、Pixhawk 飞行控制器和 XBee 无线电模块。应用示例基于机器人操作系统(robot operation system,ROS)和 MAVLink 实现。其中 ROS 用于仿真和外场试验,MAVLink 是轻量级的消息协议,可用于无人机通信开发。

14.2 机器人操作系统

ROS 是一套备受推崇的程序框架,为开发机器人应用程序提供操作系统支持。总体来看,ROS 是一伪操作系统,在如 Linux 主机系统上运行,包含包管理工具、模拟器和硬件抽象部分。ROS 的这些特点有助于程序开发,且支持应用程序的扩展性。构建在 ROS 之上的应用程序以包的形式分发,包由一组用于执行、编译和仿真的程序和脚本组成。这些程序称为节点,节点之间的通信由称为 roscore 的服务器提供,支持分布式应用程序的开发。

节点之间最简单的通信通过一种发布者-订阅者方案实现。在这种方式的交互通信中,执行发布者功能 publisher 的节点,称为 nodes,以主题 topics 的形式发布数据,向服务器 roscore 发布数据,使用保留地址,地址可以是随机或连续的。数据以称为 message 消息的结构发布。

每条消息为标准化结构类型,专门为某个应用程序设计,并设置主题以接收特定类型的消息。另外,执行订阅者功能的节点通过发布事件的触发回调函数接收发布数据。这种结构中,理想情况下仅有一个节点作为发布者,一个或多个节点根据不同目的使用数据执行订阅功能。同一主题上允许有多个发布者,但通常不建议该方式。

客户端-服务器是 ROS 提供的另一种通信交互方式。在此通信模型中,客户端节点向可用服务主题发送请求并等待响应。服务器节点接收请求,执行所请求的操作,并向客户端节点返回响应消息。该通信方式可用于不需要持续传输数据的零星情况。通过所展示资源,ROS 框架可用于下面所提出的应用程序开发。

14.2.1 ROS 包 multi‐uav‐xbee

使用 ROS 框架开发名为 multi‐uav‐xbee 的 ROS 包。为实现在嵌入式硬件上可运行,该包必须与 mavros 程序包共同执行。在 mavros 程序包配置下,multi‐uav‐xbee 需与飞行控制单元进行通信,相应配备最新版本的 Ardupilot 固件。

multi – uav – xbee 包的运行遵循 ROS 通信模型,如图 14.1 所示。应用程序中的多个无人机能够收集和修改其邻居位置。每个无人机是网络的组成部分之一,在嵌入式硬件,如 roscore 和 multi – uav – xbee 上运行,仅在个体标识号上存在变化。首先,系统启动时,软件订阅由 mavros 软件包发布的无人机本地位置主题。在获得此信息后,无人机进行序列化,并将序列化的消息通过其他通信信道发送到可达范围内的所有网络节点。这个案例使用了 XBee S1 Pro 无线电设备,个体之间通信信道交换的消息使用 ROS 核心序列化库进行序列与反序列化。

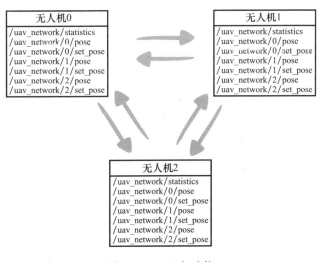

图 14.1 ROS 包功能

当网络中节点接收到消息时,将消息存储在 ROS 框架中。包中具有两种类型的消息,一种是定位信标主题,包含无人机的姿态(如位置与方向)信息。接收信标后,获取数据自动发布到个体本地 roscore 服务器。该主题仅用于接收发送节点的位置。第二种是位置命令主题。该主题负责接收网络中某个节点所需的位置,将此命令发送至接收节点。案例中使用第二种类型的消息,即位置命令消息。当应用程序发布一个位置命令主题时,广播消息发送到网络所有节点。若节点的标识符与消息中的标识符不一致,则忽略该消息。若节点的标识符与消息中包含的标识符相同,则节点将在 mavros 主题中发布该位置命令数据,该数据将相应地调整无人机的位置为该命令信息中包含的位置。

该程序的架构可作为所有 roscore 之间的桥梁,通过网络信道,各节点可获得邻居位置,并通过发布到本地 ROS 服务器的主题更新自身位置。

14.3 分步实现细节

14.3.1 硬件安装

所使用的无人机硬件架构由集成到无人机上的嵌入式硬件组成。本节描述的项目所使用的无人机是 3DR Iris+四旋翼飞行器。图 14.2 展示了安装在 3DR Iris+四旋翼飞行器上的硬件,包括以下几个部分。

图 14.2 3DR Iris+四旋翼飞行器嵌入式硬件配备

(1) 飞行控制器:使用 Pixhawk Autopilot 自动驾驶仪。作为独立的开放式硬件项目,主要为学术、爱好和开发人员社区提供易用、高质量和低成本的自动驾驶仪硬件标准。

(2) 嵌入式计算机:使用树莓派 3 型号 B 的嵌入式计算机,配置了 1.2GHz 64 位四核 ARMv8 处理器、1GB RAM 和 GPU VideoCore IV 三维图形内核,并使用 32GB 的 10 级 SD 卡存储操作系统和开发算法相应软件。

(3) 无线电模块:为创建无人机之间的通信链路,XBee S1 Pro 无线电设备需与无人机结构耦合设计,通过嵌入式硬件的 USB 接口连接。

为将所有硬件和电源集成到树莓派上,设计一个带有 DC-DC 转换电路的硬件电路板,如图 14.3 所示。飞行控制器与树莓派 3 硬件的连接如图 14.4 所示。软件安装和测试之前,需对集成硬件进行测试和配置。

第 14 章 无人机集群网络软硬件解决方案验证评估

1—树莓派 3；　　　　　　　　2—xbee Pro S1；　　　　　　3—DC–DC 转换器 3；
4—PX4 到树莓派 3 的串行连接；　5—树莓派 3 到 PX4 的 USB 连接。

图 14.3　3DR Iris + 四旋翼飞行器嵌入式硬件配备

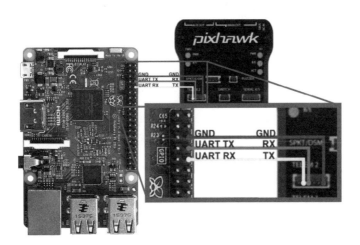

Pixhawk 里的 TELEM2		树莓派里的 GPIO	
引脚编号	引脚名称	引脚编号	引脚名称
2	TX	10	UART RX
3	RX	8	UART TX
6	GND	6	GND

图 14.4　飞行控制器和树莓派 3 之间的连接

XBee 模块中启用 CSMA – CA。CSMA – CA 协议用于避免接点通信冲突而设计,通过引入随机延迟防止数据冲突造成的数据丢失。CSMA – CA 与 CSMA – CD 协议不同,CSMA – CD 在检测到数据冲突后对网络传输进行响应,CSMA – CA 在数据冲突发生之前阻止发生。当接收到待传输的数据包,通信节点检查当前信道是否通畅,即没有其他接点在传输。当信道状态为畅通,可通过无线发送数据包;否则,等待随机选择的时间间隔并再次检查信道是否畅通。一段时间后,信道接入流程结束,数据丢失。

在协议的网络安全性方面,随机延迟时隙应该设置在 1~3,即 CSMA – CA 算法中退避指数的最小值。默认情况设置为 0,在发送请求和 CSMA – CA 协议的第一次迭代之间不存在延迟,此时 CSMA – CA 协议未启用。

14.3.2　软件安装

1. 安装树莓派 3

树莓派 3 系统安装了建议的 ROS 包,包括以下组件,即 Linux、ROS 和 mavros 包。选择 Ubiquity Robotics 操作系统 Ubuntu MATE 版本是更好选择,其已经包含 ROS 操作系统。使用以下命令下载"2018 – 01 – 13 – ubiquity – xenial – lxde"得到 Ubuntu 镜像:

```
wget https://ubiquity-pi-image.sfo2.cdn.digitaloceanspaces.com/2018-01-13-ubiquity-xenial-lxde-raspberry-pi.img.xz
```

使用可靠且快速的 SD 卡以支持图像传输,使用 SD 格式程序,如 Bale – naEtcher 刻录前面提到的 Ubuntu 镜像。

2. 启用串行通信

考虑与飞行控制器 Pixhawk 的通信接口,树莓派 3 需要启用串口通信端口。使用下面的命令访问树莓派 3 配置界面。

```
sudo raspi-config
```

在配置界面中先后选择"Interfacing Options"和"Serial"选项,系统请求"Would you like a login shell to be accessible over serial?",并设置"No";设置"Yes"回应"Would you like the serial port hardware to be enabled?"以启用串口。

3. 安装附加 ROS 包

应用程序需要安装以下 ROS 包。包的具体描述和安装命令如下。

(1) rosserial：一种用于包装标准 ROS 序列化消息和在字符设备（如串口或网络套接字）上复用多个主题和服务的协议。在开发的应用程序中，用于与字符串之间的主题序列化和反序列化，以及发送给 XBee 模块。

```
sudo apt-get install ros-kinetic-rosserial
```

(2) mavros、mavlink 及其他包：这些库对于使用 MAVLink 协议进行无人机通信是必不可少的。

```
sudo apt-get install ros-kinetic-mav*
```

(3) rosconsole*：支持控制台输出和日志记录的 ROS 包，提供了一个基于宏的接口，支持打印和流样式输出。

```
sudo apt-get install ros-kinetic-rosconsole*
```

4. 安装 multi-uav-xbee ROS 包

安装和构建建议的应用程序。首先访问 ROS 工作区的源代码文件夹：

```
cd ~/catkin_ws/src
```

接着将 git 仓库复制到源代码文件夹中：

```
git clone https://github.com/maikbasso/multi-uav-xbee.git
```

再返回到根工作区文件夹：

```
cd ~/catkin_ws
```

最后编译程序：

```
catkin_make
```

如果一切顺利，完成安装，否则执行下面的命令删除缓存文件，尝试再次编译程序。

```
sudo rm -rf build devel
```

5. 启动应用

为运行所建议应用程序，开发带有以下参数的启动文件。

(1) \<droneId>：每个节点有一个不同的 ID 号，默认值为 0。

(2) <serialPort>:需要指示串口,默认值为"/dev/ttyUSB0"。

(3) <baud>:需要设置串口波特率,默认值为9600。

接着应使用以下命令运行建议的应用程序。

```
source devel/setup.bash
roslaunch multi_uav_xbee multi_uav_xbee_network.launch_droneId:=<droneId> _serialPort:=<serialPort> _baud:=
```

6. 网络数据ros包文件存储

为存储所有网络数据用于任务分析,需要创建专用文件夹存储包文件,使用以下命令。

```
mkdir -p ~/catkin_ws/src/multi-uav-xbee/bag
```

接着执行应用程序,包括新参数配置,参数<recordBag>需要设置为值1。

```
roslaunch multi_uav_xbee multi_uav_xbee_network.launch_droneId:=<droneId> _serialPort:=<serialPort> _baud:=_recordBag:=1
```

所有日志都存储在上一步创建的bag文件夹中,文件名称为当前节点标识符加上当前时间戳,以防止覆盖文件。

7. 网络主题发布

多个节点上运行网络后,会创建一些主题以访问共享信息,主题包括以下几个。

(1)/uav network/statistics:描述本地网络统计信息。

(2)/uav network/<droneId>/pose:<droneId>节点的局部姿态。

(3)/uav network/<droneId>/set pose:<droneId>节点的预期姿态。

根据这些信息,应用程序(如文献[11]展示的应用程序)可以连接到这些主题,通过定位各节点进行任务控制,其他节点也可从数据共享中获得性能提升[12-13]。精准农业应用中通过共享信息可使机器人分工更加容易,并挖掘出一系列新的运行方式。

8. 节点部署的图形显示

首先,需要安装用于显示图形的库,可以执行以下命令。

```
pip install drawnow
pip install matplotlib
pip install numpy
```

当应用程序在另一个终端上运行时,在任何节点的新终端上执行以下命令,以查看连接到网络节点当前位置的图形效果。

```
cd ~/catkin_ws/src/multi-uav-xbee/python
python graphGenerator.py
```

14.4 试验与结果

2019 年 12 月 12 日在巴西南里奥格兰德州阿尔沃拉达市的航空学院进行飞行试验。试验使用 3 架无人机,均装备上述嵌入式硬件,无人机在大约 40m × 120m 和 10m 高度区域独立自主执行任务。图 14.5 为试验区的鸟瞰图。

图 14.5 试验区鸟瞰图

试验开始时,无人机部署在一条直线上,相对位置偏移为 10m,如图 14.6 所示。图 14.7 展示了无人机在战场上执行的飞行任务,所有无人机沿距离原点 100m、距离地面 10m 的直线上飞行。

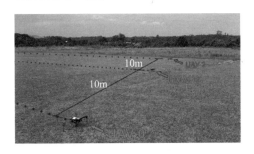

图 14.6 试验场景中无人机归航点

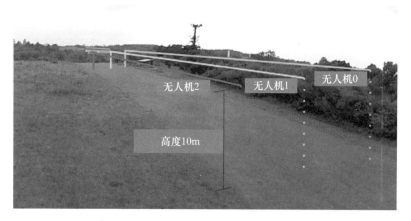

图 14.7　试验中无人机执行的任务

无人机在试验过程中的运动航迹如图 14.8 所示,该轨迹由线性移动的节点移动形成,用于防止飞行过程中节点之间碰撞。

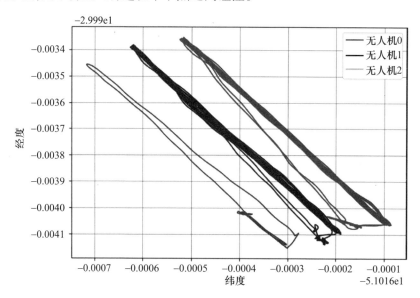

图 14.8　试验中无人机航迹图

试验中所有无人机通过无线信道广播位置信息,图 14.9 给出了实验过程中传输的消息数量,其中位置消息包的传输速率为 1 包/s。由于实验持续时间为 1000s,最终每架无人机发送约 1000 个数据包。每架无人机对应的飞行开始时间不同,图表曲线反映了对应的时延。无人机 0 是第一个开始飞行的,随后是无人机 1 和无人机 2。采用初始顺序是考虑到每架无人机由同一人负责启动,可避免初始化过程中操作人员人为错误影响仿真结果。每架无人机中使用相同的序列结束数据记录。图中实线表明,整个试验过程中 3 架无人机没有中断传输,位置包广播中断会对试验结果产生负面影响,导致通信包对应的应用程序存在过时数据。分布式应用中过时数据会一定程度上影响任务控制的性能,比如导致无人机之间的碰撞。

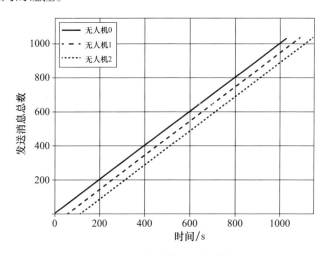

图 14.9 发送的业务包数量

试验期间无人机接收的数据包统计量如图 14.10 所示。如前所述,整个试验中,每架无人机发送大约 1000 个包,测试得到的每架无人机接收包数量大约为 1000 个。如果每架无人机大约发送 1000 个数据包,则理想环境下,接收到的数据包数量应该在 2000 个左右。但图中可以观察到在实际环境中无人机之间的距离、异步启动时间、包碰撞等因素对丢包有直接影响。例如,这个试验中无人机在不同时间开始任务,一架或多架无人机可能因为距离过远导致无法接收数据包。由于它们以直线迂回飞行,某一时刻还会再次处于通信范围内并恢复正常通信。由于所采用的移动模型不同且无人机启动时间不同步,系统会出现断线现象,导致存在大量丢包。

试验中对于何时发生包冲突缺乏有效的识别方法。偶然情况下会出现反序列化错误,导致接收端无法识别消息的内容并丢弃相关内容,数据包也被视为丢失。图 14.11 显示了每架无人机因该错误丢失的数据包总数。如图 14.10 所示,由于无人机 0 的包接收率较高,其反序列化错误率相应高于其他无人机。综合所有试验结果可以发现,所使用的硬件体系结构可有效应用于实际场景下的多个无人机通信,使用该完整的软硬件体系结构可以开发更复杂的应用程序。

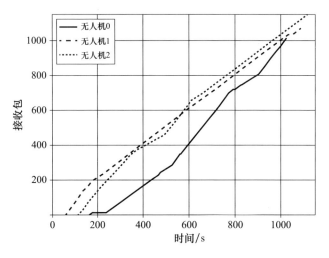

图 14.10　接收包统计图

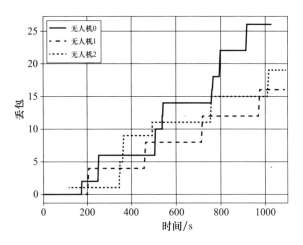

图 14.11　反序列化错误导致的丢包数统计

14.5　本章小结

本章描述了所有无人机都知道相互位置并可自由控制运动行为情况下可用于多个无人机通信的软硬件替代方案,对于无人机集群系统具有重要意义。该架构可用于一些 Ardupilot 固件及其变体在内的商用无人机。软件可使用 ROS

核心中可用的标准包和库，无须在解决方案组装中任何其他安装以及复杂性操作。该系统通过了外场试验评估，结果表明，所提架构的硬件对于两种指定消息类型同步具有良好性能，网络中所有无人机可有效维持姿态同步。下一步可使用更高带宽的无线电设备，实现所有主题之间的完全同步，发挥其他应用程序的潜能。

参考文献

[1] A. Al‐Kaff, D. Martín, F. García, A. de la Escalera, and J. M. Armingol, "Survey of computer vision algorithms and applications for unmanned aerial vehicles," *Expert Systems with Applications*, vol. 92, no. Supplement C, pp. 447‐463, 2018.

[2] C. Kanellakis and G. Nikolakopoulos, "Survey on computer vision for UAVs: current developments and trends," *Journal of Intelligent & Robotic Systems*, vol. 87, no. 1, pp. 141‐168, 2017.

[3] A. C. Trujillo, J. Puig‐Navarro, S. B. Mehdi, and A. K. McQuarry, "Using natural language to enable mission managers to control multiple heterogeneous UAVs," In: P. Savage‐Knepshield and J. Chen, Eds. *Advances in Human Factors in Robots and Unmanned Systems: Proceedings of the AHFE 2016 International Conference on Human Factors in Robots and Unmanned Systems*, Cham, Switzerland: Springer International Publishing, pp. 267‐280, 2017.

[4] R. S. De Moraes and E. P. De Freitas, "Multi‐UAV based crowd monitoring system," *IEEE Transactions on Aerospace and Electronic Systems*, p. 1, 2019.

[5] W. Zhao, R. Li, and H. Zhang, "Finite‐time distributed formation tracking control of multi‐UAVs with a time‐varying reference trajectory," *IMA Journal of Mathematical Control and Information*, 2017. [Online]. http://dx.doi.org/10.1093/imamci/dnx028.

[6] L. Han, X. Dong, K. Yi, Q. Tan, Q. Li, and Z. Ren, "Circular formation tracking control for time‐delayed second‐order multi‐agent systems with multiple leaders," *2016 IEEE Chinese Guidance, Navigation and Control Conference (CGNCC)*, pp. 1648‐1653, 2016.

[7] L. Evers, T. Dollevoet, A. I. Barros, and H. Monsuur, "Robust UAV mission planning," *Annals of Operations Research*, vol. 222, no. 1, pp. 293‐315, 2014.

[8] C. Ramirez‐Atencia, G. Bello‐Orgaz, M. D. R‐Moreno, and D. Camacho, "Solving complex multi‐UAV mission planning problems using multi‐objective genetic algorithms," *Soft Computing*, vol. 21, no. 17, pp. 4883‐4900, 2017.

[9] S. S. Ponda, L. B. Johnson, A. Geramifard, and J. P. How, "Cooperative Mission Planning for Multi‐UAV Teams," Dordrecht: Springer Netherlands, pp. 1447‐1490, 2015.

[10] M. Basso, I. Zacarias, C. E. Tussi Leite, H. Wang, and E. Pignaton de Freitas, "A practical deployment of a communication infrastructure to support the employment of multiple surveillance drones systems," *Drones*, vol. 2, no. 3, 2018.

[11] T. Dapper e Silva, C. F. Emygdio de Melo, P. Cumino, D. Rosário, E. Cerqueira, and E. Pignaton de Freitas, "STFANET: SDN-based topology management for flying ad hoc network," *IEEE Access*, vol. 7, p. 173, 2019.

[12] M. Basso and E. P. de Freitas, "A UAV guidance system using crop row detection and line follower algorithms," *Journal of Intelligent and Robotic Systems*, vol. 97, pp. 605-621, 2020.

[13] M. Basso, D. Stocchero, R. Ventura Bayan Henriques, A. L. Vian, C. Bredemeier, A. A. Konzen, and E. Pignaton de Freitas, "Proposal for an embedded system architecture using a GNDVI algorithm to support UAV-based agrochemical spraying," *Sensors*, vol. 19, no. 24, 2019.

第 15 章

稳健高效的 C 频段无人机通信系统

本章描述了一个稳健高效的无人机通信系统,介绍了一种低复杂度算法及其结合完整系统的实现,给出了实际飞行场景下的系统测试结果。

15.1 节详细介绍了低复杂度的成形偏移正交相移键控(shaped offset quadrature phase shift keying,SOQPSK)解调方式。在资源约束环境下,该解调方式可提高连续相位调制波形的可用性。以可支持突发和连续模式的多功能帧设计为基础,分析了一种判决导向同步的 SOQPSK 调制方法,可用于时间偏差、相位偏移和频率偏移的校正。最后,将帧起始(start of frame,SoF)检测方法和基于嵌套巴克码独特字的相位模糊度分辨方法相结合,提出一种低复杂度全相干解调算法。

15.2 节介绍了开发的数据链路系统,描述了软件定义无线电平台下 FPGA 部分的主要组件,即 SOQPSK 解调器。与其他文献中已有实现方法相比,所开发的数据链路系统硬件使用率更高。

15.3 节展示了一些系统性能的评估结果,如吞吐量、多普勒频率鲁棒性、实际飞行场景误码率性能以及机载通信系统的链路预算等。为了满足场景自适应波形的需求,本节重点关注系统的灵活参数配置能力,包括系统对多种不同的波形和收发信机配置能力等。

总体上看,本章为设计无人机运行的关键部件提供了先进的技术解决方案,在支撑大量无人机集成到非隔离空域的通信系统研究方面迈出了一大步。更多相关内容可参考文献[1]。

15.1 低复杂度偏移正交相移键控同步及解调算法

SOQPSK 是一种高带宽高功率的调制方式,根据文献[2]配置 SOQPSK 调制参数情况下性能优势更加明显。SOQPSK 的波形属于连续相位调制类型的二进制波形。通常,最大似然序列检测器是数据传输的最优检测器,解调性能优于逐符号检测器 1~2dB[3],但接收机复杂度随信号记忆长度呈指数增加[4]。

为弥补 SOQPSK 调制方式的固有缺陷,使调制方式更适合物联网、机器对机器和无人机通信及其遥测链路等应用,本章提出一种高硬件使用率的新型解调器结构,具有非常低能耗的特点。该特点可满足移动设备或电池供电设备的解调需求。

连续相位调制体制下接收机的低复杂度设计有多种方式,其中一种称为脉冲截断。通过将相位脉冲减小到一个符号时间的长度,实现更为简单的网格图编码表示,逼近部分响应连续相位调制性能[5]。文献[6-8]介绍使用了 SOQPSK 的脉冲幅度调制近似方法,文献[9-10]对脉冲截断和简化版脉冲幅度调制这两种调试方式的性能进行了比较。此外,其他方法将 SOQPSK 调制的网格图编码的复杂度降低为仅包含两个状态[3,11],但误码率也随之明显恶化。

强有力同步机制是实现可靠数据链路的关键因素。为了实现全相干接收,接收机需要获得因多普勒频移、不完美本地振荡器以及发射机与接收机之间距离不确定性导致的载波频率和相位的偏移值,并考虑因时钟自由运行而导致的采样时间错误的恢复问题。周期性重复的前导码可用于参数估计和 SoF 检测,后者对纠错技术的实现十分重要。实现同步通常会极大增加接收机的复杂性。因此,尽可能合理简化符号定时、相位、频率和帧同步具有重要有意义。例如,文献[12-13]设计了低复杂度的时间偏差校正环路,文献[14]对连续相位调制信号进行了时序和相位校正。文献[15]对已知数据序列和未知频率偏移量情况下 SoF 方法进行了研究,文献[16]提出了所有参数未知情况下的突发模式 SOQPSK 同步方法。针对大偏移的连续相位调制频率估计问题,文献[17-18]等还提出了多种方法。在中度频率误差假设条件下,可以实现硬件大幅简化的解调器,如 15.1.1 节所述。

无人机通信技术尚未形成规范或标准,没有统一的网络接入方案。无人机通信的上行链路和下行链路可以使用不同的接入方案。为适应网络的不确定性,本章提出了可兼容突发模式和连续模式的多功能接入方法。利用这种混合同步类型,可以实现时分多址和频分多址接入。

15.1.1 符号定时、载波相位和频率同步

同步是相干接收的先决条件,但也导致较大的接收机复杂度。基本上,实现

同步需要调整载波频率偏移、相位偏移和符号定时偏移这3个参数并检测SoF。以下分别描述这些参数偏移的形成原因。

（1）由于多普勒效应及发射机和接收机时钟的不精确性，频率偏移可能会降低通信性能，需要通过频率恢复以抵消频率偏移带来的不利影响。

（2）相位偏移是由发射天线到接收天线的未知距离导致的，其模值位于$[0, 2\pi)$区间。另一原因是发射机和接收机的本地振荡器的震荡起点存在不确定性。相位偏移会导致星座图的旋转。相位偏移的估计或随后的相位偏移检测是通过相位恢复实现的。

（3）由于发射机与接收机的时钟解耦，经过接收机的异步传输和模数转换，接收信号可能不在最优位置被采样，导致眼图偏移。可以通过符号定时恢复消除符号定时偏移的不利影响。

（4）当接收机不知道数据传输开始时，SoF是未知的，需要检测SoF或者区分独特字与实际数据，才能将信息发送到物理层之上各层。此外，前向纠错机制也需要知道准确的SoF以确保正常工作。

在此基础上，图15.1描述了数据链路底层的多功能帧结构。图中包含3个连续帧$i-1$、i和$i+1$。每一帧长度为L_f，从前到后依次包含L_{UW}比特的独特字，也称前同步码，L_{info}比特的信息位和L_{tail}比特的帧间隙3个部分。在帧间隙期间，假设仅接收到白高斯噪声。帧结构的多功能特点通过L_{tail}长度变化体现，其中$L_{tail}>0$表示突发模式的配置，$L_{tail}=0$表示启动连续模式传输。

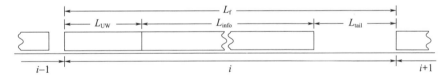

图15.1 多功能帧结构包含独特字、信息块和尾部三部分。3个连续帧为$i-1, i, i+1$

在存在加性白噪声的情况下，接收基带信号的复数表示为

$$r(t) = \sqrt{\frac{E_s}{T_s}} e^{j2\pi f_d t + \theta} s(t-\tau) + n(t) \tag{15.1}$$

式中：$n(t) \sim \mathcal{N}(0, N_0/2)$；$f_d$为频率偏移；$\theta$为相位偏移；$\tau$为符号定时偏移。这些参数必须由同步器估计得到，确保对接收信号的正确检测。

信号处理包括闭环估计和前馈估计两种不同方式。前者递归性地估计误差，不断逼近零误差。相反地，后者在没有任何反馈结构下为前馈执行器进行误差估计。本章所提出的检测器采用闭环方式减小频率偏移、相位偏移和符号定时偏移误差。

根据参数误差估计需要的先验数据知识类型,分为3类同步器:数据辅助类同步器、非数据辅助类同步器和决策导向类同步器[16]。

(1)数据辅助算法使用传输数据的先验知识,先验知识可以是已知的前导码或独特字。

(2)在没有任何数据的先验知识的情况下,使用非数据辅助同步。

(3)决策导向算法使用估计数据而不是先验数据。因此在该类同步器中同步和数据估计过程是相关联的。

文献[19]提出了一种决策导向的定时同步和相位同步方法设计检测器,可以消除频率偏移。针对频率因素的引入,对定时校正和相位校正增加了尽可能少的复杂度。忽略常数因子后,基于对数似然函数推导未知参数的最大似然估计如下。

$$\Lambda(r \mid \widetilde{a}) = \sum_{n=1}^{L_0-1} \text{Re} \{e^{-j\widetilde{\theta}} e^{-j2\pi n \widetilde{f}_d/T} z_n(\widetilde{a}_n, \tau) e^{-j\widetilde{\theta}_{n-1}}\}$$

假设一个长度为L_0的已知比特序列$\widetilde{a} = \{\widetilde{a}_n\}$。为使用该函数来估计频率、相位和定时参数,估计方法分别考虑这些参数,并且在考虑其中某一参数时假设其余参数已知。在不考虑常数因子的情况下,可计算符号定时参数的对数似然函数偏导数如下。

$$\frac{\partial}{\partial \widetilde{\tau}}\Lambda(r \mid \widetilde{\tau}) = \sum_{n=0}^{L_0-1} \text{Re} \{e^{-j\theta} e^{-j2\pi n f_d/T} y_n(a_n, \widetilde{\tau}) e^{-j\theta_{n-1}}\}$$

接着计算相位参数的对数似然函数偏导数如下。

$$\frac{\partial}{\partial \widetilde{\theta}}\Lambda(r \mid \widetilde{\theta}) = \sum_{n=0}^{L_0-1} \text{Im} \{e^{-j\widetilde{\theta}} e^{-j2\pi n f_d/T} z_n(a_n, \widetilde{\tau}) e^{-j\widetilde{\theta}_{n-1}}\}$$

最后计算频率参数的对数似然函数偏导数如下。

$$\frac{\partial}{\partial \widetilde{f}_d}\Lambda(r \mid \widetilde{f}_d) = \sum_{n=0}^{L_0-1} \text{Im} \{n e^{-j\theta} e^{-j2\pi n \widetilde{f}_d/T} z_n(a_n, \tau) e^{-j\theta_{n-1}}\}$$

其中,$y_n = \frac{\partial}{\partial \widetilde{\tau}} z_n$。

上面3个偏导数的零点即对数似然函数的最大值点。在闭环方式实现中,迭代执行最大似然函数的最大化过程。上述过程需已知传输符号$\{a_n\}$。决策导向的同步算法中从相干维特比检测器获得的估计序列$\{\widetilde{a}_n\}$的误差足够小。引入整数时延D,用估计序列$\{\widetilde{a}_n\}$代替$\{a_n\}$,无常数的采样时间误差函数可定

义为

$$e_\tau[n-D] \equiv \text{Re}\left\{ e^{-j(\hat{\theta}[n-D]+2\pi(n-D)\tilde{f}_d[n-D]/T)} \cdot y_{n-D}(\hat{a}_{n-D},\tilde{\tau}[n-D])e^{-j\hat{\theta}_{n-D-1}} \right\}$$

无常数的载波相位偏移误差函数可定义为

$$e_\theta[n-D] \equiv \text{Im}\left\{ e^{-j(\hat{\theta}[n-D]+2\pi(n-D)\tilde{f}_d[n-D]/T)} \cdot z_{n-D}(\hat{a}_{n-D},\hat{\tau}[n-D])e^{-j\hat{\theta}_{n-D-1}} \right\}$$

无常数的载波频率偏移误差函数可定义为

$$e_{f_d}[n-D] \equiv \text{Im}\left\{ (n-D)e^{-j(\hat{\theta}[n-D]+2\pi(n-D)\tilde{f}_d[n-D]/T)} \cdot z_{n-D}(\hat{a}_{n-D},\hat{\tau}[n-D])e^{-j\hat{\theta}_{n-D-1}} \right\}$$

由于检测器的维特比特性,符号 $\hat{a}_{n-D}$ 估计的可靠性随着时延 D 增加而增加。但是,当时延低至 $D=1$ 时,符号估计仍具有满意结果[19]。同预期一样,e_θ 和 e_{fd} 具有相似结构,可以使用单个二阶环路滤波器跟踪参数 e_θ 和 e_{fd}。

为了阐述如何使用误差信号以减少符号定时偏移、相位偏移和频率偏移,图 15.2 给出了详细描述。通过对数字基带信号 $r[n]$ 进行内插和旋转操作,可以分别校正符号定时偏移、相位偏移和频率偏移。匹配滤波器组馈送数据流到维特比检测器、相位偏移计算器以及频率偏移计算器。匹配滤波器计算出偏导数 y_n,并转发至符号定时偏移计算器。根据决策导向同步算法,两个偏移计算器都从维特比检测器接收估计序列 $\hat{a}$。偏移计算器之后是环路滤波器。环路滤波器由用于定时偏移校正的环路滤波器及用于相位偏移校正和频率偏移校正的二阶滤波器组成。最终是估计器。这个闭环校正过程中不断逼近 3 个同步参数,并将最终结果反馈给内插器、相位及频率旋转器。至此,解调过程完成闭环。

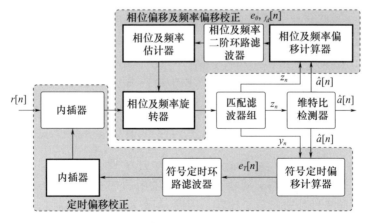

图 15.2 递归性校正定时偏移、相位偏移和频率偏移的 SOQPSK 检测器
(维特比检测器输出受相位模糊影响的估计比特流)

15.1.2 联合 SoF 检测和相位模糊度分辨

在相位校正环路和维特比检测后,由于星座图的旋转对称性,符号估计仍然存在 $\frac{\pi}{2}$ 的相位模糊问题。独特字检测是常见用于解决这种不确定性的有效方法[20]。前导码已知信息也有利于实现帧同步[21]。为了保持尽可能低的硬件复杂度,还提出了将复用独特字信息用于 SoF 检测的方法。上述方法对于硬输出和软输出都有效。第一种情况下,原有和相位偏移 $\frac{\pi}{2}$ 后的独特字被保存。当估计位和对应的保存值的对应位做否定异或运算的和超过设定阈值时,将生成 SoF 信号和用于校正相位模糊的信号。由于整个过程使用保存的独特字,相应硬件单元的处理没有引入延时。为了解决检测到的模糊度,对输出流的估计值的相位进行偏移操作。根据四个等级阈值的到达情况赋予不同偏移值。具体地,当相位偏移为 0 时,直接输出;当相位偏移为 π 时,对输出值取负;当相位偏移为 $\pm\frac{\pi}{2}$ 时,输出交替变化值。文献[22]详细描述了该相位模糊度分辨方法的设计原则。

独特字的理想设计准则是使得其非周期性自相关函数具有低副瓣特征[23]。在文献[24]的启发下,本章使用的长前导码通过嵌套原始二进制巴克码生成[25],码长度为 L。当码中比特位为 1 时,对应符号为原始序列符号,当码中比特位为 0 时,对应符号为原始序列符号的负值。因此,长度为 L_2 的嵌套码仍具有低副瓣特征。

独特字长度取决于检测性能要求。联合 SoF 检测和相位模糊度分辨所需的逻辑单元数量适中,对于资源和能量受限的解调器非常有利。在突发模式下,不同突发之间没有数据,解耦序列可通过增大前导码长度提高同步性能,性能增益如图 15.3 所示。图中 SoF 对应概率是基于 $\frac{E_b}{N_0}$ 低值测量得到的,试验使用长度为 7、11 和 13 的巴克码生成嵌套独特字,长度分别为 49、121 和 169。当先于独特字的一些数据需由解调器反馈环路处理时,采用两种不同长度解耦序列对不同长度对应的同步性能进行分析比较。因此,当解耦序列长度为零时,3 种突发模式仿真结果均较差。但是在连续模式下或在不同突发之间包含随机数据以保持所有环路稳定的突发模式下,上述性能将不会被影响。更有趣的是,当两个连续独特字之间仅包含随机数据时,即使在连续模式下,有解耦序列情况对应的同步性能优于无解耦序列情况。

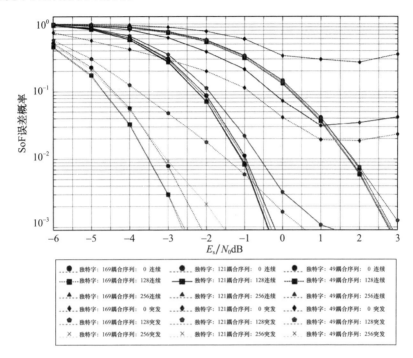

图 15.3 两种长度(128、256)的解耦序列和三种长度嵌套巴克码(49、121、169)突发模式与连续模式下 SoF 误差概率(随机 SoF 值:随机频率($e_{f_d} \in [0, 10^{-4} f_s]$)、相位($e_\theta \in [0, 2\pi]$)和时序误差($e_\tau \in [0,1]$),仿真模拟帧数 > 10^5)

15.2 航空数据链路系统实现

本节完整描述航空数据链路演示系统,并结合 C 频段无人机通信应用特点进行优化。为确保系统配置的高度灵活性,按照模块化的软件定义无线电(software defined radio,SDR)架构实现。尽管这种灵活性以总体效率降低和大幅开销为代价,且存在无人机控制和非载荷通信波形标准未统一与操作频繁问题,系统具有低成本和快速原型化优势,具有较好的前景。

数字基带信号处理是在 SoC 芯片上的 XilinxZynq 系统 FPGA 内部或在可编程逻辑单元实现的。波形解调器是高效数据链路系统的关键部件。为此,本节提出一种新的低复杂度体系结构,并描述了具体 FPGA 实现方法。数据链路系统的另一个组成部分是非常灵活的 SoC 收发机,能够在发射端将基带信号转换为射频信号进行传输,并在接收端进行相反处理。

15.2.1 数据链路系统概述

本节介绍航空数据链路演示系统的主要部件,如图 15.4 所示。系统在 PicoZed – SDR 载卡上实现[26],载卡集成 Zynq SoC 与 AD9361 收发机[27-28]。有效载荷数据是由通用有效载荷设备生成和接收的,通用设备经以太网与有效载荷数据控制端通信。波形单元由调制器、解调器和前向纠错处理功能组成。通过硬件接口,数字基带的发送和接收信号在波形和收发机之间交换。为方便描述,在 AD9361 器件后射频通道中未展示功率放大器和滤波器。此外,图 15.4 中两处天线符号表示使用频分多址进行发射和接收的可行性。

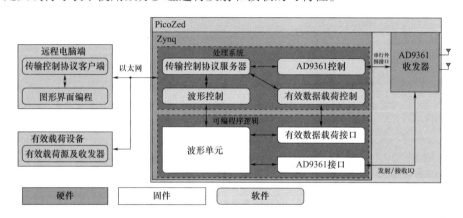

图 15.4 航空数据链路演示系统功能简化框图(调制解调器功能由 PicoZed 载卡[26] Zynq 部件[27]的 PS 部分和可编程逻辑部分实现。PicoZed 载卡还包含 AD9361 收发机芯片。该芯片与 Zynq SoC 连接以获得控制和基带信号,并通过射频端口连接发射和接收天线。远程计算机端可以在系统运行时配置波形和收发机芯片。以太网中通用有效载荷设备的存在表明系统数据链路具有透明 IP 功能)

从灵活性角度看,大多数波形和收发机参数可以在系统运行时通过与以太网连接的远程电脑端图形化用户界面配置,使用传输控制协议与相应的控制软件模块进行通信,并通过串行外围接口连接读取和设置收发机寄存器。AD9361 和可编程逻辑部分的状态寄存器以及基带调试样本信息由传输控制协议服务器收集,并传送至远程用户界面。

15.2.2 低复杂度低能耗架构

文献[19]提出了一种基于相位恢复和定时恢复环路的连续突发模式 SOQPSK 检测器 FPGA 实现方法,实现了架构高度流水线化,具有高时钟频率和高能耗特点。但是该设计缺少频率偏移补偿和帧同步机制。由于低密度奇偶校验编码传输基于块码纠错,需要提前知道 SoF 信息,该机制对编码传输非常重要。文献[29]通过增加 SOQPSK 突发模式下同步器方式弥补不足。与仅依托解调器方式相比,增加同步器明显增加了所需硬件资源。

与文献[19]相比,本节提出的体系结构在增加数据吞吐量的同时,所需时钟速度和能耗更低。通过复用相位模糊度分辨结果信息,设计了一种稳健帧同步和高硬件使用率机制,在频率偏移适中的情况下,比文献[19],[29]的解调器硬件使用率更高,且具有较低 BER。为了提高硬件和能量效率,还提出了一种适用于连续和突发传输模式的全相干 SOQPSK 解调新架构,包含频率偏移、相位偏移和时序偏移校正的决策导向同步环路和一种基于嵌套巴克码的低复杂度且稳健的联合 SoF 检测与相位模糊度分辨算法。粗粒度流水线结构可在维持高总吞吐量的同时实现最低时钟速度和能耗。无乘法器的匹配滤波器设计可大幅降低复杂度。仿真和 FPGA 实现结果表明,在接近最优误码率性能的前提下,新架构实现了复杂度与精度之间的平衡。与现有文献中的架构相比,硬件效率提高 90% 以上。

1. 通用决策架构

为实现所需能量最小化,选择较低的 4 倍过采样率,并以速率 f_{OSR} 进行精确计时。由于存在反馈环路,各自包含 4 个处理单元,采样率决定了匹配符号估计时延的下限。最小的过采样率会影响硬件资源共享。但 15.2.2 节中的仿真结果表明,该采样速率下仍然能够实现相当高的硬件使用率。图 15.5 展示了通用架构,输入为复基带接收信号 R_OS,硬估计输出为 A_HAT 和软估计输出为 L_HAT。

簇单元包含用于 $N_{OSR}+1$ 个样本串并行转换的寄存器,控制单元是检测器的状态机。所有其他单元被设计为输入寄处理单元,预先将所有输入锁存为组合逻辑。通过簇单元并行化,粗粒度流水线上每一级在单个时钟周期内完成一个完整符号所需的所有计算。各单元计算复杂度决定了分离形成的不同单元的粒度,使用线性插值消除估计的定时偏移(记为 MU)。后续单元与匹配滤波器校正相位偏移。两个寄存器将匹配滤波器的 3 个输出分别保存为早、晚和准

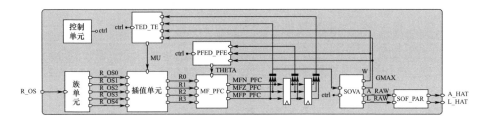

MF_PEC:具有连续相位校正和频率校正的匹配滤波器;软输出维特比算法。SoF_PAR:联合 SoF 和相位模糊度分辨;{T,PF}ED_{T,PF}E:T 表示时序,P 表示相位,F 表示频率,{T,PF}ED 表示时序偏差、相位偏移和频率偏移检测,{T,PF}E 表示时序偏差、相位偏移和频率偏移估计。

图 15.5 基于输入 R_OS,硬估计输出 A_HAT 和软估计输出 L_HAT 的过采样复基带的通用解调器架构

时版本。文献[20]利用早迟门方法计算匹配滤波器偏导数的近似值以实现同步,并将时序偏移检测、相位偏移检测和频率偏移检测与环路滤波和估计器配置于两个附加单元中。解调器结构的最后部分是软或硬输出维特比算法、SoF 检测与相位模糊度分辨算法的硬件实现。

2. 无乘法器匹配滤波器组实现

作为接收器整体复杂性的主要贡献者之一,匹配滤波器组设计与实现是降低实现成本的关键。文献[19]中的滤波器乘法器位于关键路径上,对滤波器的整体设计和最大吞吐量有较大影响。本节描述的方法可应用于其他连续相位调制,为简单起见仅针对 SOQPSK 调制方式展开描述。

使用低复杂度脉冲截断,每个传输符号 $\tilde{a} \in \{-1,0,1\}$ 的时间离散匹配滤波器输出可表示为[9]

$$z_n = \sum_{k=0}^{N_{OSR}-1} r[n+k] e^{j\pi \tilde{a} q_{PT}[k]} \tag{15.2}$$

其中,$q_{PT}[k]$ 表示 N_{OSR} 个 $q_{PT}(t)$ 样本。

$N_{OSR}=4$ 下示例如图 15.6 所示。由于复数乘法 $e^{j\pi \tilde{a} q_{PT}[k]}$,可以采用二次幂和近似表示系数。所有匹配滤波器组的输出都可通过求和运算和二进制移位实现,且不增加硬件成本。

利用式(15.2)中的对称性,当 $\tilde{a} = \pm 1$ 时,系数可定义为

$$\exp\{\pm j\pi q_{PT}[0]\} =: q_1 \mp j q_2$$
$$\exp\{\pm j\pi q_{PT}[1]\} =: q_3 \mp j q_4$$
$$\exp\{\pm j\pi q_{PT}[2]\} =: q_4 \mp j q_3$$
$$\exp\{\pm j\pi q_{PT}[3]\} =: q_2 \mp j q_1$$

因此,$q_1 \sim q_4$ 4 个实数可精确表示式(15.2)的系数值。剩余 $\bar{a}=0$ 对应的匹配滤波器输出符号可以简化为所有 N_{OSR} 个样本总和,所有指数项为 1。

基于这些关系,研究不同复杂度降低水平 L_{0-4} 的情况,其中 L_0 是参考情况,仅使用脉冲截断。L_1 情况下,系数 q_{1-4} 被简化为 2 的二次幂值的总和。L_2 情况下,每个系数只有 2 的一次幂值来近似 q_{1-4} 的精确值。考虑完整性,L_3 是 $q_{1-4}=1$ 的情况。表 15.1 列出了不同复杂度水平对应的 q_{1-4} 系数实际值,L_0 情况的对应值已四舍五入到小数点后 4 位。L_0 情况下仿真采用双精度,结果如图 15.7 所示。

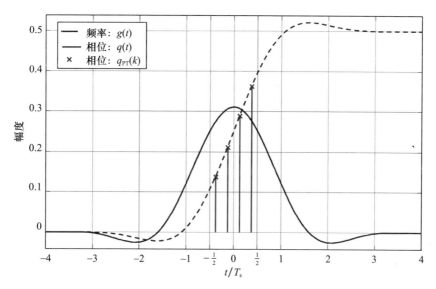

图 15.6　SOQPSK-TG 时移频率和相位脉冲,$N_{OSR}=4$ 采样下 q_{PT}

表 15.1　不同复杂度水平下匹配滤波器组系数近似值,$N_{OSR}=4$

水平	q_1	q_2	q_3	q_4
L_0	0.9085	0.4178	0.7880	0.6156
L_1	$1-\dfrac{1}{16}$	$\dfrac{1}{4}+\dfrac{1}{16}$	$\dfrac{1}{2}+\dfrac{1}{4}$	$\dfrac{1}{2}+\dfrac{1}{8}$
L_2	1	$\dfrac{1}{2}$	1	$\dfrac{1}{2}$
L_3	1	1	1	1

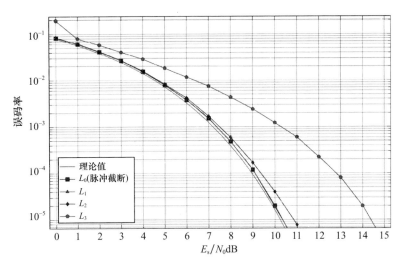

图 15.7 不同复杂度水平匹配滤波器系数近似下 BER 曲线
（为方便比较，理论曲线显示了 SOQPSK 调制下 BER 性能）

仿真结果表明，脉冲截断方法对应曲线接近理论最佳值[9]。此外，给定误码率条件下，表 15.2 展示了全部近似水平下 $\frac{E_b}{N_0}$ 的性能损失，L_1 和 L_2 两种情况下的损失基本相同。L_1 对应曲线与 L_0 相匹配，验证了近似处理的合理性。最大简化程度 L_3 下性能曲线显示出了最大偏移。在 $\frac{E_b}{N_0} = 0\mathrm{dB}$ 时，由于匹配滤波器输出精确较低，无法保证定时环路维持在锁定状态，导致对应 BER 曲线出现不连续的情况。

表 15.2 给定 BER 下不同匹配滤波器近似对应性能损失值

BER	$\Delta L_0/\mathrm{dB}$	$\Delta L_1/\mathrm{dB}$	$\Delta L_2/\mathrm{dB}$	$\Delta L_3/\mathrm{dB}$
10^{-4}	0.15	0.15	0.41	3.84
10^{-5}	0.11	0.10	0.61	4.13

Δ 为与理论值之差的绝对值。

15.2.3 解调器实现结果

为证明所设计的解调器架构可提高效率，分别基于 Xilinx Virtex – 5 XC5LX110T 和 Z – 7020 SoC XC7Z020 目标平台开展不同 FPGA 验证设计与实现。

第15章 稳健高效的C频段无人机通信系统

完整的解调器基于 Virtex-5 设计套件 ISE2014.7 和 Z-7020 器件 Vivado2014.4 开发套件,采用 VHDL 编程实现。一些主要参数设置如下。i 个整数位和 f 个小数位的无符号或有符号定点值的格式记为 $\{u,s\}i.f$,信道输出 R_OS 为实部与虚部均为格式 s3.9 的复数。L_HAT 使用 s3.3 格式,A_HAT 使用 u1.0 格式,即简单二进制信号,独特字的长度为 121 位。使用复杂度水平 L_1 实现匹配滤波器组。表 15.3 给出了运行结果,为便于比较,所有 8 种实施方案均以递增方式编号。所呈现的结果是 ISE 和 Vivado 多次采用区域和速度优化策略运行出的结果。其中区域策略用于综合和实施,速度优化策略用于不同的目标采样频率。

表 15.3 不同 SOQPSK 解调器架构的实现结果及其硬件使用情况

架构	同步	No.	FPGA	DSP切片	最大数据/Mbps	切片/(利用率)	切片硬件效率/(kbps/slice)	切片寄存器	寄存器硬件效率/(kbps/reg)	Δ/dB
[19]	时间,相位	1	Virtex-5	40[a]	8.8	1488 (8.6%)	5.9	3764	2.3	0.3[b]
[19,29]	时间,相位,频率,帧	2	Virtex-5	61[a]	8.8	7271 (42.1%)	1.2			0.95[c]
软输出维特比算法	时间	3	Virtex-5	20	10.1	879 (5.1%)	11.4	1077	9.3	0.35
软输出维特比算法	相位	4	Virtex-5	20	10.4	913 (5.3%)	1.4	1076	9.7	0.35
软输出维特比算法	频率[c]	5	Z-7020	20	9.7	857 (6.4%)	11.4	1207	8.1	0.35
软输出维特比算法	帧	6	Z-7020	20	12.3	868 (6.5%)	14.2	1207	10.2	0.35
硬输出维特比算法	时间,相位	7	Z-7020	20	12.7	990 (7.4%)	12.9	1214	10.5	0.35
硬输出维特比算法	频率[c],帧	8	Z-7020	20	18.4	640 (4.8%)	11.8	1093	10.8	0.35

[a] 假设解调器中每个实数乘法对应一个 DSP 切片。
[b] 出自文献[19-20]性能图的估计值。
[c] 中等。
Δ 为 BER 等于 10^{-4} 时损失的绝对值。

表 15.3 包括 Z-7020 上软输出维特比算法多次运行情况,其中 No.5 占用切片数量最少,具体值为 857;No.7 数据速率最大,为 12.7Mb/s,No.6 切片效率最高,为 14.2kbps/slice。表中只有两行是关于 Virtex-5 SOVA 的。因为最大效率 11.4kbps/slice 与最小区域(No.3:879 slices)或最高吞吐量(No.4:10.4Mb/s)直接相关。

作为参考,文献[19]中最高效的软输出维特比算法架构记为 No.1,支持定时偏移与相位偏移校正。基于先验假设的软输出维特比算法架构与突发模式架构[29]组合增加了帧和频率同步功能,对应 No.2。与 No.1 相比,No.3 和 No.4 的切片硬件效率增益超过 93%,寄存器硬件效率提升 4 倍以上,且同步功能得到改善。在 No.2 的切片效率增加约一个数量级,且可同时支持突发和连续两种模式。上述结果表明需要深入地研究实际所需频率补偿范围。如果频率补偿足够,所提出的体系结构可以提高大约 10 倍的切片硬件效率。一般来说,从 Virtex-5 到 Z-7020 的效率提升是基于更新可编程逻辑的高级功能。从架构角度看,Virtex-5[30] 和 Zynq 系列[31] 可编程逻辑中切片非常相似,都有 4 个查找表。仅存储元件(触发器)数量不同,Virtex-5 有 4 个,Zynq 系列切片有 8 个。因此,硬输出值满足要求下,No.8 比 No.6 效率提高 30%。

硬件描述中,实际乘法可以映射到一个内置硬件乘法器的数字信号处理器(digital signal processor,DSP)切片上。这项工作的所有设计仅占用 No.1 资源的一半,不到 No.2 资源的 1/3。由于 DSP 切片在硅片上相对较大,数量有限,上述结论非常重要。

针对更细粒度分析,表 15.4 列出了 No.6 中解调器所有单元的实现结果。结果表明,并行插值器使用了 8 个实数乘法,MF_PFC 单元中 3 个复数值相位偏移和频率偏移使用了 12 个实数乘法。正如所预料的,由于使用寄存器交换法,软输出维特比算法占用最大数量的切片和寄存器。表 15.5 列出了解调器硬件资源使用情况。

表 15.4 基于 Zynq 7020 Xilinx Vivado 2014.4 实现的完全相干解调器架构及其处理单元的资源使用情况

单位	DSP 切片	切片寄存器	切片
解调器总数	20	1207	868
堆积	0(0%)	125(10%)	54(6%)
插值器	8(40%)	134(11%)	39(4%)
MF_PFC	12(60%)	108(9%)	136(16%)

续表

单位	DSP 切片	切片寄存器	切片
SOVA	0(0%)	253(21%)	346(40%)
PFED_PFE	0(0%)	124(10%)	117(13%)
TED_TE	0(0%)	162(13%)	119(14%)
SOF_PAR	0(0%)	191(16%)	203(23%)

注:括号内百分比表示与总数的关系。

表 15.5 SOQPSK 解调器 FPGA 资源使用情况

资源	已使用(总共)	已使用/%
DSP 切片	20	9.09
切片寄存器	1207	1.13
切片	868	6.53

注:第三列为 Z-7020 器件中已使用切片资源占总数的百分比。

本章中变量 x 的标记 $\tilde{x}$ 表示在使用配置集时变化的参数。波形参数会影响 Zynq SoC 可编程逻辑部分的实现,收发机参数与 AD9361 SoC 器件配置有关。

15.3 航空数据链路性能评估

本节展示了数据链路系统已实现的性能,包括稳健性和高效性。基于文献[32]中空对地信道分析得到性能分析的实际场景及其条件。

15.3.1 总吞吐量

为了获得通信系统的最大总吞吐量,使用表 15.6 配置 No.1,载波频率 f_c 设置为 1~6GHz 频段不同值(包括频点 5.91GHz 和 5.03GHz,作为无人机 C 频段的潜在上下限)。

表 15.6 数据链路示例配置的参数集

配置 波形	No.1	No.2	No.3
L_{UW}	121	121	121
L_{info}	1944	1944	19440

续表

配置 波形	No. 1	No. 2	No. 3
L_{tail}	100	100	100
$|k^\tau|$	2^{-9}	2^{-9}	2^{-9}
$|k_\varphi|$	2^{-7}	k_φ	2^{-7}
μ_{SoF}	24	24	24
前向纠错	无	无	低密度奇偶校验码$\left(1944,\dfrac{1}{2}\right)$
收发机			
f_s	$\tilde{f}_s$	30MHz	40MHz
f_c	$\tilde{f}_c$	5.00GHz	5.03GHz
B_{RX}	15MHz	8MHz	12MHz
B_{TX}	15MHz	8MHz	12MHz
自动增益控制模式	手动($\tilde{G}_{\text{age}}$)	手动(31dB)	快速响应

频段范围内,f_s 不断增加直至 BER 大于 0。为便于测量,载卡被用于环路中,一个收发机输出通过电缆直接连接到一个输入,以避免其他扰动带来的不利影响,如时钟不精确和干扰等。表 15.7 给出载波 $f_c=1\text{GHz}$、采样率 $f_s=54.40\text{MHz}$ 和载波 $f_c=6\text{GHz}$、采样率 $f_s=54.00\text{MHz}$ 之间系统最大吞吐量值。使用上述采样时钟频率,超过 10^9 个网络信息比特的测量中没有出现传输错误,对应总吞吐量 f_s/N_{OSR} 为 13.60Mb/s 和 13.50Mb/s。不同运行结果表明,收发机在达到这些最大吞吐量上仅发挥次要作用。当载波频率增加时,吞吐量略有下降。通常,该设置得到的结果高于表 15.3 中不同平台的综合结果,且非常接近 AD9361 收发机最大采样频率 61.44MHz。

表 15.7 案例配置的最大总吞吐量,$N_{\text{OSR}}=4$

f_c/dB	G_{age}/dB	$f_{s,\max}/\text{MHz}$	总比特率/MHz
1.00	14	54.40	13.60
2.00	15	54.40	13.60
5.03	31	54.20	13.55
5.91	31	54.20	13.55
6.00	48	54.00	13.50

15.3.2 频率恢复能力

基于数据链路演示系统的能力,可以测量出 15.1.1 节所提出并在 15.2 节实现的频率恢复算法的性能。为避免不必要的硬件开销,实现选择闭环同步机制,以满足频率偏移估计与校正要求。现有文献的一些实现可以处理更大偏移,但对硬件资源需求更高。

为了解实际系统的稳态同步能力,按表 15.6 中配置 No.2 配置数据链路参数。与 15.3.1 节相似,演示系统使用发射接收闭环方式。AD9361 收发机允许独立选择发送和接收本地振荡器的频率,以测量频率偏移量。基于 3 种线性环路滤波器系数 k_φ 值,频率恢复能力在 C 频段的结果如图 15.8 所示。不同 BER 性能曲线基于不同频移 f_d 和采样率 f_s 的相对值获得。

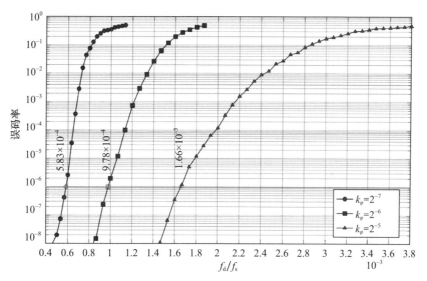

图 15.8 频率偏移校正能力在不同频移 f_d 和采样频率 f_s 相对值,以及不同相位校正线性环路滤波器系数 k_φ 下的 BER

针对任意小于 10^{-6} 的 BER,对于系数 $k_\varphi = 2^{-7}$、$k_\varphi = 2^{-6}$ 和 $k_\varphi = 2^{-5}$ 的情况,接收器可处理的 f_d/f_s 值分别为 5.83×10^{-4}、9.78×10^{-4} 和 1.66×10^{-3}。对给定空对地通信场景下的数值结果分析具有重要意义。表 15.8 显示了不同采样频率的一些示例。明显地,最大飞行速度随采样率不断增加。但是,即使对于最低频率 f_s 值,仍然支持高达 137m/s 的相对速度。如果速度更快的飞机配备数据链路,必须相应调整 f_s 和滤波器系数。综上,这些例子表明,所提出的频率同步机制能够处理机载发射器和接收器之间的典型相对速度。值得强调的是,数据链路实现不需要快速傅里叶变换,这是表15.3中效率结果具有竞争力的关键。

表15.8 假设 C 频段载频 f_c = 5.09GHz 和任意选择的可接受 BER 为 10^{-6} 情况下示例配置的最大频率偏移和相应的飞机速度

f_c/MHz	k_φ	$f_{s,\max}$/MHz	$v_{\max}$/(m/s)
f_c = 5.09GHz		BER = 10^{-6}	
4	2^{-7}	2.33	137
4	2^{-6}	3.91	231
4	2^{-5}	6.64	391
30	2^{-7}	17.49	1031
30	2^{-6}	29.34	1729
30	2^{-5}	49.80	2935
51	2^{-7}	29.73	1752
51	2^{-6}	49.88	2939
51	2^{-5}	84.66	4989

15.3.3 场景性能评估

为在文献[32]提到的场景下完成功能验证,数据链路原型系统开展了 K 因子和延迟扩展值组合基础上的性能测试。表15.3 中的 No.3 收发机配置叠加了加性白噪声(E_b/N_0 = 10dB)以及衰落(具有30MHz的细粒度延迟选项),衰落强度具体为表15.9中 K 列和 σ_τ 列。由于代表了所有配置的绝大多数,选择双路径配置。第一条路径未修改,第二条路径延迟为 σ_τ,衰减为 K。

表15.9 显示了在多架无人机相关场景中3种不同 K 值和延迟扩展组合下的 BER 值。粗粒度组合导致了 BER 在上限。假设任意阈值为 10^{-6},所有错误性能较差的条目被突出显示。通过观察,相比更大的延迟扩展,数据链路似乎对较低 K 因子更加敏感。仅在无人机停机和滑行时信道条件下才能发现一些性能异常值。总体上看,表15.9 表明这项工作的通信系统能够为几乎所有已有无人机作战场景建立稳健的通信链路。

表 15.9 数据链演示飞机对地场景性能

场景	K_{mean}/dB	K_{min}/dB	$\sigma_{\tau,mean}$/ns	$\sigma_{\tau,max}$/ns	BER(K_{mean}, $\sigma_{\tau,mean}$)	BER(K_{mean}, $\sigma_{\tau,max}$)	BER(K_{min}, $\sigma_{\tau,mean}$)
11月18日							
北跑道	19.63	4.55	23	1053	$<1\times10^{-8}$	$<5\times10^{-7}$	$<5\times10^{-5}$
北滑行道	20.10	6.02	19	1086	$<1\times10^{-8}$	$<5\times10^{-7}$	$<1\times10^{-5}$
南跑道	23.67	9.21	16	235	$<1\times10^{-8}$	$<5\times10^{-8}$	$<5\times10^{-7}$
南滑行道	17.28	2.42	31	1213	$<1\times10^{-8}$	$<1\times10^{-6}$	$<5\times10^{-4}$
11月23日							
停机,滑行	11.77	7.42	133	1789	$<1\times10^{-6}$	$<1\times10^{-4}$	$<5\times10^{-3}$
起飞	18.05	6.53	42	2184	$<5\times10^{-8}$	$<5\times10^{-7}$	$<1\times10^{-6}$
飞行特征	28.04	12.62	7	64	$<5\times10^{-8}$	$<5\times10^{-8}$	$<1\times10^{-7}$
飞行特征	23.75	11.66	4	52	$<5\times10^{-8}$	$<5\times10^{-8}$	$<1\times10^{-7}$
低空	28.24	11.66	7	52	$<5\times10^{-8}$	$<5\times10^{-8}$	$<1\times10^{-7}$
着陆[33]	23.23	10.55	8	58	$<5\times10^{-8}$	$<5\times10^{-8}$	$<1\times10^{-7}$
着陆[33]	29.60	21.80	11	109	$<5\times10^{-8}$	$<1\times10^{-8}$	$<5\times10^{-8}$
近城区山区[34]	29.40	23.10	10	177	$<5\times10^{-8}$	$<5\times10^{-8}$	$<5\times10^{-8}$
丘陵(拉特罗布)[34]	28.80	22.20	18	371	$<5\times10^{-8}$	$<1\times10^{-7}$	$<5\times10^{-8}$
丘陵(棕榈谷)[34]	29.80	23.60	19	1044	$<5\times10^{-8}$	$<5\times10^{-8}$	$<5\times10^{-8}$
海上[35]	31.30	11.10	10	365	$<5\times10^{-8}$	$<5\times10^{-8}$	$<5\times10^{-8}$
淡水上[35]	27.30	12.40	10	73	$<5\times10^{-8}$	$<5\times10^{-8}$	$<5\times10^{-8}$

15.3.4 链路预算

链路预算是用于描述无线通信系统的运行能力的统一度量。发射/接收功率记为 $P_{TX/RX}$,发射/接收天线增益记为 $G_{TX/RX}$,发射/接收链路损耗记为 $L_{TX/RX}$,编码增益记为 G_C,接收机灵敏度记为 S_{RX}。为实现有效通信,可接收自由空间路径损耗可表示为

$$L_{FS} = P_{TX} + G_{TX} - L_{TX} - L_{RX} + G_{RX} + G_C - S_{RX}$$

对于单级原型 C 频段前端,测量结果为

$$L_{FS} = 13\text{dBm} + 32.30\text{dBi} - 0.50\text{dB} - 0.50\text{dB} + 3\text{dBi} + 6.67\text{dB} + 85\text{dBm}$$
$$= 138.97\text{dB} \tag{15.3}$$

其中,链路损耗为 $L_{TX/RX} = 0.50\text{dB}$;编码增益 $G_C = 6.67\text{dB}$。对于飞机和地面站,假设半球天线增益为 3dBi,C 频段地面站天线增益为 32.20dBi。为了测量灵敏度 S_{RX},使用两个数据链路收发机组成的链路,其中一个收发机作为发射机,另一个作为接收机。为了避免串扰,接收机禁止发射。这两者之间的可变衰减器用于确定最小灵敏度值,包括未编码信号解调的最小灵敏度值。根据频率 $f = 5091\text{MHz}$ 上的路径损耗,可以确定第一个原型系统的最大链路范围为 41.60km。假设未来前端设计了一个两级放大器,总输出功率 $P_{TX} = 27\text{dBm}$,无人机到地面站的可能距离将增加至 209km。

15.4　本章小结

基于一种支持突发和连续模式的多功能帧设计,本章提出了一种用于 SOQPSK 调制的决策导向同步方法,以校正符号定时偏移、相位偏移和频率偏移。基于嵌套巴克码独特字的联合 SoF 检测与相位模糊度分辨,提出了一种完全相干解调算法,算法复杂度非常低。尽管算法简单,对于低 SNR 和随机定时偏移、随机相位偏移和随机频率偏移,新型 SoF 检测器也显示出其优越性能。

为支持突发模式和连续模式的完全相干 SOQPSK 解调器,提出了一种新颖的解调架构。为取得最高硬件效率,设计了一种粗粒度的流水线架构,使用输入寄存处理单元,并结合几种降低复杂性的检测方法,如联合 SoF 检测和相位模糊度分辨。匹配滤波器组是连续相位调制接收机设计的技术瓶颈,所提出的公认简单的措施可消除滤波器中的所有乘法,带来非常明显的效率提升。通过仿真模拟全部简化的定点解调器,结果表明 BER 值非常接近其最佳状态。与现有实施方案相比,可编程逻辑实现结果显示提出的解调器具有更高的硬件效率($\geqslant 93\%$)。未来,基于 SOQPSK 或连续相位调制的单载波数据链路系统可以受益于所提的简化方法,实现频谱效率、硬件使用率和能源效率多个特征的有效融合。

本章还展示了机载通信系统主要方面性能的评估结果。作为场景自适应波形设计的重要前提,多种不同波形和收发机的配置展现了系统灵活参数化的突出能力。数据链路总吞吐量可超过 13.50Mb/s,适用于有效载荷数据和遥测应用。例如,在具有处理高飞行速度的飞行通信数据链路影响的足够性能外,高硬件效率的频偏校正机制具有多普勒频移鲁棒性特点。

对于场景性能的研究总结,在加性白噪声和校园信道参数的衰落影响下对链路原型进行典型配置及测试。测试结果只有很少异常值，BER 测量值验证了通信系统的鲁棒性。测试结果还表明，即使在恶劣空对地场景的影响下，通信系统仍然能够正常运行。

基于匹配 C 频段前端的第一个系统原型进行链路预算分析表明，最大距离范围扩大 41.60km。通过系统版本更新，预计可提供 27dBm 输出功率，有效链路距离可超过 200km。这种前端节能设计对线性度没有要求，是未来整个通信系统效率提升的重要工程性课题。

参考文献

[1] D. Rieth, "Efficient and robust data link for wireless aeronautical communications," *Dissertation*, RWTH Aachen University, Aachen, 2018.

[2] Telemetry Group, "Telemetry Standards IRIG Standard 106 – 04 Part I", 2004.

[3] E. Perrins and B. Kumaraswamy, "Decision feedback detectors for SOQPSK," *IEEE Transactions on Communications*, vol. 57, no. 8, pp. 2359 – 2368, 2009.

[4] C. Sundberg, "Continuous phase modulation," *IEEE Communications Magazine*, no. 4, pp. 25 – 38, 1986.

[5] A. Svensson, C. Sundberg, and T. Aulin, "A class of reduced – complexity Viterbi detectors for partial response continuous phase modulation," *IEEE Transactions on Communications*, vol. 32, no. 10, pp. 1079 – 1087, 1984.

[6] T. Nelson, E. Perrins, and M. Rice, "Near optimal common detection techniques for shaped offset QPSK and Feher's QPSK," *IEEE Transactions on Communications*, vol. 56, no. 5, pp. 724 – 735, 2008.

[7] E. Perrins and M. Rice, "Simple detectors for shaped – offset QPSK using the PAM decomposition," *GLOBECOM '05. IEEE Global Telecommunications Conference*, 2005, IEEE, vol. 1, pp. 408 – 412, 2005.

[8] E. Perrins and M. Rice, "PAM representation of ternary CPM," *IEEE Transactions on Communications*, vol. 56, no. 12, pp. 2020 – 2024, 2008.

[9] E. Perrins, T. Nelson, and M. Rice, "Coded FQPSK and SOQPSK with iterative detection," *Military Communications Conference (MILCOM)*, pp. 2 – 8, 2005.

[10] E. Perrins and M. Rice, "Reduced – complexity approach to iterative detection of coded SOQPSK," *IEEE Transactions on Communications*, vol. 55, no. 7, pp. 1354 – 1362, 2007.

[11] B. Kumaraswamy and E. Perrins, "Simplified 2 – state detectors for SOQPSK," *MILCOM 2007 – IEEE Military Communications Conference*, IEEE, pp. 1 – 7, 2007.

[12] P. Chandran and E. Perrins, "Decision-directed symbol timing recovery for SOQPSK," *IEEE Transactions on Aerospace and Electronic Systems*, pp. 781-789, 2009.

[13] P. Chandran and E. Perrins, "Decision directed timing recovery for SOQPSK," *Military Communications Conference (MILCOM)*, 2007.

[14] M. Morelli, U. Mengali, and G. Vitetta, "Joint phase and timing recovery with CPM signals," *IEEE Transactions on Communications*, vol. 45, no. 7, pp. 867-876, 1997.

[15] Z. Y. Choi and Y. H. Lee, "Frame synchronization in the presence of frequency offset," *IEEE Transactions on Communications*, vol. 50, no. 7, pp. 1062-1065, 2002.

[16] E. Hosseini and E. Perrins, "Timing, carrier, and frame synchronization of burstmode CPM," *IEEE Transactions on Communications*, vol. 61, no. 12, pp. 5125-5138, 2013.

[17] A. N. D'Andrea, A. Ginesi, and U. Mengali, "Digital carrier frequency estimation for multi-level CPM signals," *Proceedings IEEE International Conference on Communications ICC'95*, vol. 2, no. 2, pp. 1041-1045, 1995.

[18] A. N. D'Andrea, A. Ginesi, and U. Mengali, "Frequency detectors for CPM signals," *IEEE Transactions on Communications*, vol. 43, no. 2, pp. 1828-1837, 1995.

[19] E. Hosseini and E. Perrins, "FPGA implementation of a coherent SOQPSK-TG demodulator," *2011-MILCOM 2011 Military Communications Conference*, pp. 471-476, 2011.

[20] M. Rice, *Digital Communications*, Upper Saddle, NJ: Prentice Hall, 2009.

[21] A. Nowbakht and J. Bergmans, "Design of optimum sync and detection patterns for frame synchronisation," *Electronics Letters*, vol. 37, no. 24, pp. 1437-1439, 2004.

[22] G. P. E. R. Zanabria, "A hardware implementation of a coherent SOQPSK-TG demodulator for FEC applications," Ph.D. dissertation, University of Kansas, 2011.

[23] M. Grayson and M. Darnell, "Optimum synchronization preamble design," *Electronics Letters*, no. 1, pp. 36-38, 1991.

[24] N. Levanon, "Cross-correlation of long binary signals with longer mismatched filters," *IEEE Proceedings-Radar, Sonar and Navigation*, vol. 152, no. 6, p. 377, 2005.

[25] R. Barker, "Group synchronizing of binary digital systems." In: W. Jackson, Ed. *Communication Theory*. New York: Academic Press, pp. 273-287, 1953.

[26] AVNET, "*PicoZed SDRZ7035/AD9361 SOM User Guide Version* 1.5," pp. 1-63, 2016.

[27] XILINX, "*Zynq-7000 All Programmable SoC Overview*," pp. 1-23, 2016.

[28] Analog Devices, "*AD9361 Reference Manual UG-570*," pp. 1-128, 2015.

[29] E. Hosseini and E. Perrins, "FPGA Implementation of burst-mode synchronization for SOQPSK-TG," *Proceedings of the 2014 International Telemetering Conference*, pp. 1-9, 2014.

[30] XILINX, "*Virtex-5 FPGA User Guide*," pp. 1-385, 2012.

[31] XILINX, "*7 Series FPGAs Configurable Logic Block-User Guide*," pp. 1-74, 2016.

[32] D. Rieth, C. Heller, and G. Ascheid, "Aircraft to ground-station c-band channelsmall air-

port scenario," *IEEE Transactions on Vehicular Technology*, vol. 68, no. 5, pp. 4306 – 4315, 2019.

[33] D. W. Matolak and R. Sun, "Air – ground channel characterization for unmanned aircraft systems: the near – urban environment," *IEEE Transactions on Vehicular Technology*, vol. 66, no. 8, pp. 6607 – 6618, 2017.

[34] R. Sun and D. Matolak, "Air – ground channel characterization for unmanned aircraft systems – Part II: Hilly & mountainous settings," *IEEE Transactions on Vehicular Technology*, vol. 66, no. 3, pp. 1913 – 1925, 2016.

[35] D. W. Matolak and R. Sun, "Air – ground channel characterization for unmanned aircraft systems – Part I: Methods, measurements, and models for over – water settings," *IEEE Transactions on Vehicular Technology*, vol. 68, no. 1, pp. 26 – 44, 2016.

第 16 章

无人机集群操作系统框架分析与农村应用

16.1 引 言

作为传统有人飞机的替代品,民用和军事应用中无人机具有成本更低、人员安全风险最小且航路任务可动态规划等优点[2]。随着无人机技术兴起及发展,业界正在快速推动不同领域应用,如水面侦察、灾难援助和边境监视等[3]。为使多架无人机围绕同一目标运行,需要发展无人机自主控制技术,面临技术挑战。在时间域受到限制的情况下,无人机集群相比单架无人机的优势更加明显,可以更高效地执行任务[2]。如文献[4]所述,与不合作相比,多架自主无人机通过合作可达到更好的任务效果。因此,无人机集群性能很大程度上不仅与多架飞机控制相关,也与群体的任务凝聚力关系密切。

无人机集群具有以下优点。集群具有系统冗余性。集群通常由一组同质的无人机组成,个别无人机任务失败不会影响任务整体执行效果。通过单机与多机系统的性能比较表明,多机系统具有高可扩展性和生存能力,任务执行速度更快且成本更低[5]。任务执行速度的提升主要与任务划分有关,成本的降低通过使用更小更简易的无人机达成。军事应用中可利用分布式无人机实施攻击使对手的防御任务繁重且成本昂贵,并保持攻击本身低成本和高效性。

无人机集群的性能与控制复杂性相关联,复杂性的提升促使系统的任务控制的技术解决方案由用户层面向系统层面转换[7]。与传统的单架无人机不同,集群控制不需要个体层面的干预,注重群体行为,可能给用户界面设计带来一定困难[6]。尽管技术上取得一定进展,大多数情况下无人机运行使用手动制定或事先计划的已知地区航路点。环境的动态变化性和无人机之间的相互作用,使得任务分配的最优解存在非线性特征,且结果存在不可预测性[1]。主要面临的技术挑战包括:①无人机传感器数量有限[7];②建立与维持无人机之间有效通信链路[5];③飞行任务重新规划情况下根据环境变化构建集群[1]。

为应对无人机集群操控问题,陆续提出了一些解决方案,包括集中和分布式的决策模型等。集中式解决方案需在任务约束下对任务时间进行优化,需要密集计算和鲁棒通信[4]。相比之下,尽管优化性能较低且可预测性较差,分布式解决方案具有更优的鲁棒性和环境变化适应性。从数据融合的计算成本和个体决策数量考虑,节点自治的分布式控制得到越来越多的关注。

在分布式系统中需要一定程度的自治控制。文献[3]概述了无人机的自主控制,提出了3个层次的任务划分:①组织(决策和最高智能);②协调(中间层次,其他两个层次之间的接口);③执行(低智能无人机控制)。协调层是每架无人机飞行的基础,包括取代其他两个层级使用人工控制飞行。因此,无人机集群的技术挑战通常与组织和协调水平密切相关。

一些算法可用于管理无人机集群,其中多类算法受到自然、物理甚至图论等启发,可保持任务的凝聚力。文献[7]简要总结了一些生物智能算法,如蚁群算法、蜂群算法、粒子群算法和狼群搜索算法等。生物智能算法模仿自然界中群体协作行为,如蚁群、蜂群、类群、鱼群和狼群等。另一种集群管理方式是使用文献[9]提出的人工物理方法及其数学分析方法。此外,文献[10]还提出了一些基于一致性控制的解决方案。

提出的控制问题解决方案可应用于不同领域。军事领域最常见的使用方式包括攻击、防御和支持功能[6]。无人机集群在民用领域的应用包括空中电力线检测、图像理解识别、三维重建、众包传感和数据传输[11]。基于集中式架构和预先定义的路径控制,无人机集群已用于娱乐和灯光表演等商业用途,其编队飞行依赖于无人机的已知位置信息[12]。分布式集群也正在测试阶段,以验证环境不确定性下性能和集群行为。文献[13]使用25架无人机组成生物智能集群,开展了相关性能的初步评估与测试,文献[14]开展了去中心式和多功能集群的外场测试。对于多功能集群,确保无人机之间无碰撞条件下针对搜索和网络维护等不同功能进行了系统主要性能测试。此外,聚焦可用功能的动态选择而非传统管理,进一步展示了一种更加自然的无人机集群交互方式[14]。

另外,为使用异构物联网设备构建中心化网络,文献[15]引入了集群操作系统,为设备之间通信协调提供中间件,称为集群操作系统代理。集群操作系统具有轻量级语义服务发现机制、基于政策的接入控制框架、基于价格与信任的经济模型以及基于区块链的存储交易和名誉机制等特征。

本章主要讨论集群操作系统在无人机集群体中的应用,包括一些潜在新应用。其余部分结构如下。16.2 节介绍了集群操作系统的平台架构及其关键组件,16.3 节分析了系统的无人机集群应用潜力,16.4 节描述了农村应用典型案例,16.5 节使用基于软机构正式符号讨论了任务规格标准。

16.2　集群操作系统平台

文献[16]首先提出了集群的术语,对云边缘整体概念进行了描述,并提出可依托该平台建立网络化的物理信息系统,支持沉浸式计算和增强现实等。文献[17]在此基础上进一步细化了集群的定义,尤其是名为 Terra‐Swarm 的项目背景下对集群架构进行了定义,并对设备通信和共享的通用框架资源进行了系统性描述,并称为集群操作系统。文献[15]对该系统框架进一步拓展,使用控制平面上的资源共享与管理的模块完善了数据平面分布式存储系统。

集群操作系统是针对智能对象建立的物联网平台,创建了支持设备相互协作的异构网络。集群中的设备不依赖云存储与处理功能,使用边缘计算,具备可变的计算与能源均衡能力。图 16.1 所示为集群网络的基本结构。与蜂群相类似,集群操作系统由专门的设备组成,通过交互解决一些共性问题。群体网络行为就像一个有机体,表现出一种有组织行为,涌现集体智慧。

16.2.1　架构

集群操作系统是一个面向服务的平台,主要功能由 RESTful 服务设备确定。集群服务可提供特定的系统功能,许多服务可以执行类似或等价的操作。集群的重要潜力源于服务之间的组合,大幅扩展网络能力。此外,集群操作系统与微服务架构的设计风格类似,有许多相似的关键概念,比如使用服务作为主要构建块,具备松耦合、高内聚特性,以及去中心化治理、分散的数据管理与进化设计[18]。

集群设备之间根据网络设备的可用性实时建立连接关系,设备间相互作用具有机会性,没有事先约定。为对外部事件进行响应,设备组成组来执行操作。集群具有短暂性特点,每次交互都通过网络学习完成,并支持各设备建立名誉评分机制。集群操作系统代理是集群网络的核心组件,负责协调服务之间的通信。集群所有设备都安装了操作系统代理,如图 16.1 所示。

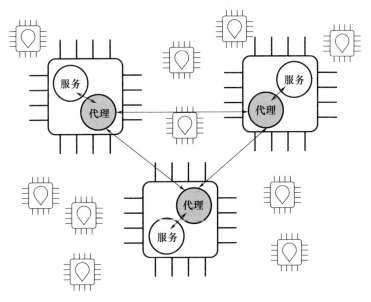

图 16.1　集群网络结构

16.2.2　集群操作系统代理

集群操作系统基于所有物联网设备上的轻量级中间件集群操作系统代理,为通信提供促进作用。集群操作系统代理提供服务注册、语义服务发现、接入控制策略执行、服务承包和基于区块链的信誉等功能,还建立了相应的事务模型,在服务消费者和提供者之间进行仲裁。这些服务消费者和提供者是通过价格与信誉组合确定的。通过这些交互构建了物联网资源共享的经济学模式。

集群中定义了两类服务,包括平台服务和应用服务。平台服务构成集群网络核心功能,应用服务提供参与集群的所有其他服务。集群操作系统代理可看作是平台服务的集合,图 16.2 所示为平台服务情况。由于集群网络由异构设备组成,根据设备能力的不同,平台所提供的服务所有不同,功能较弱的设备提供更少的平台服务。目前有 4 种实现方式,包括 C、Lua、Java 和 Elixir 编程语言,预计可通过进一步发展覆盖更广泛的设备。

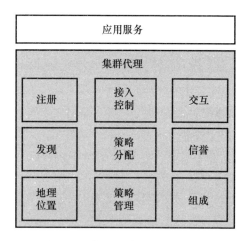

图 16.2　集群操作系统代理架构

16.2.3　集群操作系统最小代理

为应对物联网异构性的挑战,集群操作系统最小代理具备设备作为集群网络一部分所必需的核心特征。资源受限的设备可使用外部软件代理实现通信转换[19]。集群参与者的基本要求是可发现和可用。因此,简化实现可以为不同协议(如 HTTP 和 SSDP)的请求提供支持。图 16.3 所示为集群操作系统的最小代理和公用代理之间的交互过程,主要为发现过程。

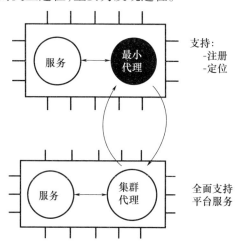

图 16.3　集群操作系统最小代理

16.2.4 语义集群

随着时间的推移,在数据交换、设备互操作性、信息集成、数据访问、资源发现和传感器信息的逻辑推理等领域,物联网的语义使用有所增加[20-21]。作为语义在集群中的主要应用之一,服务发现过程中集群确定合适的服务进行交互是非常重要的问题。集群操作系统架构采用基于语义推理的服务发现机制,服务请求者搜索与预期功能相匹配的另一种服务。非语义发现机制基于字符串比较进行搜索,存在诸多限制。相比之下,集群语义发现机制基于知识库中的等价概念进行搜索,搜索灵活性得到提升。

图 16.4 展示了语义发现的主要过程,分为两个阶段。注册阶段,语义注册服务中注册服务。发现阶段,服务请求被发送到代理,其转发服务至语义注册中心,基于知识库进行搜索。当网络中语义注册表不可用,将会执行语法搜索过程,确保集群操作系统得到可接受结果。

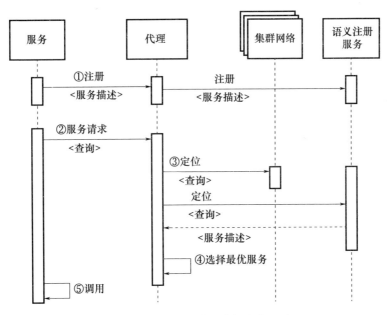

图 16.4　集群操作系统平台语义发现过程

图 16.5 所示为发现过程两个阶段中语义注册中心的体系结构。为链接数据,基于 JSON 数据交换格式对服务进行了定义与描述,可转换为资源描述框架,形成用于网站浏览资源语义描述的模型[22],支持进一步合并到服务知识库

中。发现阶段,基于链接数据格式的查询转换为 SPARQL 查询语言,并应用到知识库中,根据查询相关性对候选服务进行排序。

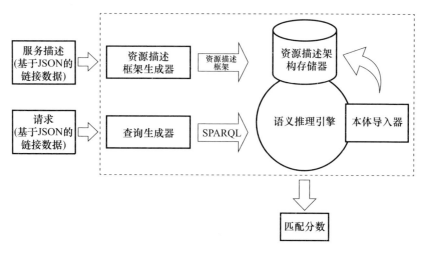

图 16.5　语义注册服务架构

16.2.5　集群经济学模型

集群网络参与者之间的大量交互对设备之间交互可靠性与完整性提出了挑战。为此,文献[23]建立了集群操作系统经济学模型,以规范网络的服务相关事务。信任、名誉、收益机制和计费等相关概念是该模型的重要组成部分。集群操作系统引入的收益机制对服务生态系统至关重要,通过实体激励实现资源共享。设备之间使用共享功能换取其他设备的使用,或在集群货币流中积累积分。在集群操作系统的经济学模型中,系统代理负责联系各相关方并促进交易。其中资源价格表示服务提供者授予对服务消费者的接入权所需的信用值,积分属于所有者,用于代表所有者签订合同或购买任何服务。

集群操作系统对的经济模型基于服务的价格及服务消费者和提供商的名誉建立,称为价格-名誉模型。服务提供商定义了允许第三方使用的信用额。对于一项服务请求,可根据以下公式对候选供应商价格进行排序。

$$P = \begin{cases} P_{min} + \dfrac{P_{max} - P_{min}}{T_{th}}(T_{th} - T_{pc}), & T_{pc} < T_{th} \\ P_{min}, & T_{pc} \geq T_{th} \end{cases}$$

交易过程使用名誉值判断操作是否成功。价格-名誉交易是集群框架下定义的最简单的交易方式,消费者根据自身行为,通过支付一些由提供商结算的信用获得服务,并在这一过程中都获得名誉积分。

安全性方面,由于传统技术如公钥基础设施需要集中的证书颁发机制导致不适用,群集的分布式和去中心化特性需要建立新的事务模型。因此,集群操作系统采用比特币加密的区块链技术,为集群网络的经济学模型构建去中心化的信任机制[23]。

物联网经济学模式的发展与世界经济发展趋势一致,即所谓的共享经济。现实世界中,集群更倾向于共享数字资源,而非获取专用资源。通过该方式,设备消耗量减少,全球资源使用率得到提高。

16.2.6 安全与接入控制

集群资源共享愿景的实现以集群系统安全性为基础,包括采用适当算法与协议保护交换消息,以及使用灵活的接入控制机制控制交互范围等。大量设备的接入控制管理是当前面临的主要技术挑战。

集群操作系统的接入控制机制以基于属性的接入控制模型为基础。该控制模型下,系统根据参与者属性授予或拒绝主体对客体的操作请求。所引用属性与主体、客体、环境条件和策略相关。集群操作系统中创建的接入控制模型重点考虑了系统的简单性和表现力。模型的主要特点如下。

(1) 枚举策略:属性枚举支持创建易于解析且可嵌入小型设备的策略。

(2) 分层属性:支持创建易于编写和理解的高级策略。执行期间,接入请求中的低层级属性受益于属性层次结构,能够与高级别策略相匹配。

(3) 类型属性:为使用枚举方式的策略空间变大问题提供平衡解决方式,如涉及具体数值范围的策略。

(4) 多功能属性:支持在使用枚举策略时简易地创建连接。

集群操作系统的接入控制模型在美国国家标准与技术研究院提出的基于属性的接入控制模型建议架构下实现[24]。该架构考虑了4个主要组件。策略决策点评估策略管理点管理的策略,策略信息点负责收集上下文和其他属性。策略执行点拦截请求并使用验证策略决策许可。虽然最初的建议架构提出策略决策点、策略信息点和策略信息点应配置于授权服务器中,集群操作系统所有点都放在物联网设备内部实现,增强了系统的自主性和安全性。图16.6所示为当前集群操作系统中基于属性的接入控制模型的架构[25]。

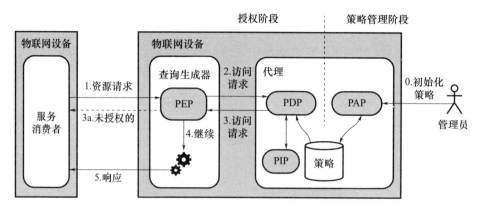

图 16.6　基于属性的集群操作系统接入控制模型架构

16.3　无人机集群操作系统

本节描述使用集群操作系统框架拓展无人机集群运行功能的潜力及意义。系统在 3 个主要方面对无人机协作具有重要意义,即语义通信、信任与收益的集群经济学模型以及与无人机以外其他设备交互。

1. 无人机语义通信

已有工作阐明了使用人工认知机制控制多架无人机单元的重要性,如语义。Uhrmann 等提出了一种任务导向的无人机制导方法,无人机控制依赖于共同目标的授权与共享[26]。研究者指出该方法可在消耗适度资源情况下改进整体任务性能并形成战术优势。上述方法基于知识库辅助的认知过程实现,知识库相应地存储环境、监督控制、任务与合作、任务合成、任务调度和角色管理等信息。Alirezaie 等还设计了一种路径规划器,可减少高度受限环境下的规划时间[27]。使用本体论对室外环境进行建模,基于可重用的本体设计模式提出路径连接表示方法,创建本体对路径建模。模型依赖于资源描述框架数据和地理语义模型。

(1) 无人机任务规划。与无人机操作相关的两项重要活动为任务规划和任务控制。任务规划是指对无人机完成任务和达到目标的行为进行设计,包括在发生意外事件时的反应行为。任务控制是指监视任务以确保按预期计划执行的过程。为防止事故,任务规划和任务控制受到一些国家航空当局等组织的严格监管。此外,还需要申请认证,详细设计并记录无人机的规范、工具与机制,用于任务规划和控制。在前面的相关工作[28]中基于软机构的概念,规范性地提出一种图解语言,用于设计、验证和记录任务规划。该语言对于预防灾害具有针对性。为便于确定场景并提前解决潜在的危险,建议使用相同的语言对无人机集群的任务计划开展设计。

（2）无人机本体论。利用语义进行无人机通信的必要步骤是开发本体来建模。Preece 等创建了一个传感器信息处理框架,用于情报、监视和侦察任务规划[29],Barbieri 等探索提出了无人机数据的高级最低信息框架[30]。Lammerding 创建了一个本体,以表示自主无人机任务的必要信息[31]。集群操作系统中的语义存在于发现、信息交换、自动服务执行和服务组合等多个方面。对于所有这些任务,本体对平台和应用程序域建模十分必要。为了实现集群操作系统与无人机集群的有效集成,必须将现有的无人机本体集成到集群操作系统本体论中,利用统一知识库进行逻辑推理。

2. 机会式无人机招募的集群操作系统经济学

考虑到对集群网络中无人机参与协作的激励作用,集群操作系统经济学模型尤其是回报机制可应用于无人机集群。

3. 无人机集群外与其他物联网合作

随着多架无人机协作共同完成任务,无人机集群可从完整的集群操作系统网络中受益,创建一个由异构传感器和执行器组成的网络物理系统。通过集群操作系统代理中间件约束版本的实现,无人机可以使用集群操作系统中其他物联网服务。相反地,其他集群操作系统参与者可从这些无人机提供的功能中受益。

对于集群操作系统网络节点的注册,任何设备只需要与代理进行通信,并发送 JSON 互联数据服务描述[19,32]。图 16.7 展示了集群操作系统的物理网集群与无人机集群的合作关系。集群操作系统中设备之间的无缝协作展现了相关应用中互补互利的潜力。16.4 节对一些典型场景进行探索。

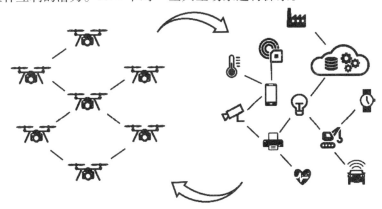

图 16.7　无人机集群与物联网集群之间的协作

16.4 农村应用案例

16.4.1 用于畜牧业的无人机集群

无人机已成功用于防止危险地区人与野生动物的冲突。比如在坦桑尼亚[33]、印度[34]和泰国[35]驱离大象以避免城市地区的大象与人类发生冲突。过去10年里巴西发生了多次人类与野生动物冲突,涉及美洲虎、美洲狮、野猪和水豚等野生物种[36]。

为解决巴西农村地区人与动物之间的冲突问题,提出使用集群操作系统,与其他物联网传感器和无人机单元进行通信协调。在系统部署中,需要一些传感器对目标的野生动物存在进行检测,如森林中的麦克风。检测到野生动物后,附近的无人机会被招募起来,接近目标动物并发出特定的声音将动物赶走。无人机需要具备组网和发出声音的能力,相关信息用于招募它们。

16.4.2 用于耕种的无人机集群

在无人机耕种应用上已做出了大量努力。典型案例包括利用无人机获取图像实现葡萄园和番茄作物精准农业、作物与杂草分类和精准农业中无人机数据自动解释[37-39]。

巴西作为经济活动以农业为最重要组成部分之一国家,在这一方面有一些挑战性需求。广阔的耕地面积需要多架无人机对整个区域进行覆盖,需要无人机集群提供技术解决方案。当前主要使用无人机用于基于图像的作物病害检测等。此外,使用中型和大型无人机集群对各种作物农田进行轻型灌溉具有很大潜力,可实现更短的时间内有组织地覆盖整个区域。

16.5 任务规范

针对无人机集群控制,在模型中引入一种机制,支持移动节点从分散控制模式切换为集中或手动控制模式,应对执行任务过程的紧急情况。

使用软机构概念下任务规划规范对应的图解语言[28],图16.8给出描述行为模式切换方式的高级图。为简洁起见,此处不详细介绍该语言的语法与语义,主要对图 16.2 中的内容进行介绍，并对其中各元素进行进一步的解释。

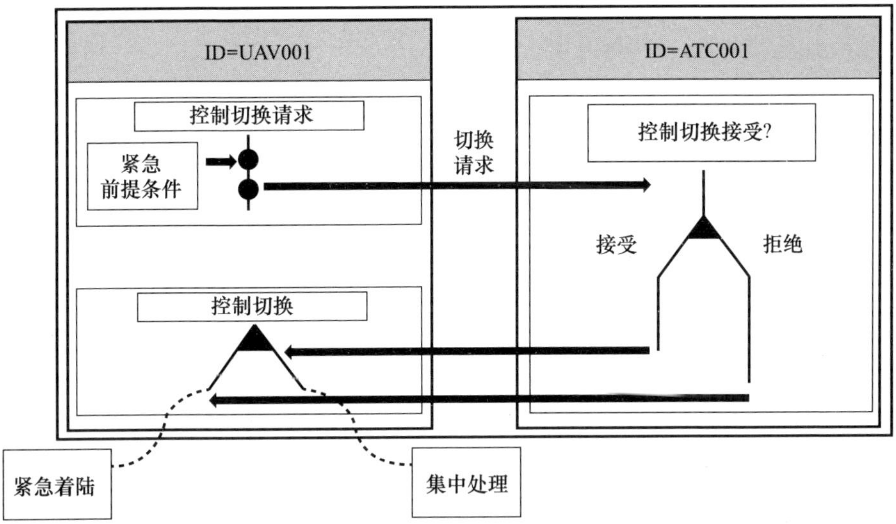

图 16.8　任务规划图形化描述

该图描绘了无人机和控制塔之间的交互协议运行情况。紧急先决条件列表中任一项目都可触发控制模式切换请求，启动一系列对应操作。在图中简化例子中，序列仅包含一个动作，即请求控制塔进入控制切换接受状态。这种状态下，控制塔可以接受请求并对其进行评估，并根据评估结果，可能出现两种情况：

（1）当控制塔接受切换时，向无人机发送一条消息，要求其进入控制交接状态。在这种情况下，无人机开展行动转移至集中控制状态。

（2）当控制塔拒绝切换时，将相应的消息发送回无人机，要求其进入控制交接状态。但是在这种情况下，请求消息的内容为拒绝，无人机必须移动至紧急着陆状态。

如图 16.8 所示，使用描述语言对任务规划进行正式规范的关键点是将这种规范翻译为可执行形式，支持模型检查与性能验证，确保考虑到所有临界状态。验证过程有助于最大限度减少任务规划设计与实现过程中可能导致的高成本，降低未注意且频繁发生的潜在危险的可能性。

16.6　本章小结

本章描述了集群操作系统与无人机集群相集成的前景。系统设计的目标为对这些领域应用影响进行高层级描述。在通用的物联网应用中集群操作系统得到了有益应用,并提供了无人机集群的必要功能。自主无人机集群通信协调将成为未来发展方向,为构建高潜力的智能网络物理系统打开大门,支持当前难以实现的复杂任务。另外,针对地区经济具有重大影响的应用,如本章所描述的巴西农业和畜牧业,需要进一步探索无人机集群应用。

参考文献

[1] R. McCune, R. Purta, M. Dobski, A. Jaworski, G. Madey, A. Madey, Y. Wei, and M. B. Blake, "Investigations of DDDAS for command and control of UAV swarms with agent-based modeling," *2013 Winter Simulations Conference (WSC)*, pp. 1467-1478, 2013. https://doi.org/10.1109/WSC.2013.6721531

[2] S. Aldo, B. Jaimes, and M. Jamshidi, "Consensus-based and network control of UAVs," *2010 5th International Conference on System of Systems Engineering*, pp. 1-6, 2010. https://doi.org/10.1109/SYSOSE.2010.5544106

[3] H. Chen, X. Wang, and Y. Li, "A survey of autonomous control for UAV," *2009 International Conference on Artificial Intelligence and Computational Intelligence*, pp. 267-271, 2009. https://doi.org/10.1109/AICI.2009.147

[4] H. Cheng, J. Page, and J. Olsen, "Cooperative control of UAV swarm via information measures," *International Journal of Intelligent Unmanned Systems*, 1, pp. 256-275, 2013. https://doi.org/10.1108/IJIUS-01-2013-0001

[5] L. Gupta, R. Jain, and G. Vaszkun, "Survey of important issues in UAV communication networks," *IEEE Communications Surveys and Tutorials*, 18, pp. 1123-1152, 2016. https://doi.org/10.1109/COMST.2015.2495297

[6] I. Lachow, "The upside and downside of swarming drones," *Bulletin of the Atomic Scientists*, 73, pp. 96-101, 2017. https://doi.org/10.1080/00963402.2017.1290879

[7] P. de Sousa Paula, M. F. de Castro, G. A. L. Paillard, and W. W. F. Sarmento, "A swarm solution for a cooperative and self-organized team of UAVs to search targets," *2016 8th Euro American Conference on Telematics and Information Systems (EATIS)*, pp. 1-8, 2016. https://doi.org/10.1109/EATIS.2016.7520118

[8] H. Qiu, C. Wei, R. Dou, and Z. Zhou, "Fully autonomous flying: from collective motion in bird flocks to unmanned aerial vehicle autonomous swarms," *Science China Information Sciences*, 58, pp. 1-3, 2015. https://doi.org/10.1007/s11432-015-5456-x

[9] Q. Luo and H. Duan, "An improved artificial physics approach to multiple UAVs/UGVs heter-

ogeneous coordination," *Science China Technological Sciences*, 56, pp. 2473 – 2479, 2013. https://doi. org/10. 1007/s1143101353142

[10] J. A. Fax and R. M. Murray, "Information fow and cooperative control of vehicle formations," *IEEE Transactions on Automatic Control*, 49, pp. 1465 – 1476, 2004. https://doi. org/10. 1109/TAC. 2004. 834433

[11] M. Bacco, S. Chessa, M. Di Benedetto, D. Fabbri, M. Girolami, A. Gotta, D. Moroni, M. A. Pascali, and V. Pellegrini, "UAVs and UAV swarms for civilian applications: communications and image processing in the SCIADRO Project," Lecture Notes of the Institute for Computer Sciences, Social Informatics and Telecommu – nications Engineering, Springer, pp. 115 – 124, 2018.

[12] K. Z. Y. Ang, X. Dong, W. Liu, G. Qin, S. Lai, K. Wang, D. Wei, S. Zhang, S. K. Phang, X. Chen, M. Lao, Z. Yang, D. Jia, F. Lin, L. Xie, and B. M Chen, "High – precision multi – UAV teaming for the first outdoor night show in Singapore," *Un – manned Systems*, 6, pp. 39 – 65, 2018.

[13] H. Hildmann, E. Kovacs, F. Saffre, and A. F. Isakovic, "Nature – inspired drone swarming for real – time aerial data – collection under dynamic operational constraints," *Drones*, 3, 71, 2019. https://doi. org/10. 3390/drones3030071

[14] S. Engebraten, K. Glette, and O. Yakimenko, "Field – testing of high – level decentralized controllers for a multi – function drone swarm," *2018 IEEE 14th International Conference on Control and Automation (ICCA)*, IEEE, pp. 379 – 386, 2018. https://doi. org/10. 1109/ICCA. 2018. 8444354

[15] L. C. P. Costa, J. Rabaey, A. Wolisz, M. Rosan, and M. K. Zuffo, "Swarm OS control plane: an architecture proposal for heterogeneous and organic networks," *IEEE Transactions on Consumer Electronics*, 61, pp. 454 – 462, 2015. https://doi. org/10. 1109/CE. 2015. 7389799

[16] J. M. Rabaey, "The swarm at the edge of the cloud – A new perspective on wireless," *2011 Symposium on VLSI Circuits (VLSIC)*, pp. 6 – 8, 2011.

[17] E. A. Lee, J. Rabaey, B. Hartmann, J. Kubiatowicz, K. Pister, A. Sangiovanni – Vincentelli, S. A. Seshia, J. Wawrzynek, D. Wessel, T. S. Rosing, D. Blaauw, P. Dutta, K. Fu, C. Guestrin, B. Taskar, R. Jafari, D. Jones, V. Kumar, R. Mangharam, G. J. Pappas, R. M. Murray, and A. Rowe, "The swarm at the edge of the cloud," *IEEE Design & Test*, 31, pp. 8 – 20, 2014. https://doi. org/10. 1109/MDAT. 2014. 2314600

[18] J. Lewis and M. Fowler, "Microservices," 2014. https://martinfowler. com/articles/microservices. html, October 25, 2019.

[19] L. C. De Biase, P. C. Calcina – Ccori, G. Fedrecheski, D. Navarro, R. Y. Lino, and M. K. Zuffo, "Swarm minimum broker: an approach to deal with the Internet of Things heterogeneity," *2018 Global Internet of Things Summit (GIoTS)*, pp. 1 – 6, 2018. https://

doi. org/10. 1109/GIOTS. 2018. 8534433

[20] P. Barnaghi, W. Wang, C. Henson, and K. Taylor, "Semantics for the Internet of Things: early progress and back to the future," *International Journal of Semantic Web and Information Systems*, 8, pp. 1 – 21, 2012.

[21] I. Szilagyi and P. Wira, "Ontologies and semantic web for the Internet of Things a survey," *IECON 2016 – 42nd Annual Conference of the IEEE Industrial Electronics Society*, pp. 6949 – 6954, 2016. https://doi. org/10. 1109/IECON. 2016. 7793744

[22] O. Lassila and R. R. Swick, 1998. "Resource description framework (RDF) model and syntax specifcation," *W3C Consortium.* https://www. w3. org/1998/10/WD – rdf – syntax – 19981008/

[23] L. C. C. D. Biase, P. C. Calcina – Ccori, G. Fedrecheski, G. M. Duarte, P. S. S. Rangel, and M. K. Zuffo, "Swarm economy: a model for transactions in a distributed and organic IoT platform," *IEEE Internet of Things Journal*, 6, pp. 4561 – 4572, 2019. https://doi. org/10. 1109/JIOT. 2018. 2886069

[24] V. Hu, D. Ferraiolo, R. Kuhn, A. Schnitzer, K. Sandlin, R. Miller, and K. Scarfone, "Guide to attribute based access control (ABAC) defnition and considerations," *Report No. SP 800 – 162. Gaithersburg, MD: National Institute of Standards and Technology*, 2014.

[25] G. Fedrecheski, L. C. C. De Biase, P. C. Calcina – Ccori, and M. K. Zuffo, "Attributebased access control for the swarm with distributed policy management," *IEEE Transactions on Consumer Electronics*, 65, pp. 90 – 98, 2019. https://doi. org/10. 1109/TCE. 2018. 2883382

[26] J. Uhrmann and A. Schulte, "Concept, design and evaluation of cognitive taskbased UAV guidance," *International Journal of Advances in Intelligent Systems*, 5, 2012.

[27] M. Alirezaie, A. Kiselev, F. Klügl, M. Lngkvist, and A. Loutf, "Exploiting context and semantics for UAV Path – fnding in an urban setting," *CEUR Workshop Proceedings*, pp. 11 – 20, 2017.

[28] F. S. Correa da Silva, P. W. Chung, M. K. Zuffo, P. Papapanagiotou, D. Robertson, and W. Vasconcelos, "Hazard prevention in mission plans for aerial vehicles based on soft institutions," *Civil Aircraft Design and Research*, 126, pp. 105 – 116, 2017.

[29] A. Preece, M. Gómez Martínez, G. Mel, W. Vasconcelos, D. Sleeman, S. Colley, G. Pearson, T. Pham, and T. Porta, "Matching sensors to missions using a knowledge – based approach," *Proceedings Defense and Security Symposium*, 2008. https://doi. org/10. 1117/12. 782648

[30] L. Barbieri, A. Thomer, and J. Wyngaard, "Drone data & the semantic web," 2018. https://esipfed. github. io/stc/symposium/2018/talks/ModESIPWinter18(1). pdf

[31] D. M. Lammerding, "Dronetology, the UAV Ontology," 2019. http://www. drone. tology. net/. Accessed October, 24, 2019.

[32] P. C. Calcina – Ccori, L. C. C. De Biase, G. Fedrecheski, F. S. Corrêa da Silva, and M. K. Zuffo, "Enabling semantic discovery in the swarm," *IEEE Transactions on Consumer*

Electronics, 65, pp. 57 – 63, 2019. https://doi.org/10.1109/TCE.2018.2888511

[33] C. Goldbaum, "Watch how drones keep elephants away from danger in Tanzania," 2015. https://qz.com/africa/456772/watch – how – drones – keep – elephants – away – from – danger – in – tanzania/. Accessed October 24, 2019.

[34] L. Shekhar, "First forest drone in Tamil Nadu launched," 2017. https://www.deccanchronicle.com/nation/current – affairs/230517/first – forest – drone – in – tamil – nadu – launched.html. Accessed October 24, 2019.

[35] The Nation, "Speaker – equipped drone helps drive away wild elephants," 2018. https://www.nationthailand.com/breakingnews/30345274. Accessed October, 24, 2019.

[36] S. Marchini and P. G. Crawshaw, "Human – wildlife conflicts in Brazil: a fastgrowing issue," *Human Dimensions of Wildlife*, 20, pp. 323 – 328, 2015. https://doi.org/10.1080/10871209.2015.1004145

[37] S. Candiago, F. Remondino, M. De Giglio, M. Dubbini, and M. Gattelli, "Evaluating multispectral images and vegetation indices for precision farming applications from UAV images," *Remote Sensing*, 7, pp. 4026 – 4047, 2015. https://doi.org/10.3390/rs70404026

[38] P. Lottes, R. Khanna, J. Pfeifer, R. Siegwart, and C. Stachniss, "UAV – based crop and weed classifcation for smart farming," *2017 IEEE International Conference on Robotics and Automation (ICRA)*, pp. 3024 – 3031, 2017. https://doi.org/10.1109/ICRA.2017.7989347

[39] J. Pfeifer, R. Khanna, D. Constantin, M. Popovic, E. Galceran, N. Kirchgessner, A. Walter, R. Siegwart, and F. Liebisch, "Towards automatic UAV data interpretation for precision farming," *CIGR – AgEng Conference*, 2016.